交通版高等职业教育规划教材

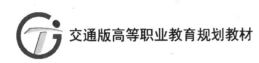

数控技术与编程操作

Shukong Jishu Yu Biancheng Caozuo

潘　铭　主　编

谢　荣　主　审

人民交通出版社

内 容 提 要

本书是高职高专院校机械制造类专业数控技术理论与实训教学用书,共两篇十一章,主要包括数控机床的机械结构、工作台及自动换刀系统;加工控制原理;伺服系统及检测装置;数控车床、数控铣床编程与操作;数控车工、铣工中、高级零件工艺分析与编程加工;数控火焰切割机编程操作;自动焊接设备应用。

本书适合作为高职高专院校工科机械制造类专业理论与实训教材,也可作为企业数控制造参考书、数控制造培训或函授教材。

图书在版编目(CIP)数据

数控技术与编程操作 / 潘铭主编 . -- 北京:人民交通出版社,2012.9

ISBN 978-7-111-09996-0

Ⅰ. ①数⋯ Ⅱ. ①潘⋯ Ⅲ. ①数控机床 - 程序设计 - 高等职业教育 - 教材 Ⅳ. ①TG659

中国版本图书馆 CIP 数据核字(2012)第 187877 号

交通版高等职业教育规划教材

书　　名:**数控技术与编程操作**

著 作 者:潘　铭

责任编辑:钱悦良

出版发行:人民交通出版社

地　　址:(100011)北京市朝阳区安定门外外馆斜街 3 号

网　　址:http://www.ccpress.com.cn

销售电话:(010)59757969,59757973

总 经 销:人民交通出版社发行部

经　　销:各地新华书店

印　　刷:北京交通印务实业公司

开　　本:787×1092　1/16

印　　张:21.25

字　　数:492 千

版　　次:2012 年 9 月　第 1 版

印　　次:2012 年 9 月　第 1 次印刷

书　　号:ISBN 978-7-114-09996-0

印　　数:0001-3000 册

定　　价:39.00 元

(有印刷、装订质量问题的图书由本社负责调换)

前言
Preface

本书是根据高职高专院校培养高素质应用型技能人才要求及理论与实践一体化教学改革要求组织编写。本书体系设计合理,图文并茂,通俗易懂,符合高职高专院校学生认知特点,是数控技术理论与数控加工实训一体化教材。本书包括数控机床的机械结构、工作台及自动换刀系统;加工控制原理;伺服系统及检测装置;数控车床、数控铣床编程与操作;数控车工、铣工中、高级零件工艺分析与编程加工;数控火焰切割机编程操作;自动焊接设备应用。

本书在编写过程中力求突出以下几个特点:

(1) 本书融数控技术理论教学与数控车床、铣床编程操作、数控火焰切割实训教学为一体,是理论与实践一体化教材。

(2) 将企业加工技术渗透于本教材,具有鲜明的实践指导性。

(3) 本书包括数控车工、数控铣工中、高级零件工艺分析与编程加工,与职业资格鉴定相衔接,能作为数控加工职业资格鉴定培训指导用书,具有鲜明的职业技能鉴定指导性。

(4) 第二篇数控机床编程与操作,采用项目教材的形式编写,其内容的组织结构科学合理,符合学生的认知规律,应用于实训教学能展现良好的教学效果。

(5) 本书增加了数控火焰切割机编程操作、自动焊接设备应用内容,努力拓宽数控制造知识面。

本书由潘铭主编。刘馨璐、骆书芳、陈晓明、周洪志、周建桃参加编写。全书由谢荣主审。

由于编者水平所限,书中如有不足之处敬请使用本书的师生与读者批评指正,以便修订时改进。如读者在使用本书的过程中有意见或建议,恳请向编者(panming118@126.com)踊跃提出宝贵意见。

编　者

目录 Contents

第一篇　数控机床结构与工作原理

第二篇 数控机床编程与操作

第一篇　数控机床结构与工作原理

第1章 数控机床概述

数字控制(Numerical Control,NC)是指用数字、文字和符号组成的数字指令来对某一工作过程进行可编程控制的自动化方法。数控技术(Numerical Control Technology)是采用数字控制的方法对一台或多台机械设备进行动作控制的技术。它所控制的通常是位置、角度、速度等机械量和与机械能量流向有关的开关量。数控技术也叫计算机数控技术(Computer Numerical Control,CNC),它是采用计算机实现数字程序控制的技术。

数控机床(Numerical Control Machine Tools)是数字控制机床的简称,它将数控技术应用于机床,把机械加工过程中的各种控制信息用代码化的数字表示,通过信息载体输入数控装置,经运算处理由数控装置发出各种控制信号,控制机床的动作,按图纸要求的形状和尺寸,自动地将零件加工出来。

数控机床较好地解决了复杂、精密、小批量、多品种的零件加工问题,是一种柔性的、高效能的自动化机床,代表了现代机床控制技术的发展方向,是一种典型的机电一体化产品。

1.1 数控机床的基本工作原理

1.1.1 数控机床的组成与基本工作原理

数控机床加工工件的过程如图 1-1 所示。

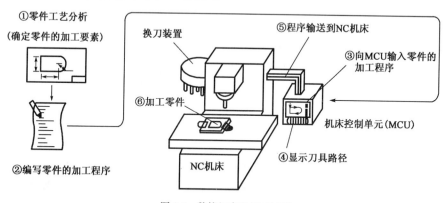

图 1-1　数控机床的加工过程

(1)数控机床工作时,必须先根据要加工零件的图样与工艺方案,用规定的格式编写零件加工程序,并存储在程序载体上;

(2)把程序载体上的程序通过输入输出设备输入到数控装置中去;

(3)数控装置将输入的程序经过运算处理后,向机床各个坐标的伺服单元发出信号;

(4)伺服单元根据数控装置发出的信号,通过伺服执行机构(如步进电动机、直流伺服电动机、交流伺服电动机),经传动装置(如滚珠丝杠螺母副等),驱动机床各运动部件,使机床按规定的动作顺序、速度和位移量进行工作,从而制造出符合图样要求的零件。

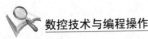

因此,数控机床一般由输入输出设备、数控装置、PLC、伺服系统、电气控制装置与辅助装置、测量装置及机床本体组成,如图1-2所示。下面分别说明各组成部分的基本工作原理。

1. 输入/输出设备

将数控指令输入给数控装置,根据程序载体的不同,相应有不同的输入装置。目前主要有键盘输入、磁盘输入,除这些以外,还有CAD/CAM系统直接通信方式输入和连接上级计算机的DNC(直接数控)输入等形式。

现在,数控系统一般都配备了CRT显示器或点阵式液晶显示器,具有人机对话功能,操作人员可按照显示器上的提示,选择不同的菜单,输入有关的尺寸数字,就可自动生成加工程序。

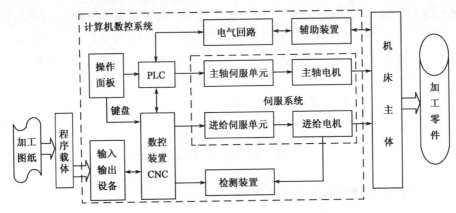

图1-2 数控机床的组成

2. 数控装置

数控装置CNC是数控机床的核心,主要包括微处理器(CPU)、存储器、局部总线、外围逻辑电路以及与CNC系统的其他组成部分联系的接口等。现代CNC装置一般使用多个CPU,以程序化的软件形式实现数控功能,可处理逻辑电路难以处理的复杂信息,使数字控制系统的性能大大提高,具有真正的柔性化。

CNC装置将输入的加工信息进行编译,由信息处理部分按照控制程序的规定,逐步存储并处理后,通过输出单元发出位置和速度指令给伺服系统和主运动控制部分。CNC装置的输入数据包括:零件的轮廓信息(起点、终点、直线、圆弧等)、加工速度及其他辅助加工信息(如换刀、变速、冷却液开关等),数据处理的目的是完成插补运算前的准备工作。数据处理程序还包括刀具半径补偿、速度计算及辅助功能的处理等。

3. PLC

PLC是一种专门应用在工业环境下的,以微处理器为基础的通用型自动控制装置。由于最初它是为了解决生产设备的逻辑开关控制而设计,故称它为可编程逻辑控制器(PLC, Programmable Logic Controller),简称为可编程控制器。

如今,PLC已成为数控机床不可缺少的控制装置。CNC和PLC协调配合,共同完成对数控机床的控制。用于数控机床的PLC一般分为两类:一类是CNC的生产厂家为实现数控机床的顺序控制,将CNC和PLC综合起来设计,称为内装型(或集成型)PLC,内装型PLC是

CNC 装置的一部分;另一类是以独立专业化的 PLC 生产厂家的产品来实现顺序控制功能,称为独立型(或外装型)PLC。

4.伺服系统

伺服系统是数控机床的重要组成部分,用于实现数控机床的进给伺服控制和主轴伺服控制。伺服系统包括伺服单元和驱动装置(也称执行机构)两大部分。其中,伺服单元由主轴伺服单元和进给伺服单元组成。与伺服单元相对应,驱动装置由主轴驱动电机和进给驱动电机组成,常用的驱动装置是步进电机、直流伺服电机和交流伺服电机等。

伺服系统的作用是接受来自数控装置的指令信息,经功率放大、整形处理后,转换成机床执行部件的直线位移或角位移运动。由于伺服系统是数控装置的最后环节,其性能将直接影响数控机床的精度和速度等技术指标,因此,对数控机床的伺服驱动装置,要求具有良好的快速反应性能,准确而灵敏地跟踪数控装置发出的数字指令信号,并能忠实地执行来自数控装置的指令,提高系统的动态跟随特性和静态跟踪精度。

5.检测装置

检测元件也称反馈元件,通常安装在机床的工作台或丝杠上,相当于普通机床的刻度盘和人的眼睛,它将数控机床各坐标轴的实际位移值检测出来并经反馈系统输入到机床的数控装置中,数控装置对反馈回来的实际位移值与指令值进行比较,并向伺服系统输出达到设定值所需的位移量指令。

按有无检测装置,CNC 系统可分为开环与闭环数控系统,而按检测装置的安装位置又可分为闭环与半闭环数控系统。

6.机床本体

图 1-3 所示是加工中心的机床本体。它包括床身、底座、立柱、横梁、滑座、工作台、主轴箱、进给机构、刀架及自动换刀装置等机械部件。它是在数控机床上自动地完成各种切削加工的机械部分。与传统的机床相比,数控机床本体具有如下结构特点:

(1)采用具有高刚度、高抗振性及较小热变形的机床新结构。通常用提高结构系统的静刚度、增加阻尼、调整结构件质量和固有频率等方法来提高机床本体的刚度和抗振性,使机床本体能适应数控机床连续自动地进行切削加工的需要。采取改善机床结构布局、减少发热、控制温升及采用热位移补偿等措施,可减少热变形对机床本体的影响。

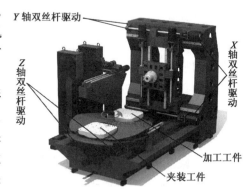

图 1-3　加工中心的机床本体

(2)广泛采用高性能的主轴伺服驱动和进给伺服驱动装置,使数控机床的传动链缩短,简化了机床机械传动系统的结构。

(3)采用高传动效率、高精度、无间隙的传动装置和运动部件,如滚珠丝杠螺母副、塑料滑动导轨、直线滚动导轨、静压导轨等。

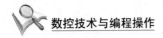

7. 辅助装置

辅助装置是保证充分发挥数控机床功能所必需的配套装置,常用的辅助装置包括:气动、液压装置,排屑装置,冷却、润滑装置,回转工作台和数控分度头,防护,照明等各种辅助装置。

1.1.2　数控机床加工特点

与通用机床和专用机床相比,数控机床加工具有以下主要特点:

1. 加工精度高,质量稳定

数控系统每输出一个脉冲,机床移动部件的位移量称为脉冲当量,数控机床的脉冲当量一般为 0.001mm,高精度的数控机床可达 0.0001mm,其运动分辨率远高于普通机床。另外,数控机床具有位置检测装置,可将移动部件实际位移量或丝杠、伺服电动机的转角反馈到数控系统,并进行补偿。因此,可获得比机床本身精度还高的加工精度。数控机床加工零件的质量由机床保证,无人为操作误差的影响,所以同一批零件的尺寸一致性好,质量稳定。

2. 适应性强

能完成普通机床难以完成或根本不能加工的复杂零件加工。例如,采用二轴联动或二轴以上联动的数控机床,可加工母线为曲线的旋转体曲面零件、凸轮零件和各种复杂空间曲面类零件。

当被加工零件改型设计后,在数控机床上只需变换零件的加工程序,调整刀具参数等,就能实现对改型设计后零件的加工,生产准备周期大大缩短。因此,数控机床可以很快地从加工一种零件转换为加工另一种改型设计后的零件,这就为单件、小批量新试制产品的加工,为产品结构的频繁更新提供了极大的方便。

3. 工序集中,一机多用,生产效率高

数控机床的主轴转速和进给量范围比普通机床的范围大,良好的结构刚性允许数控机床采用大的切削用量,从而有效地节省了机动时间。对某些复杂零件的加工,如果采用带有自动换刀装置的数控加工中心,可实现在一次装夹下进行多工序的连续加工,减少了半成品的周转时间,生产率的提高更为明显。

4. 有利于自动化生产和管理

数控机床是机械加工自动化的基本设备,以数控机床为基础建立起来的 FMC、FMS、CIMS 等综合自动化系统使机械制造的集成化、智能化和自动化得以实现。这是由于数控机床控制系统采用数字信息与标准化代码输入、并具有通信接口,容易实现数控机床之间的数据通信,最适宜计算机之间的连接,组成工业控制网络,实现自动化生产过程的计算、管理和控制。

5. 监控功能强,具有故障诊断的能力

CNC 系统不仅控制机床的运动,而且可对机床进行全面监控。例如,可对一些引起故障的因素提前报警,进行故障诊断等,极大地提高了检修的效率。

6.减轻工人劳动强度、改善劳动条件

1.1.3 数控机床的适用范围

数控机床是一种可编程的通用加工设备,但是因设备投资费用较高,还不能用数控机床完全替代其他类型的设备,因此,数控机床的选用有其一定的适用范围。图 1-4 可粗略地表示数控机床的适用范围。从图 1-4a)可看出,通用机床多适用于零件结构不太复杂、生产批量较小的场合;专用机床适用于生产批量很大的零件;数控机床对于形状复杂的零件尽管批量小也同样适用。随着数控机床的普及,数控机床的适用范围也愈来愈广,对一些形状不太复杂而重复工作量很大的零件,如印制电路板的钻孔加工等,由于数控机床生产率高,也已大量使用。因而,数控机床的适用范围已扩展到图 1-4a)中阴影所示的范围。

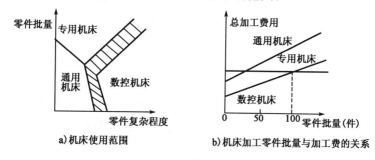

a)机床使用范围   b)机床加工零件批量与加工费的关系

图 1-4　数控机床的适用范围

图 1-4b)表示当采用通用机床、专用机床及数控机床加工时,零件生产批量与零件总加工费用之间的关系。据有关资料统计,当生产批量在 100 件以下,用数控机床加工具有一定复杂程度零件时,加工费用最低,能获得较高的经济效益。

由此可见,数控机床最适宜加工以下类型的零件:

(1)生产批量小的零件;

(2)需要进行多次改型设计的零件;

(3)加工精度要求高、结构形状复杂的零件,如箱体类,曲线、曲面类零件;

(4)需要精确复制和尺寸一致性要求高的零件;

(5)价值昂贵的零件,这种零件虽然生产量不大,但是如果加工中因出现差错而报废,将产生巨大的经济损失。

1.2　数控机床的分类

1.2.1　按控制刀具与零件相对运动轨迹分类

1.点位控制系统

它的特点是刀具相对工件的移动过程中,不进行切削加工,对定位过程中的运动轨迹没有严格要求,只要求从一坐标点到另一坐标点的精确定位。如数控坐标镗床、数控钻床、数控冲床、数控点焊机和数控测量机等都采用此类系统。如图 1-5a)所示。

2. 直线控制系统

这类控制系统的特点是除了控制起点与终点之间的准确位置外，而且要求刀具由一点到另一点之间的运动轨迹为一条直线，并能控制位移的速度，因为这类数控机床的刀具在移动过程中要进行切削加工。直线控制系统的刀具切削路径只沿着平行于某一坐标轴方向运动，或者沿着与坐标轴成一定角度的斜线方向进行直线切削加工。如图 1-5b)所示。采用这类控制系统的机床有数控车床、数控铣床等。

同时具有点位控制功能和直线控制功能的点位/直线控制系统，主要应用在数控镗铣床、加工中心机床上。

3. 轮廓控制系统

轮廓控制系统也称连续控制系统。其特点是能够同时对两个或两个以上的坐标轴进行连续控制。加工时不仅要控制起点和终点位置，而且要控制两点之间每一点的位置和速度，使机床加工出符合图纸要求的复杂形状(任意形状的曲线或曲面)的零件。它要求数控机床的辅助功能比较齐全。CNC 装置一般都具有直线插补和圆弧插补功能。如数控车床、数控铣床、数控磨床、数控加工中心、数控电加工机床、数控绘图机等都采用此类控制系统。

这类数控机床绝大多数具有两坐标或两坐标以上的联动功能，不仅有刀具半径补偿、刀具长度补偿功能，而且还具有机床轴向运动误差补偿，丝杠、齿轮的间隙补偿等一系列功能，如图 1-5c)所示。

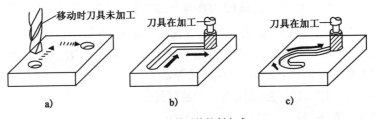

图 1-5　数控系统控制方式

1.2.2　按加工方式分类

按照机床加工方式的不同，可以把数控机床分为以下几类：

1. 普通数控机床

这类机床的工艺性能和通用机床相似，所不同的是它能加工复杂形状的零件，属于此类的数控机床有数控车床、钻床、铣床、锉床和磨床等，如图 1-6 所示。

a) 普通数控车床　　　　　　　b) 立式数控铣床

图 1-6　普通数控机床

2．加工中心

如图 1-7 所示，加工中心是在普通数控机床的基础上增加了自动换刀装置及刀库，并带有自动分度回转工作台及其他辅助功能，从而使工件在一次装夹后，可以连续、自动完成多个平面或多个角度位置的铣、车、钻、扩、铰、镗、攻丝、铣削等工序的加工，工序高度集中。

加工中心能自动改变机床主轴转速、进给量和刀具相对于工件的运动轨迹。有的加工中心带有双工作台，一个工作台上的工件在加工的同时，另一个工件可在处于装卸位置的工作台上进行装卸，然后交换加工（装卸）位置，因而节省总加工时间。

图 1-7 立式加工中心

3．金属成型数控机床

如图 1-8 所示，该类机床包括数控折弯机、数控弯管机、数控回转头压力机、数控转塔式冲等。

a) 数控液压板料折弯机　　　　b) 数控弯管机

图 1-8 金属成型数控机床

4．数控特种加工机床

如图 1-9 所示，数控线切割机床、数控电火花加工机床、数控激光切割机床等均属于此类。

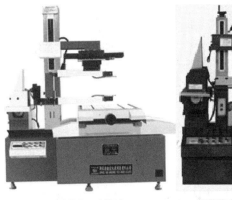 

a) 数控线切割机床　　　　b) 数控电火花加工机床

图 1-9 数控特种加工机床

5.其他类型的数控机床

如图 1-10 所示的数控三坐标测量机,还有数控火焰切割机等。

1.2.3　按伺服系统的控制方式分类

根据有无检测反馈元件及其检测装置,数控机床的伺服系统可分为开环伺服系统、闭环伺服系统和半闭环伺服系统。

1.开环伺服系统

图 1-11 为开环控制系统的框图。这种控制方式不带位置测量元件。数控装置根据指令信号发出指令脉冲,使伺服驱动元件转过一定的角度,并通过传动部件,使执行机构(如工作台)移动或转动。

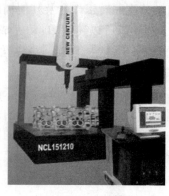

图 1-10　数控三坐标测量机

它的特点是系统简单,调试维修方便,工作稳定,成本较低。由于开环系统的精度主要取决于伺服元件和机床传动元件的精度、刚度和动态特性,因此控制精度较低。多用于经济型数控机床,以及对旧机床的改造。

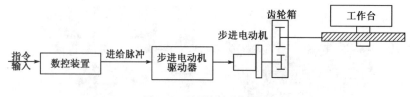

图 1-11　开环控制系统框图

2.闭环伺服系统

图 1-12 为闭环控制系统框图。闭环控制系统是一种自动控制系统,其中包含功率放大和反馈,使输出变量的值响应输入变量的值。在闭环控制系统中,位置测量元件装在数控机床的工作台上,测出工作台的实际位移量后,反馈到数控装置的比较器中与指令信号进行比较,并用比较后的差值进行控制。闭环伺服系统的优点是精度高、速度快。主要用在精度要求较高的数控镗铣床、数控超精车床、数控超精镗床等机床上。

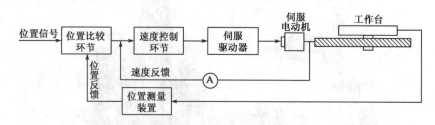

图 1-12　闭环控制系统框图

3.半闭环伺服系统

图 1-13 为半闭环控制系统框图。半闭环伺服系统介于开环和闭环之间,这种控制系统不是直接测量工作台的位移量,而是通过角位移测量元件测量伺服机构中电动机或丝杠的转角,来间接测量工作台的位移。这种系统中由于滚珠丝杠螺母副和工作台均在反馈环路之外,其

传动误差等影响工作台的位置精度,所以加工精度没有闭环系统高。

但由于角位移测量元件比直线位移测量元件结构简单,只要采用高分辨率的测量元件,也能获得较好的精度和速度。且由于半闭环系统调试比闭环系统方便,稳定性好,成本也低,目前,大多数数控机床采用半闭环伺服系统。

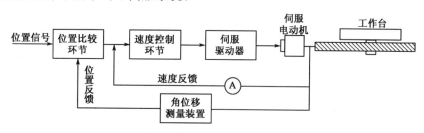

图 1-13 半闭环控制系统框图

1.2.4 按控制坐标轴的数量分类

按计算机数控装置能同时联动控制的坐标轴数量分类,有两坐标联动数控机床、三坐标联动数控机床和多坐标联动数控机床,如图 1-14a)、b)和 d)所示。有一些早期的数控机床尽管具有三个坐标轴,但能够同时进行联动控制的可能只是其中两个坐标轴,那就属于两坐标联动的三坐标机床。像这类机床就不能获得空间直线、空间螺旋线等复杂加工轨迹。要想加工复杂的曲面,只能采用在某平面内进行联动控制,第三轴作单独周期性进给的"两维半"加工方式,如图 1-14c)所示。

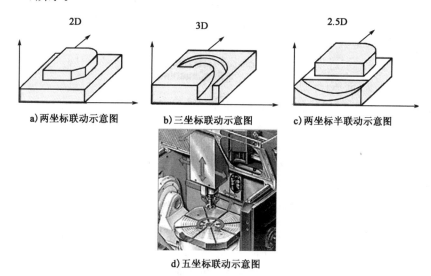

a)两坐标联动示意图　　b)三坐标联动示意图　　c)两坐标半联动示意图

d)五坐标联动示意图

图 1-14 按控制坐标轴的数量分类

1.2.5 按功能水平分类

数控机床按数控系统的功能水平可分为低、中、高三档。这种分类方式,在我国用的很多。低、中、高档的界限是相对的,不同时期的划分标准有所不同,就目前的发展水平来看,大体可以如表 1-1 所示的几个方面区分。

数控机床按功能水平分类表　　　　　　　　　　　　　表 1-1

项　目	低　档	中　档	高　档
分辨率和进给速度	$10\mu m$、$8\sim15m/min$	$1\mu m$、$15\sim24m/min$	$0.1\mu m$、$15\sim100m/min$
伺服进给类型	开环、步进电动机系统	半闭环直流或交流伺服系统	闭环直流或交流伺服系统
联动轴数	2 轴	3～5 轴	3～5 轴
主轴功能	不能自动变速	自动无级变速	自动无级变速、C 轴功能
通信能力	无	RS-232C 或 DNC 接口	MAP 通信接口、联网功能
显示功能	数码管显示、CRT 字符	CRT 显示字符、图形	三维图形显示、图形编程
内装 PLC	无	有	有
主 CPU	8bitCPU	16 或 32bitCPU	64bitCPU

1.3　数控机床发展概况

1.3.1　工业化国家数控机床的发展概况

采用数字技术进行机械加工的思想，最早是在 20 世纪 40 年代初提出的。当时，美国北密支安的一个小型飞机工业承包商派尔逊斯公司（Parsons Corporation）在制造飞机的框架及直升机的转动机翼时，利用全数字电子计算机对机翼加工路径进行数据处理，并考虑到刀具直径对加工路线的影响，使得加工精度达到±0.0381mm（±0.0015in），达到了当时的最高水平。

1952 年，麻省理工学院成功研制出一套三坐标联动、利用脉冲乘法器原理的试验性数控系统，并把它装在一台立式铣床上。当时用的元器件是电子管，这台数控机床被大家公认为世界上第一台数控机床，是数控机床的第一代。

1954 年 11 月，在派尔逊斯专利的基础上，由美国本迪克斯公司（Bendix-Cooperation）正式生产出第一台工业用的数控机床。

1959 年，电子行业研制出晶体管元器件，数控系统开始广泛采用晶体管和印刷电路板，从而跨入了第二代。1959 年 3 月，由美国卡耐·特雷克公司（Keaney & Trecker Corp.）开发了带有自动换刀装置的数控机床，称为加工中心。

从 1960 年开始，出现了小规模集成电路。由于它体积小，功耗低，使数控系统的可靠性进一步提高，数控系统发展到第三代。

以上三代都采用专用控制的硬件逻辑数控系统（NC）。

1967 年，英国首先把几台数控机床连接成具有柔性的加工系统，这就是所谓的柔性制造系统（Flexible Manufacturing System，FMS），之后，美、欧、日等也相继进行开发及应用。

1974 年以后，随着微电子技术的迅速发展，微处理器直接用于数控机床，使数控的软件功能加强，发展成计算机数字控制机床（简称为 CNC 机床），称为第四代。

进入 20 世纪 80 年代，数控机床进一步发展。近年来具有代表性的数控系统如下：

1. 计算机直接控制系统

计算机直接控制系统（DNC）又称群控，它是将一组数控机床与存储有零件加工程序和机床控制程序的公共存储器相连接，根据加工要求向机床分配数据和指令的系统。也就是用一台通用计算机直接控制和管理一群数控机床进行零件加工或装配的系统。

在 DNC 系统中,基本保留原来各数控机床的 CNC 系统,并与 CNC 系统的中央计算机组成计算机网络,实现分级控制管理。中央处理机并不取代各数控装置的常规工作。

DNC 系统具有计算机集中处理和分时控制的能力;具有现场自动编程和对零件程序进行编辑和修改的能力,使编程与控制相结合,而且零件程序存贮容量大;此外 DNC 系统还具有生产管理、作业调度、工况显示监控和刀具寿命管理等能力。

2. 自适应控制机床

一般数控机床是按预先编好的程序进行加工的,但在编程时,实际上有许多参数只能参照过去的经验数据来决定,不可能准确地考虑到它们的一切变化,如毛坯余量的不均匀、刀具与零件材质的变化、刀具的磨损、零件的变形、热传导性的差别等,这些变化直接或间接地影响着加工质量,使加工不能在最佳状态下进行。如果控制系统能对实际加工中的各种加工状态的参数及时地测量并反馈给机床进行修正,则可使切削过程随时都处在最佳状态。所谓最佳状态,指的是最高生产率、最低加工成本、最好的加工质量等。机床的自适应控制就是为了解决这一问题而在 20 世纪 60 年代出现的一种机床的控制技术。自适应控制出现在数控技术之后,它与数控技术相结合,是机床自动控制技术的一个重大突破,它对机床的自动控制将产生深远的影响。

图 1-15 所示为机床自适应控制系统的基本原理图。它除了一般数控机床的位置和速度反馈路电路以外,还增加了适应控制反馈回路。

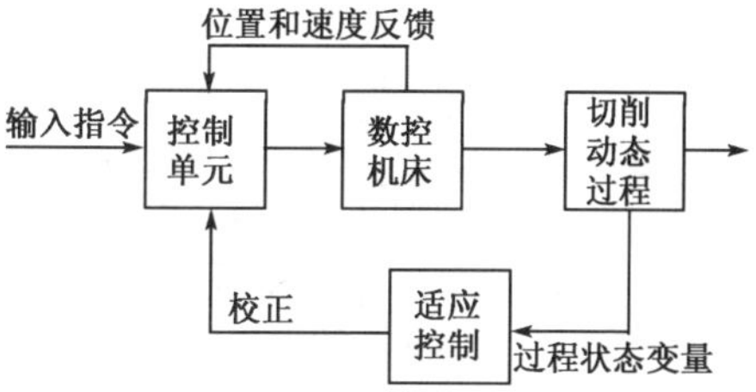

图 1-15　机床自适应控制系统

3. 柔性制造系统(Flexible Manufacturing System)

FMS 是集自动化加工设备、物流和信息流自动处理为一体的智能化加工系统。它是在柔性制造单元(flexible manufacturing cell,FMC)基础上研制和发展起来的。柔性制造单元是一种在人的参与减到最少时,能连续地对同一组零件内不同的零件进行自动化加工(包括零件在单元内部的运输和交换)的最小单元。它既可以作为独立使用的加工设备,又可以作为更大更复杂的柔性制造系统或柔性自动线的基本组成模块。

如图 1-16 所示,柔性制造系统是由加工系统(由一组数控机床和其他自动化工艺设备,如清洗机、成品试验机、喷漆机等组成)、智能机器人、全自动输送系统及自动化仓库组成。

这种系统可按任意顺序加工一组不同工序与不同加工节拍的零件,工艺流程可随零件不同而调整,全部生产过程由一台中央计算机进行生产程序的调度,若干台计算机进行工位控制,其中各个制造单元相对独立,能适时地平衡资源的利用。

4. 计算机集成生产系统(Computer Integrated Manufacturing System)

CIMS 是用于制造业工厂的综合自动化大系统。它在计算机网络和分布式数据库的支持下,把各种局部的自动化子系统集成起来,实现信息集成和功能集成,走向全面自动化,从而缩短产品开发周期、提高质量、降低成本。它是工厂自动化的发展方向,未来制造业工厂的模式。

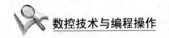

1.3.2　我国数控机床的发展概况

我国数控机床的研制始于 1958 年,由清华大学研制出了最早的样机。1966 年诞生了第一台用于直线—圆弧插补的晶体管数控系统。1970 年北京第一机床厂的 XK5040 型数控升降台铣床作为商品,小批量生产并推向市场。但由于相关工业基础差,尤其是数控系统的支撑工业——电子工业薄弱,致使在 1970~1976 年间开发出的加工中心、数控镗床、数控磨床及数控钻床因系统不过关,多数机床没有在生产中发挥作用。20 世纪 80 年代前期,在引入了日本 FANUC 数控技术后,我国的数控机床才真正进入小批量生产的商品化时代。

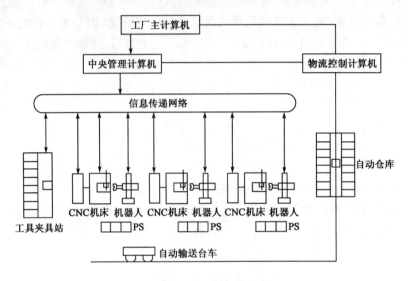

图 1-16　柔性制造系统框图

我国数控机床的现状可以从应用和生产两个方面来看,在"七五"与"八五"两个五年计划期间,数控机床的水平与产量均有令人瞩目的提高。"九五"及"十五"期间更有明显地增长,2007 年,我国生产数控机床达到 100000 多台,比 2000 年的 14000 台增长 723.1%,高精度机床和大型机床也分别增长了 192% 和 147.18%,而 1992 年数控机床只有 4200 多台。10 多年间,我国数控机床增长了 20 倍。在数控机床的品种看,普及型数控机床所占比例从 1992 年的 10% 增长到 2006 年的 38.2%。

"十五"期间,通过国家相关计划的支持,我国在中高档数控机床关键技术研究方面有了较大突破,创造了一批具有自主知识产权的研究成果和核心技术,打破国外的技术封锁,在五轴联动加工机床、车铣复合加工机床、高速加工机床、纳米级分辨率数控车床等重大数控装备上均有突破。开发出多种中档数控机床产品,多轴控制的开放式数控系统等实现了商品化。各类功能部件,如转塔刀架、电主轴、刀库、滚珠丝杠等发展迅速,数控机床的技术水平、质量水平、可靠性、外观及工艺水平等取得了长足进步,促进了数控机床产品的结构升级和产业化。

"十五"期间,我国机床制造业存在的主要矛盾(如部分关键技术的掌握,自主创新与消化吸收再创新能力的提高,中高档数控机床的开发水平、用户加工工艺的了解及服务水平等)有了初步的缓解,并取得较大的进步,但尚未从根本上解决,还需继续不断努力,赶上世界技术发展的步伐。

"十一五"装备制造业发展规划纲要中明确提出,国家把以数控机床为代表的基础装备作为重点发展的七大领域之首,提出了重点发展的方向。围绕发电设备、航空、航天、船舶需要的高精、大型、专门化工作母机和工艺复合化机床,汽车制造业需要的成套、高效、高精度、高可靠性及柔性制造系统以及 IT 工业对专用设备的需求,我国机床制造业任重而道远。

1.3.3　数控机床的发展趋势

未来数控机床的发展趋势主要表现在以下 3 个方面:

1. 数控技术水平

高精度:定位精度微米级、纳米级;

高速度:主轴转速 10000r/min、快速进给 100m/min、换刀时间 2～3s;

高柔性:多主轴、多工位、多刀库;

多功能:立卧并用、复合加工;

高自动化:自动上下料、自动监控、自动测量、自动通信。

高可靠性:数控装置的 MTBF 值已达 6000h 以上,伺服系统的 MTBF 值达到 30000h 以上。

对单台主机不仅要求提高其柔性和自动化程度,还要求其具有进入更高层次的柔性制造系统和计算机集成制造系统的适应能力。

2. 数控系统方面

智能化、开放式、网络化成为当代数控系统发展的主要趋势。

1)智能化的内容包括在数控系统中的各个方面:

(1)为追求加工效率和加工质量方面的智能化,如加工过程的自适应控制,工艺参数自动生成;

(2)为提高驱动性能及使用连接方便的智能化,如前馈控制、电机参数的自适应运算、自动识别负载自动选定模型、自整定等;

(3)简化编程、简化操作方面的智能化,如智能化的自动编程、智能化的人机界面等;

(4)还有智能诊断、智能监控、方便系统的诊断及维修等。

2)为解决传统的数控系统封闭性和数控应用软件的产业化生产存在的问题。目前许多国家对开放式数控系统进行研究,如美国的 NGC(未来工作台与机械控制)(The Next Generation Work-Station/Machine Control)、欧共体的 OSACA(自动化系统中开放体系结构)(Open System Architecture for Control within Automation Systems)、日本的 OSEC(控制器开放系统环境)(Open System Environment for Controller),中国的 ONC(开放式数控系统)(Open Numerical Control System)等。

数控系统开放化已经成为数控系统的未来之路。所谓开放式数控系统就是数控系统的开发可以在统一的运行平台上,面向机床厂家和最终用户,通过改变、增加或剪裁结构对象(数控功能),形成系列化,并可方便地将用户的特殊应用和技术诀窍集成到控制系统中,快速实现不同品种、不同档次的开放式数控系统,形成具有鲜明个性的名牌产品。目前,开放式数控系统的体系结构规范、通信规范、配置规范、运行平台、数控系统功能库以及数控系统功能软件开发

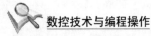

工具等是当前研究的核心。

3)网络化数控装备是近十年世界上数控装备发展的主要研究热点之一。数控装备的网络化将极大地满足生产线、制造系统、制造企业对信息集成的需求,也是实现新的制造模式如敏捷制造、虚拟企业以及全球制造的基础单元。国内外一些著名数控机床和数控系统制造公司都推出了相关的新概念和样机,如在 EMO2001 展中,日本山崎马扎克(Mazak)公司展出的"CyberProduction Center"(智能生产控制中心,简称 CPC);日本大隈(Okuma)机床公司展出"IT plaza"(信息技术广场,简称 IT 广场);德国西门子(Siemens)公司展出的 Open Manufacturing Environment(开放制造环境,简称 OME)等,反映了数控机床加工向网络化方向发展的趋势。

3.驱动系统方面

交流驱动系统发展迅速,交流传动系统已由模拟式向数字式方向发展,以运算放大器等模拟器件为主的控制器正在被以微处理器为主的数字集成元件所取代,从而克服了零点漂移、温度漂移等弱点。

习 题

1-1 数控机床由哪些部分组成? 各有什么作用?

1-2 什么叫做点位控制、直线控制、轮廓控制数控机床? 有何特点及应用?

1-3 简述开环、闭环、半闭环伺服系统的区别。

1-4 数控机床适合加工什么样的零件?

1-5 加工中心与普通数控机床的区别是什么?

1-6 什么是 FMS? 由哪几部分组成?

1-7 什么是 CIMS 系统?

第2章 数控机床的机械结构

机床本体是数控机床的主体部分,它将数控系统的各种运动和指令转换成标准的机械运动,完成零件的加工。用数控机床进行加工,要求在保证质量的前提下有更好的经济性。数控机床价格昂贵,每小时的加工费要比传统机床高得多。只有采取措施,大幅度地压缩单件加工时间,才可能获得较好的经济效果,刀具材料的发展使切削速度成倍地提高,它为缩短切削时间提供了可能;自动换刀及按指令进行变速,为减少辅助时间创造了条件。这些措施将会明显的增加机床在负载状态下的运转时间,因此对机床的刚度及寿命提出了新的要求。

此外,为了缩短装夹与运送工件的时间,以及避免工件多次装夹所引起的定位误差,要求工件在一台数控机床上一次装夹后能进行粗加工和精加工。这就要求机床既能承受粗加工时的最大切削力,又能保证精加工时的高精度,所以机床必须具有很高的强度、刚度和抗振性,数控系统不但要对刀具的位置或轨迹进行控制,而且还要具备自动换刀和补偿机能,因此机床的结构必须有很高的可靠性,以保证这些机能的正确执行。

2.1 概　　述

数控机床的机械系统是指数控机床的主机部分,包括主运动传动系统、进给运动系统、自动换刀系统、支承系统等,其主要由传动件、轴承、传动部件、移动部件、导轨支承部件等组成。

2.1.1 数控机床的结构特点

为满足高精度、高效率、高自动化程度的要求,数控机床的结构设计已形成自己的独立体系,在这一结构的完善过程中,数控机床出现了不少完全新颖的结构及元件。与普通机床相比,数控机床机械结构有许多特点:

(1)主运动常用交流或直流电动机拖动,采用变频调速,简化了主传动系统的机械结构,而且转速高、功率大,速度变换迅速、可靠;能无级变速,合理选择切削用量。

(2)主轴部件和支承件均采用了刚度和抗振性较好的新型结构。如采用动静压轴承的主轴部件,采用钢板焊接结构的支承件等。

(3)采用了摩擦因数很低的塑料滑动导轨、滚动导轨和静压导轨,以提高机床运动的灵敏性。

(4)进给传动中,一方面采用无间隙的传动装置和元件,如滚珠丝杠副、静压蜗杆蜗条副、预加载荷的双齿轮齿条副等;另一方面采用消除间隙措施,如偏心套式、锥度齿轮式及斜齿轮垫片错齿等消隙结构。

(5)采用了多主轴、多刀架的结构,以提高单位时间内的切削功率。

(6)具有自动换刀和自动交换工件的装置,以减少停机时间。

(7)采用自动排屑、自动润滑装置等。

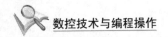

2.1.2 数控机床的结构要求

由于数控机床具有自动化程度高、柔性好、加工精度高、质量稳定、生产效率高等工艺特点,这些特点对其机械结构提出了更高的要求,主要有以下几个方面:

1.高刚度

机床的刚度是指机床在载荷的作用下抵抗变形的能力。同时,刚度也是影响机床抗振性的重要因素。数控机床由于其高精度、高效率、高度自动化的特点,有关标准规定数控机床的刚度应比普通机床至少高 50% 以上。影响机床刚度的主要因素是各构件、部件本身的刚度及其相互间的接触刚度。数控机床的刚度通常通过改善主要零、部件的结构及受力条件来提高。

2.高抗振性

常用动刚度作为衡量抗振性的指标。提高动态刚度常用的措施主要有提高系统的刚度、增加阻尼以及调整构件的自振频率等。试验表明,提高阻尼系数是改善抗振性的有效方法。钢板的焊接结构既可以增加静刚度、减轻结构重量,又可以增加构件本身的阻尼。因此,近年来在数控机床上采用了钢板焊接结构的床身、立柱、横梁和工作台。封砂铸件也有利于振动衰减,对提高抗振性也有较好的效果。

3.减少机床的热变形

由于数控机床的主轴转速、进给速度远远高于普通机床,所以由摩擦热、切削热等热源引起的热变形问题更为严重;同时数控机床要求连续工作下保证加工工件的高精度,因而机床的热变形问题尤其应该重视。减少机床热变形的措施除了改进结构、减少热变形对加工精度的影响外,还采用了对机床发热部位散热、强制冷却,以及采用大流量切削液带走切削热等措施来控制机床的温升。有的数控机床还带有热变形自动补偿装置。

4.提高进给运动的动态性能和定位精度

数控机床的进给运动要求平稳、无振动、动态响应性能好、在低速进给时无爬行和有高的灵敏度;同时要求各坐标轴有高的定位精度。因此,对进给系统机械结构以及导轨等提出了特殊要求。

图 2-1 为框架式对称结构数控机床,采用双立柱代替了单立柱,这是因为主轴箱体单面悬挂容易因重力和切削力的偏置造成在立柱上附加的弯曲和扭转变形,而框架式对称结构有利于合理分配结构受力,结构刚度高,热变形对称,从而在同样受力条件下,结构的变形较小。

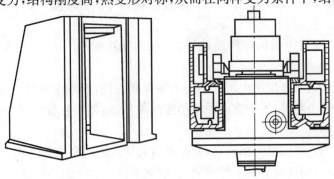

图 2-1 框架式对称结构

2.2 数控机床的主传动系统

2.2.1 数控机床主传动系统的特点

数控机床和普通机床一样,主传动系统也必须通过变速,才能使主轴获得不同的传递,以适应不同的加工要求,并且,在变速的同时,还要求传递一定的功率和足够的转矩,满足切削的需要。但同时数控机床作为高度自动化的设备,与普通机床比较,数控机床上传动系统具有下列特点:

(1)转速高、功率大,它能使数控机床进行大功率切削和高速切削,实现高效率加工。

(2)具有较大的调速范围,并能实现无级调速,使切削加工时能选用合理的切削用量,获得最佳的生产率、加工精度和表面质量。

(3)具有较高的精度与刚度,传动平稳,噪声低。

(4)良好的抗振性和热稳定性。

(5)为实现刀具的快速及自动装卸,主轴上还必须设计有刀具自动装卸、主轴定向停止和主轴孔内的切屑清除装置。

2.2.2 数控机床主轴变速方式

现代数控机床的主运动广泛采用无级变速传动,用交流调速电机或直流调速电机驱动,它们能方便地实现无级变速,且传动链短,传动件少,提高了变速的可靠性,其制造精度则要求很高。其主传动主要有以下 3 种形式(图 2-2):

1. 带有变速齿轮的主运动

如图 2-2a)所示,主轴电机经过少数几对齿轮变速,使主轴获得低速和高速两种转速系列,这种分段无级变速,确保低速时的大扭矩,满足机床对扭矩特性的要求。滑移齿轮常用液压拨叉或电磁离合器来改变其位置,大、中型数控机床采用这种变速方式。

2. 带有定比传动的主运动

如图 2-2b)所示,主轴电机经定比传动传递给主轴,定比传动采用齿轮传动或带传动。带传动主要应用于小型数控机床上,可以避免齿轮传动的噪声与振动。

3. 由主轴电机直接驱动

如图 2-2c)所示,电机轴与主轴用联轴器同轴连接。这种方式大大简化主轴结构,有效地提高主轴刚度。但主轴输出扭矩小,电机的发热对主轴精度影响大。

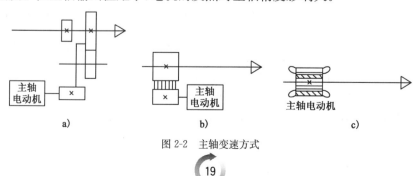

图 2-2 主轴变速方式

目前,随着电气传动技术(变频调速技术、电动机矢量控制技术等)的迅速发展和日趋完善,高速数控机床主传动系统的机械结构已得到极大的简化,基本上取消了带轮传动和齿轮传动。机床主轴由内装式电动机直接驱动,从而把机床主传动链的长度缩短为零,实现了机床的"零传动"。这种主轴电动机与机床主轴"合二为一"的传动结构形式,使主轴部件从机床的传动系统和整体结构中相对独立出来,因此可做成"主轴单元",俗称"电主轴"(图2-3)。

图 2-3　电主轴

电主轴是最近几年在数控机床领域出现的将机床主轴与主轴电机融为一体的新技术电主轴,是最近几年在数控机床领域出现的将机床主轴与主轴电机融为一体的新技术,它与直线电机技术、高速刀具技术一起,将会把高速加工推向一个新时代。电主轴是一套组件,它包括电主轴本身及其附件(图2-4)。

电主轴具有结构紧凑、重量轻、惯性小、振动小、噪声低、响应快等优点,而且转速高、功率大,简化机床设计,易于实现主轴定位,是高速主轴单元中的一种理想结构。

2.2.3　主轴组件

机床主轴对加工质量有直接的影响,主轴部件是数控机床的关键部件之一,它直接影响机床的加工质量。主轴部件包括主轴的支承、安装在主轴上的传动零件等。

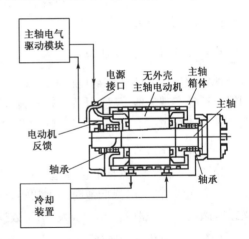

图 2-4　电主轴结构

与普通机床比较,数控机床主轴部件应有更高的动静刚度和抵抗热变形的能力。

1. 主轴轴承的配置形式

目前数控机床主轴轴承配置有3种主要形式。

(1)数控机床前支承采用双列短圆柱滚子轴承和60°角接触双列向心推力球轴承,后支承采用成对向心推力球轴承[图2-5a]。此种结构普遍应用于各种数控机床,其综合刚度高,可以满足强力切削要求。

(2)前支承采用多个高精度向心推力球轴承[图2-5b],这种配置具有良好的高速性能,但它的承载能力较小,适用于高速轻载和精密数控机床。

(3)前支承采用双列圆锥滚子轴承,后支承为单列圆锥滚子轴承[图2-5c],其经向和轴向刚度很高,能承受重载荷。但这种结构限制了主轴最高转速,因此适用于中等精度低速重载数控机床。

2. 主轴辅助装置

对于主轴夹持刀具回转的数控机床,如数控铣床和镗床以及以镗铣为主的加工中心等,为实现刀具的快速或自动装卸,主轴上往往装有刀具自动装卸和主轴孔内切屑自动清除等装置。对于主轴夹持工件回转的数控机床如数控车床、车削加工中心等,主轴上常安装动力卡盘等自动夹紧工件的装置。

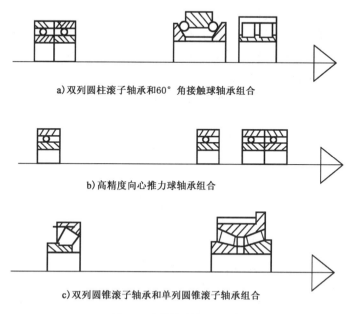

a) 双列圆柱滚子轴承和60°角接触球轴承组合

b) 高精度向心推力球轴承组合

c) 双列圆锥滚子轴承和单列圆锥滚子轴承组合

图 2-5　主轴轴承的配置形式

为能够加工各种螺纹,数控车床就需要安装与主轴同步运转的脉冲编码器,以便发出检测脉冲信号使主轴的旋转与进给运动相协调。数控车削中心增加了主轴的 C 轴功能,能在数控系统的控制下实现圆周进给,以便与 Z 轴、X 轴联动插补。

2.2.4　主轴组件的润滑与密封

1. 主轴润滑

为了保证主轴有良好的润滑,减少摩擦发热,同时又能把主轴组件热量带走,通常采用循环式润滑系统。用液压泵供油强力润滑,在油箱中使用油温控制器控制油液温度。近年来一部分数控机床的主轴轴承采用高级油脂封放式润滑,每加一次油脂可以使用 7~10 年,简化了结构,降低了成本且维护保养简单,但需防止润滑油和油脂混合,通常采用迷宫式密封方式。为了适应主轴转速向更高速化发展的需要,新的润滑冷却方式相继开发出来。这些新的润滑冷却方式不单要减少轴承温升,还要减少轴承内外圈的温差,以保证主轴的热变形小。

(1)油气润滑方式:这种润滑方式近似于油雾润滑方式,所不同的是,油气润滑是定时定量地把油雾送进轴承空隙中,这样既实现了油雾润滑,又不至于因油雾太多而污染周围空气;而油雾润滑则是连续供给油雾。

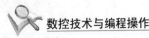

(2)喷注润滑方式:它用较大流量的恒温油(每个轴承3～4L/min)喷注到主轴轴承上,以达到润滑、冷却的目的。这里需特别指出的是,较大流量喷注的油,不是自然回流,而是用排油泵强制排油,同时,采用专用高精度大容量恒温油箱,油温变动控制在±0.5℃。

2. 密封

在密封件中,被密封的介质往往是以穿漏、渗透或扩散的形式越界泄漏到密封连接处的另一侧。造成泄漏的基本原因是流体从密封面上的间隙中溢出,或是由于密封部件内外两侧密封介质的压力差或浓度差,致使流体向压力或浓度低的一侧流动。

图2-6为卧式加工中心主轴前支承的密封结构,采用的是双层小间隙密封装置。主轴前端加工有两组锯齿形护油槽,在法兰盘4和5上开有沟槽及泄油孔,当喷入轴承2内的油液流出后被法兰盘4内壁挡住,并经其下部的泄油孔9和套筒3上的回油斜孔8流回油箱,少量油液沿主轴6流出时,在离心力的作用下被主轴护油槽甩至法兰盘4的沟槽内,经回油斜孔8重新流回油箱,达到了防止润滑介质泄漏的目的。

2.2.5 主轴的准停

数控铣床和镗床以及以镗铣为主的加工中心上,在每次机械手自动装取刀具时,必须保证刀柄上的键槽对准主轴的端面键,这就要求主轴具有准确定位的功能。为满足主轴这一功能而设计的装置称为主轴准停装置或称主轴定向装置。主轴准停装置分电气式和机械式。

机械方式首先采用机械凸轮机构或光电盘方式进行粗定位,然后有一个液动或气动的定位销插入主轴上的销孔或销槽实现精确定位,完成换刀后定位销退出,主轴才开始旋转,如图2-7所示。采用这种传统方法定位比较准确可靠,但结构复杂,在早期数控机床上使用较多。而现代数控机床采用电气方式定位较多。

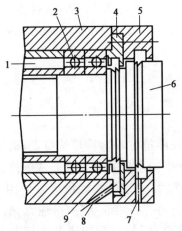

图2-6 卧式加工中心主轴前支承的密封结构

1-套筒;2-轴承;3-套筒;4、5-法兰盘;6-主轴;7-泄漏孔;
8-回油斜孔;9-泻油孔

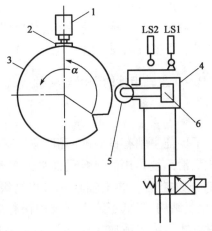

图2-7 主轴机械准停装置

1-无触点开关;2-感应块;3-定位盘;4-定位液压缸;5-定
向滚轮;6-定向活塞

电气式主轴准停装置,即用电磁传感器检测定向,如图2-8所示。主轴8的尾部安装有发磁体9,它随主轴转动,在距发磁体外缘14mn处,固定了一个磁传感器10,它经过放大器11与主轴伺服单元3连接。主轴定向指令1发出后,主轴处于定向状态,当发磁体上的判别孔转到对准磁传感器上的基准槽时,主轴立即停止。图中 5 为电动机与主轴之间的同步齿形带,4 为主轴电动机,2 为强电时序电路,7 为主轴端面键,6 是位置控制回路,12 是定向电路。

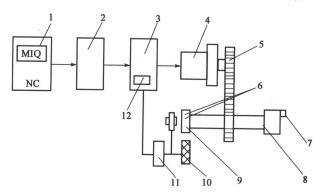

图 2-8　电气式主轴准停装置

2.3　数控机床的进给运动系统

2.3.1　概述

数控机床进给运动系统,尤其是轮廓控制的进给运动系统,必须对进给运动的位置和运动的速度两个方面同时实现自动控制,与普通机床相比,要求其进给系统有较高的定位精度和良好的动态响应特性。为确保数控机床进给系统的传动精度和工作平稳性等,在设计机械传动装置时,提出如下要求:

1. 高的传动精度与定位精度

数控机床进给传动装置的传动精度和定位精度对零件的加工精度起着关键性的作用。无论对点位、直线控制系统,还是轮廓控制系统,传动精度和定位精度都是表征数控机床性能的主要指标。设计中,通过在进给传动链中加入减速齿轮,以减小脉冲当量,预紧传动滚珠丝杠,消除齿轮、蜗轮等传动件的间隙等办法,可达到提高传动精度和定位精度的目的。

2. 宽的进给调速范围

伺服进给系统在承担全部工作负载的条件下,应具有很宽的调速范围,以适应各种工件材料、尺寸和刀具等变化的需要,工作进给速度范围可达 3～6000mm/min。为了完成精密定位,伺服系统的低速趋近速度达 0.1mm/min;为了缩短辅助时间,提高加工效率,快速移动速度应高达 15m/min。在多坐标联动的数控机床上,合成速度维持常数,是保证表面粗糙度要求的重要条件;为保证较高的轮廓精度,各坐标方向的运动速度也要配合适当;这是对数控系统和伺服进给系统提出的共同要求。

3. 响应速度要快

所谓快速响应特性是指进给系统对指令输入信号的响应速度及瞬态过程结束的迅速程度,即跟踪指令信号的响应要快;定位速度和轮廓切削进给速度要满足要求;工作台应能在规定的速度范围内灵敏而精确地跟踪指令,进行单步或连续移动,在运行时不出现丢步或多步现象。进给系统响应速度的大小不仅影响机床的加工效率，而且影响加工精度。设计中应使机床工作台及其传动机构的刚度、间隙、摩擦以及转动惯量尽可能达到最佳值，以提高进给系统的快速响应特性。

4. 无间隙传动

进给系统的传动间隙一般指反向间隙，即反向死区误差，它存在于整个传动链的各传动副中，直接影响数控机床的加工精度；因此，应尽量消除传动间隙，减小反向死区误差。设计中可采用消除间隙的联轴节及有消除间隙措施的传动副等方法。

5. 稳定性好、寿命长

稳定性是伺服进给系统能够正常工作的最基本的条件，特别是在低速进给情况下不产生爬行，并能适应外加负载的变化而不发生共振。稳定性与系统的惯性、刚性、阻尼及增益等都有关系，适当选择各项参数，并能达到最佳的工作性能，是伺服系统设计的目标。所谓进给系统的寿命，主要指其保持数控机床传动精度和定位精度的时间长短，及各传动部件保持其原来制造精度的能力。设计中各传动部件应选择合适的材料及合理的加工工艺与热处理方法，对于滚珠丝杠和传动齿轮，必须具有一定的耐磨性和适宜的润滑方式，以延长其寿命。

6. 使用维护方便

数控机床属高精度自动控制机床，主要用于单件、中小批量、高精度及复杂件的生产加工，机床的开机率相应就高，因此，进给系统的结构设计应便于维护和保养，最大限度地减小维修工作量，以提高机床的利用率。

2.3.2 电机与丝杠之间的连接

数控机床进给驱动对位置精度、快速响应特性、调速范围等有较高的要求。实现进给驱动的电机主要有三种：步进电机、直流伺服电机和交流伺服电机。目前，步进电机只适应用于经济型数控机床，而交流伺服电机作为比较理想的驱动元件已广泛使用。数控机床的进给系统当采用不同的驱动元件时，其进给机构可能会有所不同。电机与丝杠间的连接主要有3种形式：

1. 带有齿轮传动的进给运动

数控机床在机械进给装置中一般采用齿轮传动副来达到一定的降速比要求，如图2-9a)所示。由于齿轮在制造中不可能达到理想齿面要求，总存在着一定的齿侧间隙才能正常工作，但齿侧间隙会造成进给系统的反向失动量，对闭环系统来说，齿侧间隙会影响系统的稳定性。因此，齿轮传动副常采用消除措施来尽量减小齿轮侧隙。但这种连接形式的机械结构比较复杂。

2. 经同步带轮传动的进给运动

如图2-9b)所示，这种连接形式的机械结构比较简单。同步带传动综合了带传动和链传动的优点，可以避免齿轮传动时引起的振动和噪声，但只能适于低扭矩特性要求的场所。安装时中心距要求严格，且同步带与带轮的制造工艺复杂。

3. 电机通过联轴器直接与丝杠连接

如图2-9c)所示，此结构通常是电机轴与丝杠之间采用锥环无键连接或高精度十字联轴器连接,从而使进给传动系统具有较高的传动精度和传动刚度,并大大简化了机械结构。目前因交流伺服电机的广泛使用,数控机床普遍采用这种连接形式。

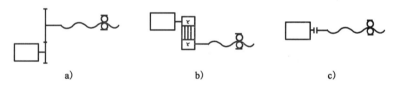

图 2-9 电机与丝杠间的连接方式

2.3.3 滚珠丝杠螺母副

滚珠丝杠螺母副是回转运动与直线运动相互转换的一种新型传动装置,在数控机床上得到了广泛的应用。它的结构特点是在具有螺旋槽的丝杠螺母间装有滚珠作为中间传动元件,以减少摩擦。

1.滚珠丝杠副的工作原理及特点

滚珠丝杠副是一种新型的传动机构,它的结构特点是具有螺旋槽的丝杠螺母间装有滚珠作为中间传动件,以减少摩擦,如图 2-10 所示。图中丝杠和螺母上都磨有圆弧形的螺旋槽,这两个圆弧形的螺旋槽对合起来就形成螺旋线滚道,在滚道内装有滚珠。当丝杠回转时,滚珠相对于螺母上的滚道滚动,因此丝杠与螺母之间基本上为滚动摩擦。为了防止滚珠从螺母中滚出来,在螺母的螺旋槽两端设有回程引导装置,使滚珠能循环流动。

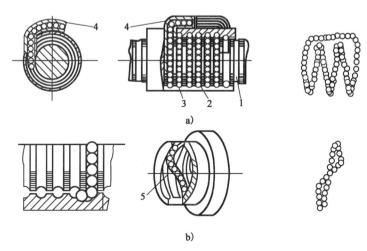

图 2-10 滚珠丝杠副结构
1-丝杠;2-螺母;3-滚珠;4-回珠管;5-反向器

滚珠丝杠副的特点是:

(1)传动效率高,摩擦损失小。滚珠丝杠副的传动效率 $\eta=0.92\sim0.96$,比常规的丝杠螺母副提高 3～4 倍。因此,功率消耗只相当于常规的丝杠螺母副的 1/4～1/3。

(2)给予适当预紧,可消除丝杠和螺母的螺纹间隙,反向时就可以消除空行程死区,定位精度高,刚度好。

(3)运动平稳,无爬行现象,传动精度高。

(4)运动具有可逆性,可以从旋转运动转换为直线运动,也可以从直线运动转换为旋转运动,即丝杠和螺母都可以作为主动件。

(5)磨损小,使用寿命长。

(6)制造工艺复杂。滚珠丝杠和螺母等元件的加工精度要求高,表面粗糙度也有高要求,故制造成本高。

(7)不能自锁。特别是对于垂直丝杠,由于自重惯力的作用,下降时当传动切断后,不能立刻停止运动,故常需添加制动装置。

2.滚珠的循环方式

滚珠循环方式分为外循环和内循环两种方式。

(1)外循环:滚珠在循环过程中有时与丝杠脱离接触的称为外循环,如图 2-10a)所示。外循环螺旋槽式滚珠丝杠副在螺母的外圆上铣有螺旋槽,并在螺母内部装上挡珠器,挡珠器的舌部切断螺纹滚道,迫使滚珠流入通向螺旋槽的孔中而完成循环。

(2)内循环:滚珠在循环过程中始终与丝杠接触的称为内循环,如图 2-10b)所示。这种循环靠螺母上安装的反向器接通相邻滚道,使滚珠成单圈环,滚珠从螺纹滚道进入反向器,借助反向器迫使滚珠越过丝杠牙顶进入相邻滚道,实现循环。一般一个螺母上装有 2～4 个反向器,反向器沿螺母圆周等分布。其优点是径向尺寸紧凑,刚性好,因其返回滚道较短,摩擦损失小。缺点是反向器加工困难。

3.滚珠丝杠副轴向间隙的调整

滚珠丝杠的传动间隙是轴向间隙。为了保证反向传动精度和丝杠的刚度,必须消除轴向间隙。消除间隙的方法常采用双螺母结构,利用两个螺母的相对轴向位移,使两个滚珠螺母中的滚珠分别贴紧在螺旋滚道的两个相反的侧面上。用这种方法预紧消除轴向间隙时,应注意预紧力不宜过大,预紧力过大会使空载力矩增加,从而降低传动效率,缩短使用寿命。此外还要消除丝杠安装部分和驱动部分的间隙。

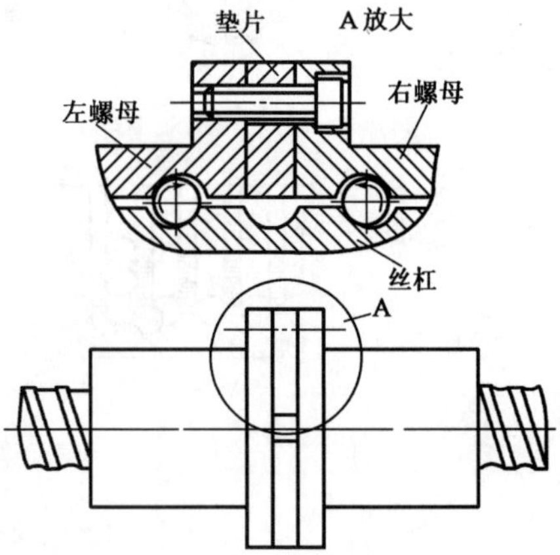

常用的螺母丝杠消除间隙方法有:

(1)垫片调隙式。如图 2-11 所示,调整垫片厚度使左右两螺母不能相对旋转,只产生轴向位移,即可消除间隙和产生预紧力。这种方式结构简单,刚性好,调整时需要卸下调整垫圈修磨,滚道有磨损时不能随时消除间隙和进行预紧。

(2)螺纹调隙式。如图 2-12 所示,滚珠丝杠左右两螺母副以平键与外套相连,用平键限制螺母在螺母座内的转动。调整时,只要拧动圆螺母 1 即可消除间隙并产生预紧力,然后用螺母 2 锁紧。这种调整方法具有结构简单、工作可靠、调整方便的优点,但预紧量不很准确。

图 2-11　垫片调隙式

(3)齿差调隙式。如图 2-13 所示,在两个螺母的凸缘上各制有圆柱齿轮,两者齿数相差一个齿,并装入内齿圈中,内齿圈用螺钉或定位销固定在套筒上。调整时,先取下两端的内齿圈,当两个滚珠螺母相对于套筒同方向转动相同齿数时,一个滚珠螺母对另一个滚珠螺母产生相对角位移,从而使滚珠螺母对于滚珠丝杠的螺旋滚道相对移动,达到消除间隙并施加预紧力的目的。

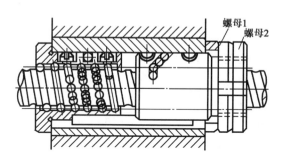

图 2-12　螺纹调隙式　　　　　　　　　　图 2-13 齿差调隙式

除了上述 3 种双螺母加预紧力的方式外,还有单螺母变导程自预紧及单螺母钢球过盈预紧方式。

4. 滚珠丝杠副的润滑与密封

滚珠丝杠副也可用润滑剂来提高耐磨性及传动效率。润滑剂可分为润滑油及润滑脂两大类。润滑油为一般机油或 90～180 号透平油或 140 号主轴油。润滑脂可采用锂基油脂。润滑脂加在螺纹滚道和安装螺母的壳体空间内,而润滑油则经过壳体上的油孔注入螺母的空间内。

滚珠丝杠副常用防尘密封圈和防护罩。

(1)密封圈

密封圈装在滚珠螺母的两端。接触式的弹性密封圈系用耐油橡皮或尼龙等材料制成,其内孔制成与丝杠螺纹滚道相配合的形状。接触式密封圈的防尘效果好,但因有接触压力,使摩擦力矩略有增加。

非接触式的密封圈系用聚氯乙烯等塑料制成,其内孔形状与丝杠螺纹滚道相反,并略有间隙,非接触式密封圈又称迷宫式密封圈。

(2)防护罩

防护罩能防止尘土及硬性杂质等进入滚珠丝杠。防护罩的形式有锥形套管、伸缩套管、也有折叠式(手风琴式)的塑料或人造革防护罩,也有用螺旋式弹簧钢带制成的防护罩连接在滚珠丝杠的支承座及滚珠螺母的端部,防护罩的材料必须具有防腐蚀及耐油的性能。

2.3.4　进给系统传动间隙的补偿机构

由于数控机床进给系统经常处于自动变向状态,反向时如果驱动链中的齿轮等传动副存在间隙,就会使进给运动的反向滞后于指令信号,从而影响其驱动精度。因此必须采取措施消除齿轮传动中的间隙,以提高数控机床进给系统的驱动精度。

由于齿轮在制造中不可能达到理想齿面的要求,总是存在着一定的误差,因此两个啮合着的齿轮,总应有微量的齿侧隙才能使齿轮正常地工作。以下介绍的几种消除齿轮传动中侧隙的措施,都是在实践中行之有效的。

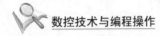
1. 齿隙补偿机构

数控机床进给系统由于经常处于自动变向状态,齿侧间隙会造成进给反向时丢失指令脉冲,并产生反向死区从而影响加工精度,因此必须采取措施消除齿轮传动中的间隙。

图 2-14 所示为圆柱齿轮间隙的几种调整结构。图 2-14a) 为偏心套间隙调整结构。将偏心套转过一定角度,可调整两齿轮的中心距,从而得以消除齿侧间隙。图 2-14b) 是带有锥度的齿轮间隙调整结构。两个相互啮合的齿轮都制成带有小锥度,使齿厚沿轴线方向稍有变化。通过修磨垫片的厚度,调整两齿轮的轴向相对位置,即可消除齿侧间隙。图 2-14c) 为斜齿圆柱齿轮轴向垫片间隙调整结构。与宽齿轮同时啮合的两个薄片齿轮,用键与轴相连接,彼此不能相对转动。两个薄片齿轮的轮齿是拼装在一起进行加工的,加工时在它们之间垫入一定厚度的垫片。装配时将厚度比加工时所用垫片稍大或稍小的垫片垫入它们之间,并用螺母拧紧,于是两薄片齿轮的螺旋齿产生错位,分别与宽齿轮的左、右齿侧贴紧,从而消除了它们之间的齿侧间隙。显然,采用这种调整结构,无论齿轮正转或反转,都只有一个薄片齿轮承受载荷。

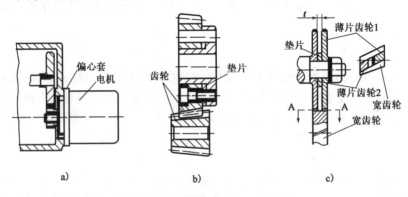

图 2-14 圆柱齿轮间隙的几种调整结构

上述几种齿侧间隙的调整方法,结构比较简单,传动刚性好,但调整之后间隙不能自动补偿,且必须严格控制齿轮的齿厚和齿距公差,否则将影响传动的灵活性。

齿侧间隙可自动补偿的调整结构,如图 2-15 所示。相互啮合的一对齿轮中的一个做成两个薄片齿轮,两薄片齿轮套装在一起,彼此可作相对运动。两个齿轮的端面上,分别装有螺纹凸耳,拉簧的一端钩在一个凸耳上,另一端钩在穿过另一个凸耳后的螺钉上,在拉簧的拉力作用下,两薄片齿轮的轮齿相互错位,分别贴紧在与之啮合的齿轮(图中未示出)左、右齿廓面上,消除了它们之间的齿侧间隙,拉

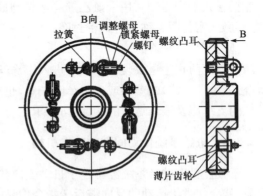

图 2-15 双齿轮拉簧错齿间隙的调整结构

簧的拉力大小,可用调整螺母调整。这种调整方法能自动补偿间隙,但结构复杂,传动刚度差,能传递的转矩小。

2. 键连接间隙补偿机构

数控机床进给传动装置中，齿轮等传动件与轴键的配合间隙，如同齿侧间隙一样，也会影响工件的加工精度，需将其消除。图 2-16 所示为消除键连接间隙的两种方法。图 2-16a)为双键连接结构，用紧定螺钉顶紧消除键的连接间隙。图 2-16b)为楔形销键连接结构，用螺母拉紧楔形销以消除键的连接间隙。

图 2-17 所示为一种可获得无间隙传动的无键连接结构。内锥形胀套和外锥形胀套是一对相互配研、接触良好的弹性锥形胀套，当拧紧螺钉，通过两个圆环将它们压紧时，内锥形胀套的内孔缩小，外锥形胀套的外圆胀大，依靠摩擦力将传动件和轴连接在一起。锥形胀套的对数，根据所需传递的转矩大小，可以是一对或几对。

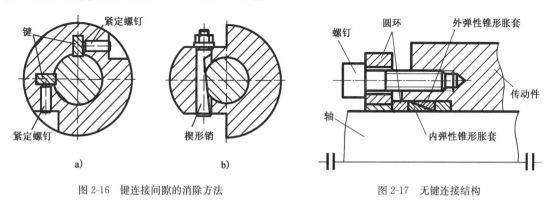

图 2-16 键连接间隙的消除方法　　　　图 2-17 无键连接结构

2.4 数控机床的导轨

2.4.1 数控机床对导轨的基本要求

机床导轨的功用是起导向及支承作用，即保证运动部件在外力的作用下（运动部件本身的重量、工件重量、切削力及牵引力等）能准确地沿着一定方向的运动。在导轨副中，与运动部件联成一体的运动一方叫做动导轨，与支承件联成一体固定不动的一方为支承导轨，动导轨对于支承导轨通常是只有一个自由度的直线运动或回转运动。

为了保证数控机床具有较高的加工精度和较大的承载能力，其导轨具有以下一些要求：

1. 高的导向精度

导向精度是指运动导轨沿支承导轨运动时直线运动导轨的直线性及圆周运动导轨的真圆性，以及导轨同其他运动件之间相互位置的准确性，影响导向精度的主要因素有：导轨的几何精度，导轨的接触精度及导轨的结构形式，导轨和基础件结构刚度和热变形，动压导轨和静压导轨之间油膜的刚度，以及导轨的装配质量等等。

2. 足够的刚度

导轨的刚度是机床工作质量的重要指标，它表示导轨在承受动静载荷下抵抗变形的能力，若刚度不足，则直接影响部件之间的相对位置精度和导向精度，另外还使得导轨面上的比压分布不均，加重导轨的磨损，因此导轨必须具有足够的刚度。

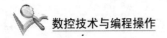

3.良好的耐磨性

导轨的磨损不均匀,会使导轨的导向精度遭到破坏,从而影响机床的加工精度。导轨的耐磨性与导轨的材料、导轨面的摩擦性质,导轨受力情况及两导轨相对运动精度有关。

4.低速平稳性

当运动导轨作低速运动或微量移动时,应保证导轨运动平稳,不产生爬行现象,机床的爬行现象将影响被加工零件粗糙度和加工精度,特别是对高精度机床来说,必须引起足够的重视。

5.结构工艺性

在可能的情况下,设计时应尽量使导轨结构简单,便于制造、调整和维护。应尽量减少刮研量,对于镶装导轨,应做到更换容易,力求工艺性及经济性好。

2.4.2 数控机床导轨的种类与特点

导轨按工作性质可分为主运动导轨、进给运动导轨;按运动轨迹可分为直线运动和圆周运动导轨;按受力情况可分为开式导轨和闭式导轨;按摩擦性质可分为滑动导轨和滚动导轨。其中,滑动导轨和滚动导轨是数控机床常用的导轨。

1.滑动导轨

在数控机床上常用的滑动导轨有液体静压导轨、气体静压导轨和贴塑导轨。

(1)液体静压导轨:在两导轨工作面间通入具有一定压力的润滑油,形成静压油膜,使导轨工作面间处于纯液态摩擦状态,摩擦系数极低,多用于进给运动导轨。

(2)气体静压导轨:在两导轨工作面间通入具有恒定压力的气体,使两导轨面形成均匀分离,以得到高精度的运动。这种导轨摩擦系数小,不易引起发热变形,但会随空气压力波动而使空气膜发生变化,且承载能力小,故常用于负荷不大的场合。

(3)贴塑导轨:在动导轨的摩擦表面上贴上一层由塑料等其他化学材料组成的塑料薄膜软带,其优点是导轨面的摩擦系数低,且动静摩擦系数接近,不易产生爬行现象;塑料的阻尼性能好,具有吸收振动能力,可减小振动和噪声;耐磨性、化学稳定性、可加工性能好;工艺简单、成本低。

2.滚动导轨

滚动导轨的最大优点是摩擦系数很小,一般为 0.0025~0.005,比贴塑料导轨还小很多,且动、静摩擦系数很接近,因而运动轻便灵活,在很低的运动速度下都不出现爬行,低速运动平稳性好,位移精度和定位精度高。滚动导轨的缺点是抗振性差,结构比较复杂,制造成本较高。近年来数控机床愈来愈多地采用由专业厂家生产的直线滚动导轨副或滚动导轨块。这种导轨组件本身制造精度很高,对机床的安装基面要求不高,安装、调整都非常方便。

图 2-18 所示为一种滚动导轨块组件,其特点是刚度高、承载能力大、导轨行程不受限制。当运动部件移动时,滚柱 3 在支承部件的导轨与本体 6 之间滚动,同时绕本体 6 循环滚动。每一导轨上使用导轨块的数量,可根据导轨的长度和负载的大小确定。

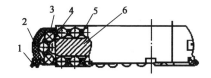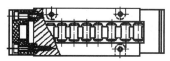

图 2-18　滚动导轨块结构

1-防护板；2-端盖；3-滚珠；4-导向片；5-保护架；6-本体

习　题

2-1　数控机床从机械结构来说，有哪几部分组成？

2-2　数控机床机械结构上有哪些特点？

2-3　对数控机床进行总体布局时，需要考虑哪些方面的问题？

2-4　数控机床如何实现主轴分段无级变速及控制？

2-5　数控机床主轴部件一般有哪些组成？

2-6　简述主轴准停装置的工作原理及作用。

2-7　简述数控机床对进给系统机械传动机构的要求。

2-8　在设计和选用机械传动结构时，必须考虑哪些问题？

2-9　为什么在数控机床的进给系统中普遍采用滚珠丝杠副？

2-10　滚球丝杠螺母副有何特点？其间隙的调整结构形式有哪些？

2-11　数控机床的进给传动齿轮为什么要消除齿侧间隙？消除齿侧间隙的措施有哪些？各有什么优缺点？

2-12　数控机床对导轨有哪些要求？

2-13　数控机床常用的导轨有哪几种？各有什么特点？

第3章 数控机床的工作台及自动换刀系统

数控机床中常用的回转工作台有分度工作台和数控回转工作台,它们的功用各不相同,分度工作台的功用只是将工件转位换面,和自动换刀装置配合使用,实现工件一次安装后完成几个面的多种工序,大大提高了工作效率。而数控回转工作台除了分度和转位的功能之外,还能实现圆周进给运动。

3.1 分度工作台

分度工作台的分度、转位和定位工作,是按照控制系统的指令自动地进行,每次转位回转一定的角度(如 90°、60° 或 45° 等),但实现工作台转位的机构并不能达到分度精度的要求,所以要有专门的定位元件来保证。因此,分度定位元件往往是分度工作台设计、制造和调整的关键部分。

1.定位销式分度工作台

定位销式分度工作台采用老式的插销定位机构。这种结构的定位元件主要由定位销和定位套组成。图 3-1 为 THK6380 型自动换刀数控卧式铣镗床的分度工作台结构。

工作台下方有八个均布的圆柱定位销和一个(或两个)定位套及一个马蹄形环形槽组成,定位时只有一个定位销插入定位套的孔中,其余七个则进入马蹄形环形槽中。定位销之间的分布角度为 45°,因此工作台只能作二、四、八等分的分度运动。这种分度方式的分度精度主要由定位销和定位套的尺寸精度及位置精度决定,最高可达 ±5″。定位销和定位孔衬套的制造精度和装配精度都要求很高,且均需具有很高的硬度,以提高耐磨性,保证足够的使用寿命。

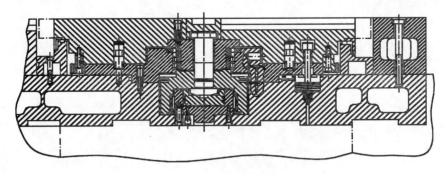

图 3-1　定位销式分度工作台

2.齿盘式分度工作台

齿盘式分度工作台具有定位准确的优点,能承受很大的外载,定位刚度高,精度保持性好。齿盘式分度工作台是数控机床和其他加工设备中应用很广的一种分度装置。它既可以作为机床的标准附件,用 T 形螺钉紧固在机床工作台上使用,也可以和数控机床的工作台设计成一个整体。齿盘分度机构的向心多齿啮合,应用了误差平均原理,因而能够获得较高的分度精度和定心精度(分度精度为±0.4″~±3″)。

图 3-2 所示为 THK 6370 自动换刀数控卧式镗铣床分度工作台的结构。主要由一对分度齿盘 13、14,升夹油缸 12,活塞 8,液压马达,蜗轮副 3、4 和减速齿轮副 5、6 等组成。分度转位动作包括:①工作台抬起,齿盘脱离啮合,完成分度前的准备工作;②回转分度;③工作台下降。齿盘重新啮合,完成定位夹紧。

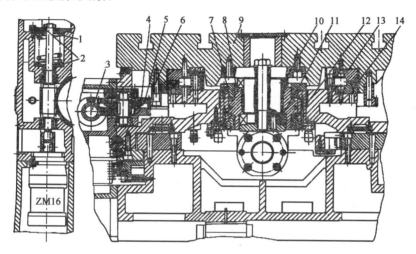

图 3-2 齿盘式分度工作台

1-弹簧;2、10、11-轴承;3-蜗杆;4-蜗轮;5、6-齿轮;7-管道;8-活塞;9-工作台;12-液压缸;13、14-齿盘

工作台 9 的抬起是由升夹油缸的活塞 8 来完成,其油路工作原理如图 3-3 所示。当需要分度时,控制系统发出分度指令,工作台升夹油缸的换向阀电磁铁 E_2 通电,压力油便从管道 24 进入分度工作台 9 中央的升夹油缸 12 的下腔,于是活塞 8 向上移动,通过止推轴承 10 和 11 带动工作台 9 也向上抬起,使上、下齿盘 13、14 相互脱离啮合,油缸上腔的油则经管道 23 排出,通过节流阀 L_3 流回油箱,完成了分度前的准备工作。

当分度工作台 9 向上抬起时,通过推杆和微动开关,发出信号,使控制液压飞达 ZM16 的换向阀电磁铁 E_3 通电。压力油从管道 25 进入液压马达使其旋转。通过蜗轮副 3、4 和齿轮副 5、6 带动工作台 9 进行分度回转运动。液压马达的回油是经过管道 26,节流阀 L_2 及换向阀 E_5 流回油箱。调节节流阀 L_2 开口的大小,便可改变工作台的分度回转速度(一般调在 2r/min 左右)。工作台分度回转角度的大小由指令给出,共有八个等分,即为 45° 的整倍数。当工作台的回转角度接近所要分度的角度时,减速挡块使微动开关动作,发出减速信号,换向阀电磁铁 E_5 通电,该换向阀将液压马达的回油管道关闭,此时,液压马达的回油除了通过节流阀 L_2,还要通过节流阀 L_4 才能流回油箱。节流阀 L_4 的作用是使其减速,因此,工作台在停止转动之前,其转速已显著下降,为齿盘准确定位创造了条件。当工作台的回转角度达到所要求的角度时,准停挡块压合微动开关,发出信号,使电磁铁 E_3 断电,堵住液压马达的进油管道 25,液压马达便停止转动。到此,工作台完成了准停动作。与此同时,电磁铁 E_2 断电、压力油从管道 24 进入升夹油缸上腔,推动活塞 8 带着工作台下降,于是上、下齿盘又重新啮合,完成定位夹紧。油缸下腔的油便从管道 23,经节流阀 L_2 流回油箱。在分度工作台下降的同时,由推杆使另一微动开关动作,发出分度转位完成的回答信号。

分度工作台的转动是由蜗轮副 3、4 带动,而蜗轮副传动具有自锁性,即运动不能从蜗轮 4 传至蜗杆 3。但是工作台下降时,最后的位置由定位元件——齿盘所决定,即由齿盘带动工作台作微小转动来纠正准停时的位置偏差,如果工作台由蜗轮 4 和蜗杆 3 锁住而不能转动,这时便产生了动作上的矛盾。为此,将蜗杆轴设计成浮动式的结构(图 3-2),即其轴向用两个止推轴承 2 抵在一个螺旋弹簧 1 上面。这样,工作台作微小回转时,便可由蜗轮带动蜗杆压缩弹簧 1 作微量的轴向移动,从而解决了它们的矛盾。

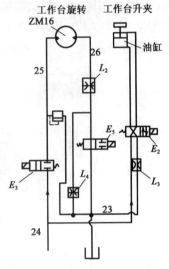

图 3-3　齿盘式分度工作台液压系统

齿盘式分度工作台和其他分度工作台相比,具有重复定位精度高、定位刚性好和结构简单等优点。齿盘接触面大、磨损小和寿命长,而且随着使用时间的延续,定位精度还有进一步提高的趋势。因此,目前除广泛用于数控机床外,还用在各种加工和测量装置中。它的缺点是齿盘的制造精度要求很高,需要某些专用加工设备,尤其是最后一道两齿盘的齿面对研工序,通常要花费数十小时。此外,它不能进行任意角度的分度运动。

3.2　数控回转工作台

数控回转工作台功能是按数控系统的指令,带动工件实现连续回转运动。回转速度是无级、连续可调的,同时,能实现任意角度的分度定位。由于实现自动圆周进给,因此,它和数控机床的进给驱动机构有相同之处。按控制的性质可分为开环和闭环;按应用范围可分为立式和卧式。

3.2.1　开环数控回转工作台

如图 3-4 所示,开环卧式数控回转工作台,步进电机 3 的运动通过齿轮 2、3 输出,啮合间隙由调整偏心环 1 来消除。齿轮 6 与蜗杆 4 用花键连接,蜗杆 4 为双导程蜗杆,通过调整调整环 7(两个半圆环垫片)的厚度,使蜗杆沿轴向产生移动,则可消除蜗杆 4 和蜗轮 15 的啮合间隙。蜗杆 4 的两端为滚针轴承,左端为自由端,右端为两个角接触球轴承,承受轴向载荷。蜗轮 15 下部的内、外两面装有夹紧瓦 18 和 19,在回转工作台的固定支座 24 内均匀安装了 6 个液压缸 14。液压缸 14 上端进压力油时,柱塞 16 向下运动,通过钢球 17 推动夹紧瓦 18 和 19 将蜗轮夹紧,从而实现精确分度定位。

当数控回转工作台实现圆周进给运动时,控制系统发出指令,使液压缸 14 上腔的油液流回油箱,在弹簧 20 的作用下钢球 17 抬起,夹紧瓦 18 和 19 就松开蜗轮 15。柱塞 16 到上位发出信号,功率步进电机启动并按指令脉冲的要求,驱动数控回转工作台实现圆周进给运动。当数控回转工作台做圆周运动时,先分度回转再夹紧蜗轮,以保证定位的可靠,并提高承受负载的能力。

数控回转工作台设有零点,当回零操作时,工作台先快速回转,当转至挡块 11 压合微动开关 10 时,工作台由快速转动变为慢速转动,最后由功率步进电机控制停在某一固定的通电相位上(称为锁相),从而使数控回转工作台准确地停在零点位置上。

　　数控回转工作台的圆形导轨是大型推力滚柱轴承13,径向导轨是滚子轴承12和圆锥轴承22。回转精度和定心精度由轴承12和22保证,调整轴承12的预紧力,可以消除回转轴的径向间隙,调整轴套23的厚度可使圆导轨有一定的预紧力,提高导轨的接触刚度。

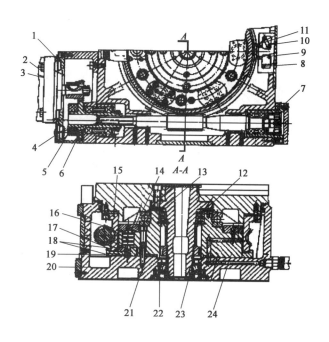

图 3-4　开环控制回转工作台

1-偏心环;2、6-齿轮;3-电机;4-蜗杆;5-垫圈;6、7-调整环;8、10-微动开关;9、11-挡块;12、13-轴承;14-液压缸;15-蜗轮;16-柱塞;17-钢球;18、19-夹紧瓦;20-弹簧;21-底座;22-圆锥滚子轴承;23-调整套;24-支座

　　数控回转工作台的主要运动指标是脉冲当量,即每个脉冲工作台回转的角度,现有的数控回转工作台的脉冲当量在 $0.001°$/脉冲到 $2'$/脉冲之间,使用时应根据加工精度要求和数控回转工作台的直径大小来选择。

　　数控回转工作台的分度定位和分度工作台不同,它是按控制系统所给的脉冲指令决定转动角度,没有附加定位元件。因此,开环数控回转工作台应满足传动精度高、传动间隙尽量小的要求。

3.2.2　闭环数控回转工作台

　　闭环回转工作台的结构与开环回转工作台的结构基本相同,只是多了角度检测装置,通常采用圆光栅或圆感应同步器,检测装置将实际转动角度反馈至系统,与指令值进行比较,通过差值控制回转工作台的运动,提高了圆周进给运动精度。

　　图3-5所示为闭环立式数控回转工作台,回转工作台由伺服电动机15驱动,通过齿轮14、16及蜗杆12、蜗轮13带动工作台1回转。工作台的转角位置由圆光栅9测量。当工作台静止时,由均布的八个液压缸5完成。当控制系统发出夹紧指令时,液压缸上腔进压力油,活塞6向下移动,通过钢球8推开夹紧瓦3和4,从而将蜗轮13夹紧。当数控回转工作台实现圆周

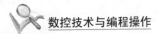

进给运动时,控制系统发出指令,使液压缸 5 上腔的油液流回油箱,在弹簧 7 的作用下钢球 8 抬起,夹紧瓦松开蜗轮 13。伺服电机通过传动装置实现工作台的分度转动、定位、夹紧或连续回转运动。转台的中心回转轴采用圆锥滚子轴承 11 及双列圆柱滚子轴承 10,并预紧消除其径向和轴向间隙,以提高工作台的刚度和回转精度。工作台支承在镶钢滚柱导轨 2 上,运动平稳且耐磨。

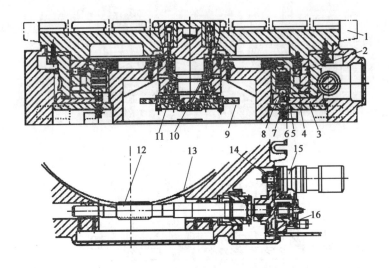

图 3-5　立式数控回转工作台

1-工作台;2-镶钢滚柱导轨;3、4-夹紧瓦;5-夹紧液压缸;6-活塞;7-弹簧;8-钢球;9-光栅;10、11-轴承;12-蜗杆;13-蜗轮;14、16-齿轮;15-伺服电机

3.3　数控机床的自动换刀系统

　　一个零件往往需要进行多工序的加工,过去,为了缩短用于更换刀具、装卸零件、测量和搬运零件等的非切削时间,往往采用"工序集中"原则。20 世纪 60 年代末出现了带有自动换刀装置的数控机床,使用这种装置配合精密数控转台、不仅扩大了单功能数控机床的使用范围,减少了生产面积,还可使切削加工时间在整个工时中的比率提高到 70%～80%。由于零件在一次安装中完成多工序加工,大大减少零件安装定位次数,从而进一步提高加工精度。

3.3.1　自动换刀装置的形式

　　自动换刀装置的功能就是储备一定数量的刀具并完成刀具的自动交换。它应当满足换刀时间短、刀具重复定位精度高、刀具储存量足够、结构紧凑及安全可靠等要求。其基本形式有以下几种:

1. 回转刀架换刀

　　回转刀架是一种简单的自动换刀装置,常用于数控车床。根据不同加工对象,可以设计成四方刀架和六角刀架等多种形式,如图 3-6 所示。回转刀架上分别安装着四把、六把或更多的刀具,并按数控装置的指令换刀。

图 3-7 为数控车床六角回转刀架(即六方刀架)的结构图,它的动作根据数控指令进行,由液压系统通过电磁换向阀和顺序阀进行控制,其工作原理如下:

a)四方刀架

b)六角刀架

图 3-6　回转刀架

(1)刀架抬起

当数控装置发出指令后,压力油由 A 孔进入压紧油缸的下腔,使活塞 1 上升,刀架 2 抬起使定位用活动插销 10 与固定插销 9 脱开。同时,活塞杆下端的端齿离合器 5 与空套齿轮 7 结合。

(2)刀架转位

当刀架抬起后,压力油从 C 孔进入转位油缸左腔,活塞 6 向右移动,通过接板 13 带动齿条 8 移动,使空套齿轮 7 连同端齿离合器 5 作反时针旋转 60°,实现刀架转位。活塞的行程应当等于齿轮 7 节圆周长的 1/6,并由限位开关控制。

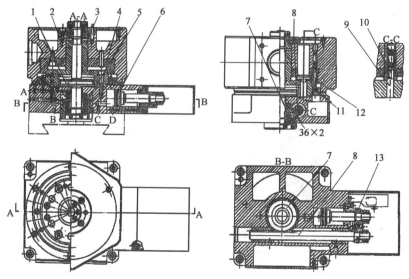

图 3-7　数控车床六角回转刀架结构图

(3)刀架压紧

刀架转位后,压力油从 B 孔进入压紧油缸的上腔,活塞 1 带动刀架体 2 下降。件 3 的底盘上精确地安装着 6 个带斜楔的圆柱固定插销 9,利用活动销 10 消除定位销与孔之间的间隙,

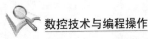

实现反靠定位。刀架体 2 下降时,定位活动插销与另一个固定插销 9 卡紧。同时,件 3 与件 4 的锥面接触,刀架在新的位置上定位并压紧。此时,端面离合器与空套齿轮脱开。

(4)转位油缸复位

刀架压紧后,压力油从 D 孔进入转位油缸右腔,活塞 6 带动齿条复位。由于此时端齿离合器已脱开,齿条带动齿轮在轴上空转。如果定位、压紧动作正常,推杆 11 与相应的触头 12 接触,发出信号表示已完成换刀过程,可进行切削加工。

回转刀架还可采用电机—马氏机构转位,鼠齿盘定位,以及其他转位和定位机构。

2.更换主轴换刀

更换主轴换刀采用转塔头式换刀装置,如数控车床的转塔刀架,数控钻镗床的多轴转塔头等。在转塔的各个主轴头上,预先安装有各工序所需的旋转刀具,当发出换刀指令时,各种主轴头依次地转到加工位置,并接通主运动,使相应的主轴带动刀具旋转,而其他处于不同加工位置的主轴都与主运动脱开。转塔头式换刀方式的主要优点在于省去了自动松夹、卸刀、装刀、夹紧以及刀具搬运等一系列复杂的操作,缩短了换刀时间,提高了换刀可靠性,它适用于工序较少,精度要求不高的数控机床。

图 3-8 为卧式八轴转塔头。转塔头上径向分布着八根结构完全相同的主轴 1,主轴的回转运动由齿轮 15 输入。当数控装置发出换刀指令时,通过液压拨叉(图中未示出)将移动齿轮 6 与齿轮 15 脱离啮合,同时在中心液压缸 13 的上腔通压力油。由于活塞杆和活塞口固定在底座上,因此中心液压缸 13 带着有两个止推轴承 9 和 11 支承的转塔刀架 10 抬起,鼠齿盘 7 和 8 脱离啮合。然后压力油进入转位液压缸,推动活塞齿条,再经过中间齿轮使大齿轮 5 与转塔刀架体 10 一起回转 45°,将下一工序的主轴转到工作位置。转位结束后,压力油进入中心液压缸 13 的下腔使转塔头下降,鼠齿盘 7 和 8 重新啮合,实现了精确的定位。在压力油的作用下,转塔头被压紧,转位液压缸退回原位。最后通过液压拨叉拨动移动齿轮 6,使它与新换上的主轴齿轮 15 啮合。

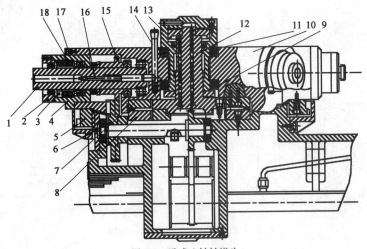

图 3-8 卧式八轴转塔头

1-主轴;2-端盖;3-螺母;4-套筒;5、6、15-齿轮;7、8-鼠齿盘;9、11-推力轴承;10-转塔刀架体;12-活塞;13-中心液压缸;14-操纵杆;16-顶杆;17-螺钉;18-轴承

为了改善主轴结构的装配工艺性,整个主轴部件装在套筒 4 内,只要卸去螺钉 17,就可以将整个部件抽出。主轴前轴承 18 采用锥孔双列圆柱滚子轴承,调整时先卸下端盖 2,然后拧动螺母 3,使内环作轴向移动,以便消除轴承的径向间隙。

为了便于卸出主轴锥孔内的刀具,每根主轴都有操纵杆 14,只要按压操纵杆,就能通过斜面推动顶出刀具。

转塔主轴头的转位,定位和压紧方式与鼠齿盘式分度工作台极为相似。但因为在转塔上分布着许多回转主轴部件,使结构更为复杂。由于空间位置的限制,主轴部件的结构不可能设计得十分坚固,因而影响了主轴系统的刚度。为了保证主轴的刚度,主轴的数目必须加以限制,否则将会使尺寸大为增加。

3. 车削中心用动力刀架

图 3-9a)为意大利 Baruffaldi 公司生产的适用于全功能数控车及车削中心的动力转塔刀架。刀盘上既可以安装各种非动力辅助刀夹(车刀夹、镗刀夹、弹簧夹头、莫氏刀柄),夹持刀具进行加工,还可安装动力刀夹进行主动切削,配合主机完成车、铣、钻、镗等各种复杂工序,实现加工程序自动化、高效化。

图 3-9b)为该转塔刀架的传动示意图。刀架采用端齿盘作为分度定位元件,刀架转位由三相异步电机驱动,电机内部带有制动机构,刀位由二进制绝对编码器识别,并可双向转位和任意刀位就近选刀。动力刀具由交流伺服电机驱动,通过同步齿形带、传动轴、传动齿轮、端面齿离合器将动力传递到动力刀夹,再通过刀夹内部的齿轮传动,刀具回转,实现主动切削。

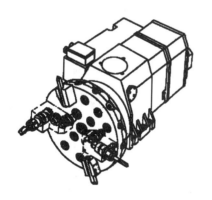
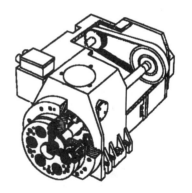

a)动力刀架外形　　　　　　　b)动力刀架传动示意图

图 3-9　动力刀架

4. 带刀库的自动换刀系统

由于回转刀架、转塔头式换刀装置容纳的刀具数量不能太多,满足不了复杂零件的加工需要,带刀库的自动换刀系统。这类换刀装置由刀库、选刀机构、刀具交换机构及刀具在主轴上的自动装卸机构等四部分组成,应用最广泛。如图 3-10a)和 b)所示,刀库可装在机床的立柱上,主轴箱上或工作台上。当刀库容量大及刀具较重时,也可装在机床外,作为一个独立部件。

a) 斗笠式刀库　　　　　　　　b) 凸轮机械手刀库

图 3-10　带刀库的自动换刀系统

3.3.2　刀库

刀库用于存放刀具,它是自动换刀装置中主要部件之一。其容量、布局和具体结构主要是为了满足机床的工艺范围。

1. 刀库的类型

(1)盘式刀库

图 3-11a)～d)为单盘式刀库,它们结构简单,取刀方便,应用广泛。单盘式刀库一般存放 15～40 把刀具,刀库上刀具轴线可按不同方向配置,为适应机床主轴的布局,如轴向、径向或斜向。图 d)是刀具可作 90°翻转的圆盘刀库,采用这种结构可以简化取刀动作。但由于单圆盘刀库换刀时间长,一般只适用于则刀库容量较小的加工中心。

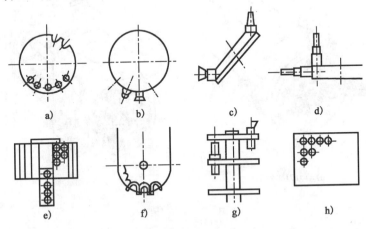

a)　　　　b)　　　　c)　　　　d)

e)　　　　f)　　　　g)　　　　h)

图 3-11　刀库的类型

(2)链式刀库

图 3-12 为链式刀库,其结构有较大的灵活性,图 3-12a)为单排链式刀库简图,如刀具储存量过大,将使刀库过高。为了增加储存量,可采用图 3-12b)所示的多排链式刀库,这种刀库常独立安装于机床之外,占地面积大,由于刀库远离主轴,必须有刀具中间搬运装置,整个换刀系统结构复杂,只有在必要时采用。图 3-12c)为加长链条的链式刀库,采用增加支承链轮数目的

方法,使链条折叠回绕,提高其空间利用率,从而增加了刀库的储存量。

此外,还有如图3-11e)～h)的鼓轮弹仓式(又称刺猬式)、多盘式和格子式刀库等,其中,图3-11e)鼓轮弹仓式刀库的结构紧凑,在相同空间内,它的刀库容量最大。其他几种刀库储存量也较大,但都结构复杂,选刀和取刀动作多,已经很少用于单机加工中心,多用于FMS的集中供刀系统。

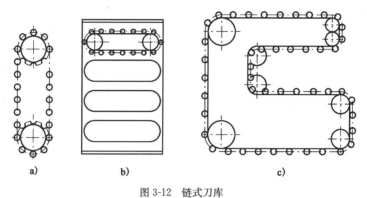

图3-12 链式刀库

2.刀库的容量

刀库的容量是指刀库存放刀具的数量,刀库容量小,不能满足加工需要;容量过大,又会使刀库尺寸大,占地面积大,选刀过程时间长,且刀库利用率低,结构过于复杂,造成很大浪费。

决定刀库容量时,应根据广泛的工业统计,依照机床大多数工件加工时需要的刀具数来确定刀库容量。图3-13是根据对车床、铣床和钻床加工大量不同的工件所需刀具数的统计绘出的刀具数目与能加工工件的比率曲线。曲线表明:由4把刀具可完成铣削90%的加工量;对于钻削加工,用10把刀具可完成80%的加工量,用20把刀具即可完成90%的加工量;对于车削加工只需10把刀具即可完成90%的加工量。若是从完成加工工件的全部工序考虑统计,结果是超过80%的工件完成全部加工只需40把左右的刀具,因此,一般刀库的储存量以10～40把较为适合,41～60把刀具基本上能满足绝大多数零件的加工要求,没有必要盲目加大刀库容量。

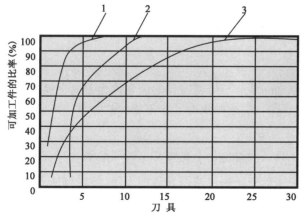

图3-13 加工工件与刀具数的关系
1-铣削加工;2-车削加工;3-钻削加工

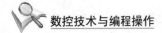

3.刀库的选刀方式

常用的刀具选择方法有顺序选刀和任意选刀两种。顺序选刀是指加工前将刀具按预定工序依次插入刀库的刀座中,顺序不能搞错,加工时按顺序取刀。用过的刀具放回原来的刀座内,也可以按加工顺序放入下一个刀座内。顺序选刀的优点是不需要刀具识别装置,驱动控制简单,工作可靠。但刀库中的刀具在不同的工序中不能重复使用,降低了刀具和刀库的利用率。加工不同工件时必须重新调整刀库中的刀具顺序,操作繁琐,且由于刀具的尺寸误差也容易造成精度不稳定。适用于加工大批量,少品种的中小型自动换刀机床。

任意选刀是根据程序指令的要求任意选择所需要的刀具,刀具在刀库中不必按照工件的加工顺序排列,可以任意存放。每把刀具(或刀座)都编上代码,自动换刀时,刀库旋转,每把刀具(或刀座)都经过"刀具识别装置"接受识别。当某把刀具的代码与数控指令的代码相符合时,该把刀具被选中,刀库将刀具送到换刀位置,等待机械手来抓取。任意选择刀具法的优点是刀库中刀具的排列顺序与工件加工顺序无关,相同的刀具可重复使用。因此,刀具数量可比顺序选刀法的刀具少一些,刀库也相应小一些。

任意选刀主要有刀具编码方式、刀座编码方式和记忆等几种换刀方式。

(1)刀具编码方式

这种方式是对每把刀具进行编码,每把刀具都有自己的代码,可以存放于刀库的任一刀座中。刀具在不同的工序中可以重复使用,用过的刀具不需要放回原刀座中,有利于选刀和装刀,缩短了刀库的运转时间,简化了自动换刀控制线路。但每把刀具都有自己的代码,刀具长度加长,制造困难,刚度降低,刀库和机械手结构复杂。

(2)刀座编码方式

一把刀具只对应一个刀座,从一个刀座中取出的刀具必须放回同一刀座中,取送刀具十分麻烦,换刀时间长。

(3)记忆方式

目前在加工中心上大量使用记忆式的任选方式,这种方式能将刀具号和刀库中的刀座位置(地址)对应的记忆在数控系统的 PC 中,无论刀具放在哪个刀座内都能始终记忆着。刀库上装有位置检测装置,可以检测出每个刀座的位置。这样刀具就可以任意取出并送回。刀库上还设有机械原点,使每次选刀时就近选取。

3.3.3 刀具交换装置

实现刀库与机床主轴之间装卸与传递刀具的装置称为刀具交换装置。交换装置的形式和具体结构对数控机床的总体布局、生产率和工作可靠性都有直接影响。交换装置的形式很多,一般可分为两大类。

1.利用刀库与机床主轴的相对运动实现刀具交换的装置

此类装置在换刀时必须首先将用过的刀具送回刀库,然后再从刀库中取出新刀具,这两个动作不能同时进行,因此换刀时间较长。图 3-14 所示的数控立式镗铣床就是采用这类刀具交换方式的实例,它的换刀过程为:

(1)工作台右移;

（2）主轴箱下降；

（3）主轴箱上升，刀库回转；

（4）主轴箱下降；

（5）主轴箱及主轴带着刀具上升；

（6）机床工作台快速向左返回。

选刀和换刀由三个坐标轴的数控定位系统来完成，每交换一次刀具，工作台和主轴箱就必须沿着三个坐标轴作两次来回的运动，因而增加了换刀时间。另外，由于刀库置于工作台上，还会使工作台的有效使用面积减少。

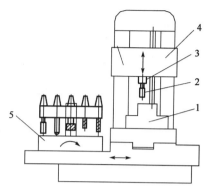

图 3-14　利用刀库及机床本身运动进行
自动换刀的数控机床
1-工件；2-刀具；3-主轴；4-主轴箱；5-刀库

2. 刀库—机械手的刀具交换装置

采用机械手进行刀具交换的方式应用的最为广泛，这是因为机械手换刀有很大的灵活性，而且可以减少换刀时间。在各种类型的机械手中，双臂机械手集中地体现了以上的优点。在刀库远离机床主轴的换刀装置中，除了机械手以外，还带有中间搬运装置。

双臂机械手中最常用的几种结构如图 3-15 所示，抓刀运动可以是旋转运动，也可以是直线运动。图 3-15a)为钩手，抓刀运动为旋转运动；图 3-15b)为抱手，抓刀运动为两个手指旋转，图 3-15c)为伸缩手，图 3-15d)为叉手，抓刀运动为直线运动。由于抓刀运动的轨迹不同，各种机械手的应用场合也不同，抓刀运动为直线时，在抓刀过程中可以避免与相邻的刀具相碰，所以当刀库中刀具排列较密时，常用叉刀手。钩刀手和抱刀手抓刀运动的轨迹为圆弧，容易和相邻的刀具相碰，因而要适当增加刀库中刀具之间的距离，合理设计机械手的形状及其安装位置。为了防止刀具掉落，各机械手的活动爪都必须带有自锁机构。由于双臂回转机械手[图 3-15a)、b)、c)]的动作比较简单，而且能够同时抓取和装卸机床主轴和刀库中的刀具，因此换刀时间较短。

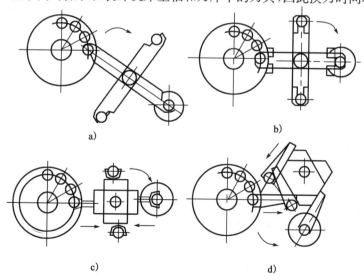

图 3-15　双臂机械手常用机构

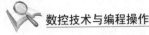

图 3-16 所示为钩刀机械手换刀一次所需的基本动作。

(1)抓刀:手臂旋转 90°,同时抓住刀库主轴上的刀具;

(2)拔刀:主轴夹头松开刀具,机械手同时将刀库和主轴上的刀具拔出;

(3)换刀:手臂旋转 180°,新旧刀具交换;

(4)插刀:机械手同时将新旧刀具分别插入主轴和刀库,然后主轴夹头夹紧刀具;

(5)复位:转动手臂,回到原始位置。

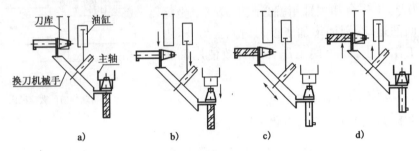

图 3-16　钩刀机械手换刀过程

由于这种机械手结构简单,换刀动作少,换刀时间短,因而国内外广泛采用。

图 3-17 是双刀库机械手换刀装置,其特点是用两个刀库和两个单臂机械手进行工作,因而机械手的工作行程大为缩短,有效地节省了换刀时间。还由于刀库分设两处使布局较为合理。

根据各类机床的需要,自动换刀数控机床所使用的刀具的刀柄有圆柱形和圆锥形两种。为了使机械手能可靠地抓取刀具,刀柄必须有合理的夹持部分,而且应当尽可能使刀柄标准化。图 3-18 所示是常用的两种刀柄结构。V 形槽夹持结构[图 3-18a)]适用于图 3-15 的各种机械手,这是由于机械手爪的形状和 V 形槽能很好地吻合。使刀具能保持准确的轴向和径向位置,从而提高了装刀的重复精度。法兰盘夹持结构[3-18b)]适用于钳式机械手装夹,这是由于法兰盘的两边可以同时伸出钳口,因此在使用中间辅助机械手时能够方便地将刀具从一个机械手传递给另一个机械手。

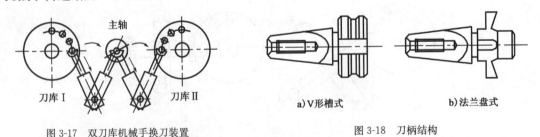

图 3-17　双刀库机械手换刀装置　　　　　图 3-18　刀柄结构

3.4　辅　助　装　置

辅助装置是保证充分发挥数控机床功能所必需的配套装置,常用的辅助装置包括:气动、液压装置,排屑装置,冷却、润滑装置,以及防护、照明等各种辅助装置。

3.4.1　润滑系统

数控机床的润滑系统主要包括对机床导轨、传动齿轮、滚珠丝杠及主轴箱等的润滑,其形式有电动间歇润滑泵和定量式集中润滑泵等。其中电动间歇润滑泵用得较多,其自动润滑间歇时间和每次泵油量,可根据润滑要求进行调整或用参数设定。润滑泵内的过滤器需定期清洗、更换,一般每年应更换一次。

3.4.2　冷却系统

数控机床的冷却系统主要用于在切削过程中冷却刀具与工件,同时也起冲屑作用。为了获得较好的冷却效果,冷却泵打出的切削液需通过刀架或主轴前的喷嘴喷出直接冲向刀具与工件的切削发热处。冷却泵的开、停常由数控程序中辅助指令 M08、M09 来分别控制。

3.4.3　排屑装置

1. 排屑装置在数控机床上的作用

数控机床在单位时间内金属切削量大大高于普通机床,而工件上的多余金属在变成切屑后所占的空间将成倍加大。这些切屑堆占加工区域,如果不及时排除,必将会覆盖或缠绕在工件和刀具上,使自动加工无法继续进行。此外,灼热的切屑向机床或工件散发的热量,会使机床或工件产生变形,影响加工精度。因此,迅速而有效地排除切屑,对数控机床加工而言是十分重要的,而排屑装置正是完成这项工作的一种必备的附属装置。排屑装置的主要工作是将切屑从加工区域排出数控机床之外。在数控车床和磨床上的切屑中往往混合着切削液,排屑装置从其中分离出切屑,并将它们送入切屑收集箱(车)内,而切削液则被回收到冷却液箱。数控铣床、加工中心和数控镗铣床的工件安装在工作台上,切屑不能直接落入排屑装置,故往往需要采用大流量冷却液冲刷,或压缩空气吹扫等方法使切屑进入排屑槽,然后再回收切削液并排出切屑。

排屑装置是一种具有独立功能的部件,它的工作可靠性和自动化程度,随着数控机床技术的发展而不断提高,并逐步趋向标准化和系列化,由专业工厂生产。数控机床排屑装置的结构和工作形式应根据机床的种类、规格、加工工艺特点、工件的材质和使用的冷却液种类等来选择。

2. 典型排屑装置

排屑装置的种类繁多,图 3-19 是几种常见的排屑装置。排屑装置的安装位置一般都尽可能靠近刀具切削区域。如车床的排屑装置装在旋转工件下方,铣床和加工中心的排屑装置装在床身的回水槽上或工作台边侧位置,以利于简化机床和排屑装置结构,减小机床占地面积,提高排屑效率。排出的切屑一般都落入切屑收集箱或小车中,有的则直接排入车间排屑系统。

(1)平板链式排屑装置[图 3-19a]。该装置以滚动链轮牵引钢质平板链带在封闭箱中运转,加工中的切屑落到链带上被带出机床。这种装置能排除各种形状的切屑,适应性强,各类机床都能采用。在车床上使用时多与机床冷却液箱合为一体,以简化机床结构。

(2)刮板式排屑装置[图 3-19b]。该装置的传动原理与平板链式基本相同,只是链板不同,它带有刮板链板。这种装置常用于输送各种材料的短小切屑,排屑能力较强。因负载大,故需采用较大功率的驱动电机。

(3)螺旋式排屑装置[图 3-19c]。该装置是利用电机经减速装置驱动安装在沟槽中的一根长螺旋杆进行工作的。螺旋杆转动时,沟槽中的切屑即由螺旋杆推动连续向前运动,最终排入切屑收集箱。螺旋杆有两种结构形式,一种是用扁型钢条卷成螺旋弹簧状;另一种是在轴上焊有螺旋形钢板。这种装置占据空间小,适于安装在机床与立柱间空隙狭小的位置上。螺旋

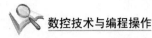

式排屑结构简单,排屑性能良好,但只适合沿水平或小角度倾斜的直线方向排运切屑,不能大角度倾斜、提升或转向排屑。

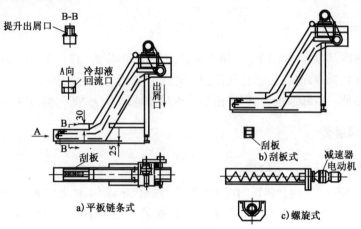

图 3-19　排屑装置

3.4.4　过载保护、超程限位和回机床参考点装置

为了避免由于操作、编程出错,使机床进给坐标轴发生碰撞而损坏机床、刀具、工件等,一般在数控机床进给电动机与丝杠连接之间装有过载离合器。当机床发生碰撞过载时,它能自动脱开并切断伺服驱动电源。

数控机床的超程限位保护一般有硬限位和软限位两种双重保护。硬限位靠行程开关碰撞机械撞块后,自动切断进给驱动电源,为可靠起见,通常在硬限位前又设定了软限位。其尺寸距离可通过修改系统参数来设定,软限位需要在机床回参考点后才起作用。

数控机床开机工作前首先必须回机床参考点,以建立机床坐标系。为此,数控机床上的行程开关分为超程限位开关与回参考点开关两类。机床回参考点的目的是建立机床坐标系绝对零点,所以要求有较高的重复定位精度。但由于行程开关的定位精度不可能很高,为此机床回参考点时需通过三级降速定位的方式来实现。其工作原理和过程是在进行手动或自动回机床参考点时,进给坐标轴首先快速趋近到机床某一固定位置,使撞块碰上行程开关,根据开关信号进行降速,实现机械粗定位,即系统接收到回参考点开关的常开触点接通信号时,开始降速,等到走完一小段机械撞块这段行程,回参考点开关的常开触点又脱开时,系统再进一步降速,当走到伺服系统位置检测装置中的绝对零点时才控制电动机停止,即实现电气检测精定位。

习　　题

3-1　数控回转工作台的功用如何?试述其工作原理。

3-2　分度工作台的功用如何?试述其工作原理。

3-3　常见的刀库有哪几种?各有何特点?

3-4　常用的刀具交换装置有哪几种?各有何特点?

3-5　数控机床为何需专设排屑装置?目的何在?

3-6　常见排屑装置有几种?各应用于何种场合?

第4章　数控系统的加工控制原理

数控系统主要由硬件和软件两大部分组成。其核心是计算机数字控制装置。它通过系统控制软件配合系统硬件，合理地组织、管理数控系统的输入、数据处理、插补和输出信息，控制执行部件，使数控机床按照操作者的要求进行自动加工。CNC系统采用了计算机作为控制部件，通常由常驻在其内部的数控系统软件实现部分或全部数控功能，从而对机床运动进行实时控制。只要改变计算机数控系统的控制软件就能实现一种全新的控制方式。

4.1　数控机床坐标系的规定

为了便于编程时描述机床的运动、简化程序的编制方法及保证记录数据的互换性，数控机床的坐标和运动的方向均已标准化。这里仅作介绍和解释。

4.1.1　标准坐标系规定的基本原则

1. 机床相对运动的规定

在机床上，我们始终认为工件静止，而刀具是运动的。这样编程人员在不考虑机床上工件与刀具具体运动的情况下，就可以依据零件图样，确定机床的加工过程。

2. 标准坐标（机床坐标）系的规定

在数控机床上，机床的动作是由数控装置来控制的，为了确定机床上的成形运动和辅助运动，必须先确定机床上运动的方向和运动的距离，这就需要一个坐标系才能实现，这个坐标系就称为机床坐标系。

标准机床坐标系中 X、Y、Z 坐标轴的相互关系用右手笛卡尔直角坐标系决定：

(1)伸出右手的大拇指、食指和中指，并互为90°。则大拇指代表 X 坐标，食指代表 Y 坐标，中指代表 Z 坐标。

(2)大拇指的指向为 X 坐标的正方向，食指的指向为 Y 坐标的正方向，中指的指向为 Z 坐标的正方向。

(3)围绕 X、Y、Z 坐标旋转的旋转坐标分别用 A、B、C 表示，根据右手螺旋定则，大拇指的指向为 X、Y、Z 坐标中任意轴的正向，则其余四指的旋转方向即为旋转坐标 A、B、C 的正向，见图4-1。

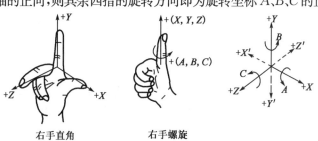

右手直角　　　　右手螺旋

图4-1　右手笛卡尔直角坐标系

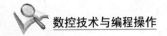

4.1.2 机床坐标系中各轴及运动方向的规定

机床的某一运动部件的运动正方向规定为增大工件与刀具之间距离的方向。

机床的直线坐标轴 X、Y、Z 的判定顺序是:先 Z 轴,再 X 轴,最后按右手定则判定 Y 轴。

1. Z 坐标

Z 坐标的运动由传递切削力的主轴所决定,与主轴轴线平行的标准坐标轴即为 Z 坐标,如图 4-2 所示的车床,图 4-3 所示的立式铣床等。若机床没有主轴(如牛头刨床等),则 Z 坐标垂直于工件装夹面,如图 4-4 所示的牛头刨床。若机床有几个主轴,可选择一个垂直于工件装夹面的主轴作为主要主轴,并以它确定 Z 坐标。

Z 坐标的正方向是刀具远离工件的方向。如在钻镗加工中,钻入或镗入工件的方向是 Z 坐标的负方向。

2. X 坐标

在没有回转刀具和没有回转工件的机床上(如牛头刨床)X 坐标平行于主要切削方向,以该方向为正方向,见图 4-4 所示。在有回转工件的机床上,如车床、磨床等,X 坐标运动方向是径向的,而且平行于横向滑座,X 坐标的正方向是安装在横向滑座的主要刀架上的刀具离开工件回转中心的方向。

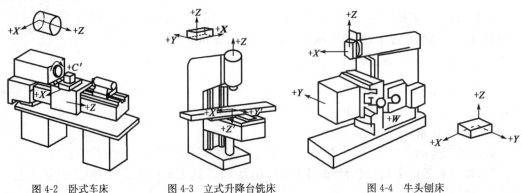

图 4-2　卧式车床　　　　图 4-3　立式升降台铣床　　　　图 4-4　牛头刨床

在有刀具回转的机床上(如铣床),若 Z 坐标是水平的(主轴是卧式的),当由主要刀具的主轴向工件看时,X 坐标运动的正方向指向左方,如图 4-5 所示。若 Z 坐标是垂直的(主轴是立式的),当由主要刀具主轴向立柱看时,X 坐标运动的正方向指向右方,如图 4-3 所示的立式铣床。

3. Y 坐标

正向 Y 坐标的运动,根据 X 坐标和 Z 坐标的运动,按照右手笛卡尔坐标系来确定。

4. 旋转坐标

旋转运动在图 4-1 中,A、B、C 坐标相应的表示其轴线平行于 X、Y、Z 坐标的旋转运动。A、B、C 坐标的正向为在 X、Y 和 Z 坐标的方向上,右旋螺纹前进的方向。

5. 机床坐标系的原点及附加坐标

标准坐标系的原点位置是任意选择的。A、B、C 坐标的运动原点($0°$ 的位置)也是任意的,

但 A、B、C 坐标的原点位置最好选择为与相应的 X、Y、Z 坐标平行。如果在 X、Y、Z 坐标的主要直线运动之外另有第二组平行于它们的坐标运动,就称为附加坐标。它们应分别被指定为 U、V 和 W,如还有第三组运动,则分别指定为 P、Q 和 R,如有不平行或可以不平行于 X、Y、Z 坐标的直线运动,则可相应地规定为 U、V、W、P、Q 或 R。如果在第一组回转运动 A、B、C 坐标之外,还有平行或不平行于 A、B、C 坐标的第二组回转运动,可指定为 D、E 或 F。

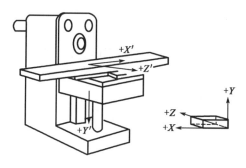

4.1.3 数控机床的坐标系统

（1）机床坐标系

机床坐标系是机床上固有的坐标系,是用来确定工件坐标系的基本坐标系,是确定刀具（刀架）或工件（工作台）位置的参考系,并建立在机床原点上。

图 4-5 卧式铣床

（2）机床原点

现代数控机床都有一个基准位置,称为机床原点,是机床制造商设置在机床上的一个物理位置,其作用是使机床与控制系统同步,建立测量机床运动坐标的起始点。

机床坐标系原点是指在机床上设置的一个固定点,即机床原点。它在机床装配、调试时就已确定下来,是数控机床进行加工运动的基准参考点。一般取在机床运动方向的最远点。通常车床的机床零点多在主轴法兰盘接触面的中心即主轴前端面的中心上。主轴即为 Z 轴,主轴法兰盘接触面的水平面则为 X 轴。$+X$ 轴和 $+Z$ 轴的方向指向加工空间（图 4-6）。在数控铣床上,机床原点一般取在 X、Y、Z 坐标的正方向极限位置上,见图 4-7。

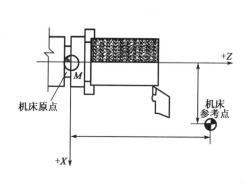

图 4-6 车床机床原点

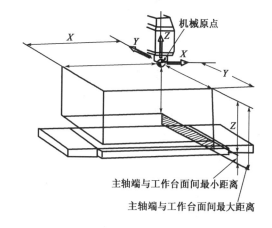

图 4-7 数控铣床机床原点

（3）机床参考点

也是机床上的一个固定点,不同于机床原点,机床参考点对机床原点的坐标是已知值（图 4-6）,可根据机床参考点在机床坐标系中的坐标值间接确定机床原点的位置,回零操作（回参考点）后表明机床坐标系建立。

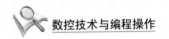

4.2 计算机数控系统概述

4.2.1 计算机数控系统的组成和作用

计算机数控(computerized numerical control,CNC)系统是用计算机控制加工功能,实现数值控制的系统。CNC 系统根据计算机存储器中存储的控制程序,执行部分或全部数值控制功能。由一台计算机完成以前机床数控装置所完成的硬件功能,对机床运动进行实时控制。

CNC 系统由程序、输入装置、输出装置、CNC 装置、PLC、主轴驱动装置和进给(伺服)驱动装置组成(图 4-8)。由于使用了 CNC 装置,使系统具有软件功能,又用 PLC 取代了传统的机床电器逻辑控制装置,使系统更小巧、灵活性、通用性、可靠性更好,易于实现复杂的数控功能,使用、维修也方便,并且具有与上位机连接及进行远程通信的功能。

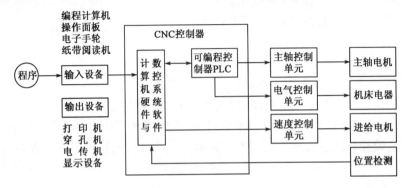

图 4-8 CNC 系统的结构框图

目前大多数 CNC 装置都采用微处理器构成的计算机装置,故也可称微处理器数控系统(MNC)。MNC 一般由中央处理单元(CPU)和总线、存储器(ROM,RAM)、输入/输出(I/O)接口电路及相应的外部设备、PLC、主轴控制单元、速度进给控制单元等组成。

4.2.2 CNC 装置的功能和工作过程

(一)CNC 系统的功能

CNC 系统由于现在普遍采用了微处理器,通过软件可以实现很多功能。数控系统有多种系列,性能各异。数控系统的功能通常包括基本功能和选择功能。基本功能是数控系统必备的功能,选择功能是供用户根据机床特点和用途进行选择的功能。CNC 系统的功能主要反映在准备功能 G 指令代码和辅助功能 M 指令代码上。根据数控机床的类型、用途、档次的不同,CNC 系统的功能有很大差别,下面介绍其主要功能。

1. 控制功能

CNC 系统能控制的轴数和能同时控制(联动)的轴数是其主要性能之一。控制轴有移动轴和回转轴,有基本轴和附加轴。通过轴的联动可以完成轮廓轨迹的加工。一般数控车床只需二轴控制,二轴联动;一般数控铣床需要三轴控制、三轴联动或 2.5 轴联动;一般加工中心为多轴控制,三轴联动。控制轴数越多,特别是同时控制的轴数越多,要求 CNC 系统的功能就越强,同时 CNC 系统也就越复杂,编制程序也越困难。

2. 准备功能

准备功能也称 G 指令代码,它用来指定机床运动方式的功能,包括基本移动、平面选择、坐标设定、刀具补偿、固定循环等指令。对于点位式的加工机床,如钻床、冲床等,需要点位移动控制系统。对于轮廓控制的加工机床,如车床、铣床、加工中心等,需要控制系统有两个或两个以上的进给坐标具有联动功能。

3. 插补功能

CNC 系统是通过软件插补来实现刀具运动轨迹控制的。由于轮廓控制的实时性很强,软件插补的计算速度难以满足数控机床对进给速度和分辨率的要求,同时由于 CNC 不断扩展其他方面的功能也要求减少插补计算所占用的 CPU 时间。因此,CNC 的插补功能实际上被分为粗插补和精插补,插补软件每次插补一个小线段的数据为粗插补,伺服系统根据粗插补的结果,将小线段分成单个脉冲的输出称为精插补。有的数控机床采用硬件进行精插补。

4. 进给功能

根据加工工艺要求,CNC 系统的进给功能用 F 指令代码直接指定数控机床加工的进给速度。

(1)切削进给速度:以每分钟进给的毫米数指定刀具的进给速度,如 100mm/min。对于回转轴,表示每分钟进给的角度。

(2)同步进给速度:以主轴每转进给的毫米数规定的进给速度,如 0.02mm/r。只有主轴上装有位置编码器的数控机床才能指定同步进给速度,用于切削螺纹的编程。

(3)进给倍率:操作面板上设置了进给倍率开关,倍率可以在 0～200% 之间变化,每档间隔 10%。使用倍率开关不用修改程序就可以改变进给速度,并可以在试切零件时随时改变进给速度或在发生意外时随时停止进给。

5. 主轴功能

主轴功能就是指定主轴转速的功能。

(1)转速的编码方式:一般用 S 指令代码指定。一般用地址符 S 后加两位数字或四位数字表示,单位分别为 r/min 和 mm/min。

(2)指定恒定线速度:该功能可以保证车床和磨床加工工件端面质量和不同直径的外圆的加工具有相同的切削速度。

(3)主轴定向准停:该功能使主轴在径向的某一位置准确停止,有自动换刀功能的机床必须选取有这一功能的 CNC 装置。

6. 辅助功能

辅助功能用来指定主轴的启、停和转向;切削液的开和关;刀库的启和停等,一般是开关量的控制,它用 M 指令代码表示。各种型号的数控装置具有的辅助功能差别很大,而且有许多是自定义的。

7. 刀具功能

刀具功能用来选择所需的刀具,刀具功能字以地址符 T 为首,后面跟二位或四位数字,代

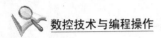

表刀具的编号。

8. 补偿功能

补偿功能是通过输入到 CNC 系统存储器的补偿量,根据编程轨迹重新计算刀具的运动轨迹和坐标尺寸,从而加工出符合要求的工件。

9. 字符、图形显示功能

CNC 控制器可以配置单色或彩色 CRT 或 LCD,通过软件和硬件接口实现字符和图形的显示。通常可以显示程序、参数、各种补偿量、坐标位置、故障信息、人机对话编程菜单、零件图形及刀具实际移动轨迹的坐标等。

10. 自诊断功能

为了防止故障的发生或在发生故障后可以迅速查明故障的类型和部位,以减少停机时间,CNC 系统中设置了各种诊断程序。不同的 CNC 系统设置的诊断程序是不同的,诊断的水平也不同。诊断程序一般可以包含在系统程序中,在系统运行过程中进行检查和诊断;也可以作为服务性程序,在系统运行前或故障停机后进行诊断,查找故障的部位。有的 CNC 可以进行远程通信诊断。

11. 通信功能

为了适应柔性制造系统(FMS)和计算机集成制造系统(CIMS)的需求,CNC 装置通常具有 RS232C 通信接口,有的还备有 DNC 接口。也有的 CNC 还可以通过制造自动化协议(MAP)接入工厂的通信网络。

12. 人机交互图形编程功能

为了进一步提高数控机床的编程效率,对于 NC 程序的编制,特别是较为复杂零件的 NC 程序都要通过计算机辅助编程,尤其是利用图形进行自动编程,以提高编程效率。因此,对于现代 CNC 系统一般要求具有人机交互图形编程功能。有这种功能的 CNC 系统可以根据零件图直接编制程序,即编程人员只需送入图样上简单表示的几何尺寸就能自动地计算出全部交点、切点和圆心坐标,生成加工程序。

(二)CNC 系统的一般工作过程(图 4-9)

1. 输入

输入 CNC 控制器的通常有零件加工程序、机床参数和刀具补偿参数。机床参数一般在机床出厂时或在用户安装调试时已经设定好,所以输入 CNC 系统的主要是零件加工程序和刀具补偿数据。输入方式有纸带输入、键盘输入、磁盘输入,上级计算机 DNC 通讯输入等。CNC 输入工作方式有存储方式和 NC 方式。存储方式是将整个零件程序一次全部输入到 CNC 内部存储器中,加工时再从存储器中把一个一个程序调出。该方式应用较多。NC 方式是 CNC 一边输入一边加工的方式,即在前一程序段加工时,输入后一个程序段的内容。

2. 译码

译码是以零件程序的一个程序段为单位进行处理,把其中零件的轮廓信息(起点、终点、直线或圆弧等),F、S、T、M 等信息按一定的语法规则解释(编译)成计算机能够识别的数据形式,并以一定的数据格式存放在指定的内存专用区域。编译过程中还要进行语法检查,发现错误立即报警。

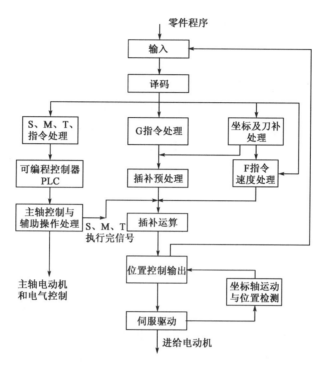

图 4-9 CNC 的工作流程

3.刀具补偿

刀具补偿包括刀具半径补偿和刀具长度补偿。为了方便编程人员编制零件加工程序,编程时零件程序是以零件轮廓轨迹来编程的,与刀具尺寸无关。程序输入和刀具参数输入分别进行。刀具补偿的作用是把零件轮廓轨迹按系统存储的刀具尺寸数据自动转换成刀具中心(刀位点)相对于工件的移动轨迹。

刀具补偿包括 B 机能和 C 机能刀具补偿功能。在较高档次的 CNC 中一般应用 C 机能刀具补偿,C 机能刀具补偿能够进行程序段之间的自动转接和过切削判断等功能。

4.进给速度处理

数控加工程序给定的刀具相对于工件的移动速度是在各个坐标合成运动方向上的速度,即 F 代码的指令值。速度处理首先要进行的工作是将各坐标合成运动方向上的速度分解成各进给运动坐标方向的分速度,为插补时计算各进给坐标的行程量做准备;另外对于机床允许的最低和最高速度限制也在这里处理。有的数控机床的 CNC 软件的自动加速和减速也放在这里。

5.插补

零件加工程序程序段中的指令行程信息是有限的。如对于加工直线的程序段仅给定起、终点坐标;对于加工圆弧的程序段除了给定其起、终点坐标外,还给定其圆心坐标或圆弧半径。

要进行轨迹加工,CNC 必须从一条已知起点和终点的曲线上自动进行"数据点密化"的工作,这就是插补。插补在每个规定的周期(插补周期)内进行一次,即在每个周期内,按指令进给速度计算出一个微小的直线数据段,通常经过若干个插补周期后,插补完一个程序段的加工,也就完成了从程序段起点到终点的"数据密化"工作。

6. 位置控制

位置控制装置位于伺服系统的位置环上,如图 4-10 所示。它的主要工作是在每个采样周期内,将插补计算出的理论位置与实际反馈位置进行比较,用其差值控制进给电动机。位置控制可由软件完成,也可由硬件完成。在位置控制中通常还要完成位置回路的增益调整,各坐标方向的螺距误差补偿和反向间隙补偿等,以提高机床的定位精度。

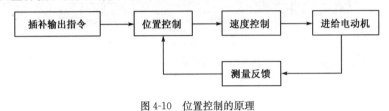

图 4-10 位置控制的原理

7. I/O 处理

CNC 的 I/O 处理是 CNC 与机床之间的信息传递和变换的通道。其作用一方面是将机床运动过程中的有关参数输入到 CNC 中;另一方面是将 CNC 的输出命令(如换刀、主轴变速换挡、加冷却液等)变为执行机构的控制信号,实现对机床的控制。

8. 显示

CNC 系统的显示主要是为操作者提供方便,显示装置有 CRT 显示器或 LCD 数码显示器,一般位于机床的控制面板上。通常有零件程序的显示、参数的显示、刀具位置显示、机床状态显示、报警信息显示等。有的 CNC 装置中还有刀具加工轨迹的静态和动态模拟加工图形显示。

4.3 计算机数控系统的硬件

4.3.1 计算机数控系统硬件概述

随着大规模集成电路技术和表面安装技术的发展,CNC 系统硬件模块及安装方式不断改进。从 CNC 系统的总体安装结构看,有整体式结构和分体式结构两种。

所谓整体式结构是把 CRT 和 MDI 面板、操作面板以及功能模块板组成的电路板等安装在同一机箱内。这种方式的优点是结构紧凑,便于安装,但有时可能造成某些信号连线过长。分体式结构通常把 CRT 和 MDI 面板、操作面板等做成一个部件,而把功能模块组成的电路板安装在一个机箱内,两者之间用导线或光纤连接。许多 CNC 机床把操作面板也单独作为一个部件,这是由于所控制机床的要求不同,操作面板相应地要改变,做成分体式的有利于更换和安装。

CNC 操作面板在机床上的安装形式有吊挂式、床头式、控制柜式、控制台式等多种。

从组成 CNC 系统的电路板的结构特点来看,有两种常见的结构,即大板式结构和模块化结构。

大板式结构的特点是,一个系统一般都有一块大板,称为主板。主板上装有主 CPU 和各轴的位置控制电路等。其他相关的子板(完成一定功能的电路板),如 ROM 板、零件程序存储器板和 PLC 板都直接插在主板上面,组成 CNC 系统的核心部分。由此可见,大板式结构紧凑,体积小,可靠性高,价格低,有很高的性能/价格比,也便于机床的一体化设计。大板结构虽有上述优点,但它的硬件功能不易变动,不利于组织生产。

另外一种柔性比较高的结构就是总线模块化的开放系统结构,其特点是将微处理机、存储器、输入输出控制分别做成插件板(称为硬件模块),甚至将微处理机、存储器、输入输出控制组成独立微计算机级的硬件模块,相应的软件也是模块结构,固化在硬件模块中。硬软件模块形成一个特定的功能单元,称为功能模块。功能模块间有明确定义的接口,接口是固定的,成为工厂标准或工业标准,彼此可以进行信息交换。于是可以积木式组成 CNC 系统,使设计简单,有良好的适应性和扩展性,试制周期短,调整维护方便,效率高。

从 CNC 系统使用的微机及结构来分,CNC 系统的硬件结构一般分为单微处理机和多微处理机结构两大类。初期的 CNC 系统和现有一些经济型 CNC 系统采用单微处理机结构。而多微处理机结构可以满足数控机床高进给速度、高加工精度和许多复杂功能的要求,也适应于并入 FMS 和 CIMS 运行的需要,从而得到了迅速的发展,它反映了当今数控系统的新水平。

4.3.2　数控装置硬件结构类型

1. 单 CPU 结构 CNC 系统

单 CPU 结构 CNC 系统的基本结构包括:CPU、总线、I/O 接口、存储器、串行接口和 CRT/MDI 接口等,还包括数控系统控制单元部件和接口电路,如位置控制单元、PLC 接口、主轴控制单元、速度控制单元、穿孔机和纸带阅读机接口以及其他接口等。图 4-11 所示为一种单 CPU 结构的 CNC 系统框图。

CPU 主要完成控制和运算两方面的任务。控制功能包括:内部控制,对零件加工程序的输入、输出控制,对机床加工现场状态信息的记忆控制等。运算任务是完成一系列的数据处理工作:译码、刀补计算、运动轨迹计算、插补运算和位置控制的给定值与反馈值的比较运算等。在经济型 CNC 系统中,常采用 8 位微处理器芯片或 8 位、16 位的单片机芯片。中高档的 CNC 通常采用 16 位、32 位甚至 64 位的微处理器芯片。

在单 CPU 的 CNC 系统中通常采用总线结构。总线是微处理器赖以工作的物理导线,按其功能可以分为三组总线,即数据总线(DB)、地址总线(AD)、控制总线(CB)。

CNC 装置中的存储器包括只读存储器(ROM)和随机存储器(RAM)两种。系统程序存放在只读存储器 EPROM 中,由生产厂家固化。即使断电,程序也不会丢失。系统程序只能由 CPU 读出,不能写入。运算的中间结果,需要显示的数据,运行中的状态、标志信息等存放在随机存储器 RAM 中。它可以随时读出和写入,断电后,信息就消失。加工的零件程序、机床参数、刀具参数等存放在有后备电池的 CMOS RAM 中,或者存放在磁泡存储器中,这些信息在这种存储器中能随机读出,还可以根据操作需要写入或修改,断电后,信息仍然保留。

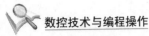

CNC 装置中的位置控制单元主要对机床进给运动的坐标轴位置进行控制。位置控制的硬件一般采用大规模专用集成电路位置控制芯片或控制模板实现。

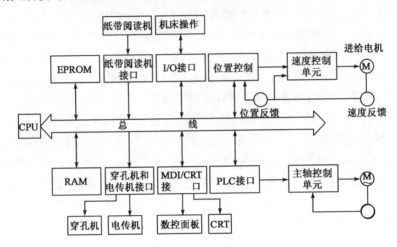

图 4-11　单 CPU 结构 CNC 框图

CNC 接受指令信息的输入有多种形式,如光电式纸带阅读机、磁带机、磁盘、计算机通信接口等形式,以及利用数控面板上的键盘操作的手动数据输入(MDI)和机床操作面板上手动按钮、开关量信息的输入。所有这些输入都要有相应的接口来实现。而 CNC 的输出也有多种,如程序的穿孔机、电传机输出、字符与图形显示的阴极射线管 CRT 输出、位置伺服控制和机床强电控制指令的输出等,同样要有相应的接口来执行。

单 CPU 结构 CNC 系统的特点是:CNC 的所有功能都是通过一个 CPU 进行集中控制、分时处理来实现的;该 CPU 通过总线与存储器、I/O 控制元件等各种接口电路相连,构成 CNC 的硬件;结构简单,易于实现;由于只有一个 CPU 的控制,功能受字长、数据宽度、寻址能力和运算速度等因素的限制。

2. 多 CPU 结构 CNC 系统

多 CPU 结构 CNC 系统是指在 CNC 系统中有两个或两个以上的 CPU 能控制系统总线或主存储器进行工作的系统结构。该结构有紧耦合和松耦合两种形式。紧耦合是指两个或两个以上的 CPU 构成的处理部件之间采用紧耦合(相关性强),有集中的操作系统,共享资源。松耦合是指两个或两个以上的 CPU 构成的功能模块之间采用松耦合(相关性弱或具有相对的独立性),有多重操作系统实现并行处理。

现代的 CNC 系统大多采用多 CPU 结构。在这种结构中,每个 CPU 完成系统中规定的一部分功能,独立执行程序,它比单 CPU 结构提高了计算机的处理速度。多 CPU 结构的 CNC 系统采用模块化设计,将软件和硬件模块形成一定的功能模块。模块间有明确的符合工业标准的接口,彼此间可以进行信息交换。这样可以形成模块化结构,缩短了设计制造周期,并且具有良好的适应性和扩展性,结构紧凑。多 CPU 的 CNC 系统由于每个 CPU 分管各自的任务,形成若干个模块,如果某个模块出了故障,其他模块仍然照常工作。并且插件模块更换方便,可以使故障对系统的影响减少到最小程度,提高了可靠性。性能价格比高,适合于多轴控制、高进给速度、高精度的数控机床。

1)多 CPU CNC 系统的典型结构

(1)共享总线结构

在这种结构的 CNC 系统中,只有主模块有权控制系统总线,且在某一时刻只能有一个主模块占有总线,如有多个主模块同时请求使用总线会产生竞争总线问题。

共享总线结构的各模块之间的通信,主要依靠存储器实现,采用公共存储器的方式。公共存储器直接插在系统总线上,有总线使用权的主模块都能访问,可供任意两个主模块交换信息。其结构如图 4-12 所示。

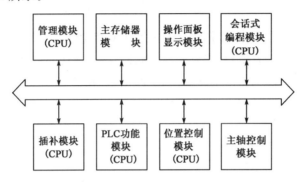

图 4-12 共享总线的多 CPU 结构的 CNC 结构框图

(2)共享存储器结构

在该结构中,采用多端口存储器来实现各 CPU 之间的互连和通信,每个端口都配有一套数据、地址、控制线,以供端口访问。由多端控制逻辑电路解决访问冲突。如图 4-13 所示。

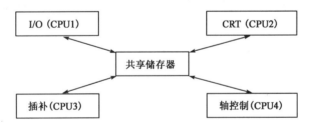

图 4-13 共享存储器的多 CPU 结构框图

当 CNC 系统功能复杂要求 CPU 数量增多时,会因争用共享存储器而造成信息传输的阻塞,降低系统的效率,其扩展功能较为困难。

2)多 CPU CNC 系统基本功能模块

(1)管理模块:该模块是管理和组织整个 CNC 系统工作的模块,主要功能包括:初始化、中断管理、总线裁决、系统出错识别和处理、系统硬件与软件诊断等功能。

(2)插补模块:该模块是在完成插补前,进行零件程序的译码、刀具补偿、坐标位移量计算、进给速度处理等预处理,然后进行插补计算,并给定各坐标轴的位置值。

(3)位置控制模块:对坐标位置给定值与由位置检测装置测到的实际位置值进行比较并获得差值、进行自动加减速、回基准点、对伺服系统滞后量的监视和漂移补偿,最后得到速度控制的模拟电压(或速度的数字量),去驱动进给电动机。

(4)PLC 模块:零件程序的开关量(S、M、T)和机床面板来的信号在这个模块中进行逻辑

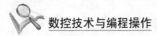

处理,实现机床电气设备的启停,刀具交换,转台分度,工件数量和运转时间的计数等。

(5)命令与数据输入输出模块:指零件程序、参数和数据、各种操作指令的输入输出,以及显示所需要的各种接口电路。

(6)存储器模块:是程序和数据的主存储器,或是功能模块数据传送用的共享存储器。

4.4　CNC 装置的插补原理

4.4.1　概述

插补是指在轮廓控制系统中,根据给定的进给速度和轮廓线形的要求等"有限信息",在已知数据点之间插入中间点的方法,这种方法称为插补方法。插补的实质就是数据点的"密化"。插补的结果是输出运动轨迹的中间坐标值,机床伺服驱动系统根据这些坐标值控制各坐标轴协调运动,加工出预定的几何形状。

插补有两层意思:

一是用小线段逼近产生基本线型(如直线、圆弧等);

二是用基本线型拟合其他轮廓曲线。

插补运算具有实时性,直接影响刀具的运动。插补运算的速度和精度是数控装置的重要指标。插补原理也叫轨迹控制原理。五坐标插补加工仍是国外对我国封锁的技术。

完成插补运算的装置或程序称为插补器,包括:硬件插补器:早期 NC 系统的数字电路装置;软件插补器:现代 CNC 系统的计算机程序;软硬件结合插补器:软件完成粗插补,硬件完成精插补。

由于直线和圆弧是构成零件轮廓的基本线型,因此 CNC 系统一般都具有直线插补和圆弧插补两种基本类型。

插补运算所采用的原理和方法很多,一般可归纳为基准脉冲插补和数据采样插补两大类型。

1.基准脉冲插补

每次插补结束仅向各运动坐标轴输出一个控制脉冲,各坐标仅移动一个脉冲当量或行程的增量。脉冲序列的频率代表坐标运动的速度,而脉冲的数量代表运动位移的大小。

这类插补运算简单,主要用于步进电机驱动的开环数控系统的中等精度和中等速度要求的经济型计算机数控系统。也有的数控系统将其用做数据采样插补中的精插补。

基准脉冲插补也叫脉冲增量插补,其插补的方法很多,如逐点比较法、数字积分法、脉冲乘法器等。

2.数据采样插补

采用时间分割思想,根据编程的进给速度将轮廓曲线分割为每个插补周期的进给直线段(又称轮廓步长)进行数据密化,以此来逼近轮廓曲线。然后再将轮廓步长分解为各个坐标轴的进给量(一个插补周期的进给量),作为指令发给伺服驱动装置。该装置按伺服检测采样周期采集实际位移,并反馈给插补器并与指令进行比较,有误差就运动,误差为零则停止,从而完成闭环控制。

数据采样插补又称为时间分割插补或数字增量插补,这类算法插补结果输出的不是脉冲,而是标准二进制数。

数据采样插补方法有：直线函数法、扩展DDA、二阶递归算法等。

4.4.2　逐点比较法

早期数控机床广泛采用的方法，又称代数法、醉步法，适用于开环系统。

1.逐点比较法的原理

它的原理是以区域判别为特征，每走一步都要将加工点的瞬时坐标与规定的图形轨迹相比较，判断其偏差，然后决定下一步的走向。如果加工点走到图形外面，那么下一步就要向图形里面走；如果加工点在图形里面，则下一步就要向图形外面走，以缩小偏差。每次只进行一个坐标轴的插补进给。通过这种方法能得到一个接近规定图形的轨迹，而最大偏差不超过一个脉冲当量。在逐点比较法中，每进给一步都要4个节拍，如图4-14所示。

（1）偏差判别：判别偏差符号，确定加工点是在规定图形的外面还是里面。

（2）坐标进给：根据偏差情况，控制X坐标或Y坐标进给一步，使加工点向规定图形靠拢，缩小偏差。

（3）新偏差计算：进给一步后，计算加工点与规定图形的新偏差，作为下一步偏差判别的依据。

（4）终点判别：根据这一步的进给结果，判定（比较）终点是否到达。如未到达终点，继续插补工作循环，如果已到终点就停止插补。

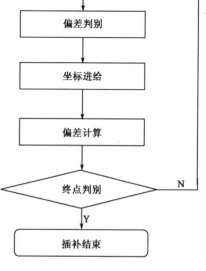

图4-14　逐点比较法步骤

2.逐点比较法Ⅰ象限直线插补

（1）偏差函数值的判别

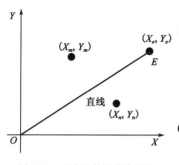

图4-15　逐点比较法直线插补

如图4-15所示，OE 为Ⅰ象限直线，起点 O 为坐标原点，终点的坐标为 $E(X_e,Y_e)$，还有一个动点为 $N(X_i,Y_i)$。现假设动点 N 正好处于直线 OE 上，则有下式成立：

$$\frac{Y_i}{X_i}=\frac{Y_e}{X_e}\quad 即\quad X_eY_i-X_iY_e=0$$

假设动点处于 OE 的下方，则直线 ON 的斜率小于直线 OE 的斜率，从而有：

$$\frac{Y_i}{X_i}>\frac{Y_e}{X_e}\quad 即\quad X_eY_i-X_iY_e>0$$

由以上关系式可以看出，$X_eY_i-X_iY_e$ 的符号反映了动点 N 与直线 OE 之间的偏离情况。为此取偏差函数为：

$$F=X_eY_i-X_iY_e$$

插补规则对于第一象限直线，其偏差符号与进给方向的关系为：

$F=0$ 时，表示动点在 OE 上，如点 P，可向 $+X$ 向进给，也可向 $+Y$ 向进给。

$F>0$ 时，表示动点在 OE 上方，如点 P_1，应向 $+X$ 向进给。

$F<0$ 时，表示动点在 OE 下方，如点 P_2，应向 $+Y$ 向进给。

这里规定动点在直线上时，可归入 $F>0$ 的情况一同考虑。

根据上述原则，插补工作从起点 $O(0,0)$ 开始，走一步，算一步，判别一次 F 的符号，再走一步，趋向直线进给，直至终点 $E(X_e,Y_e)$。

故得出插补规则为：

当 $F \geqslant 0$，则沿 $+X$ 方向进给一步；

当 $F<0$，则沿 $+Y$ 方向进给一步。

这样，通过逐点比较的方法，控制刀具走出一条尽量接近零件轮廓直线的轨迹，如图 4-16 中的折线所示。当每次进给的台阶（即脉冲当量）很小时，就可以将这条折线近似的当作直线来看待。显然逼进程度的大小与脉冲当量的大小直接相关。

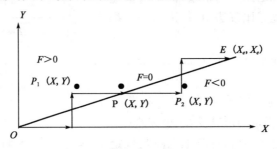

图 4-16　直线插补轨迹

（2）偏差函数的递推计算

采用偏差函数的递推式（迭代式），既由前一点计算后一点。

设当前切削点 $P(X_i,Y_i)$ 的偏差为：

$$F=F_{i,j}=X_eY_j-X_iY_e$$

则根据偏差公式

当 $F_{i,j} \geqslant 0$

新加工点坐标为：

$$X_{i+1}=X_{i+1}, Y_{j+1}=Y_j$$

新偏差为：

$$F_{i,j+1}=X_eY_j-(X_i+1)Y_e=F_{i,j}-Y_e$$

当 $F_{i,j}<0$

新加工点坐标为：

$$X_i+1=X_i, Y_{j+1}=Y_{j+1}$$

新偏差为：

$$F_{i,j+1}=X_e(Y_{j+1})-X_iY_e=F_{i,j}+X_e$$

开始加工时，将刀具移到起点，刀具正好处于直线上，偏差为零，即 $F=0$，根据这一点偏差可求出新一点偏差，随着加工的进行，每一新加工点的偏差都可由前一点偏差和终点坐标相加或相减得到。

（3）终点判别

直线插补的终点判别可采用三种方法。

①判断插补或进给的总步数：$N = X_e + Y_e$；

②分别判断各坐标轴的进给步数；

③仅判断进给步数较多的坐标轴的进给步数。

根据前面总结出的四个节拍可设计出逐点比较法第I象限直线插补的软件流程图（图4-17）。

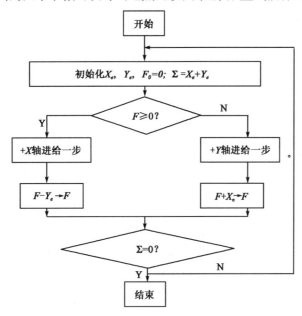

图 4-17 直线插补的软件流程图

3. 逐点比较法 I 象限逆圆插补

（1）偏差函数

任意加工点 $P_i(X_i,Y_i)$（图 4-18），偏差函数 F_i 可表示为：

$$F_i = X_i^2 + Y_i^2 - R^2$$

若 $F_i = 0$，表示加工点位于圆上；

若 $F_i > 0$，表示加工点位于圆外；

若 $F_i < 0$，表示加工点位于圆内。

（2）偏差函数的递推计算

①逆圆插补

若 $F \geqslant 0$，规定向 $-X$ 方向走一步

$$\begin{cases} X_{i+1} = X_i - 1 \\ F_{i+1} = (X_i - 1)^2 + Y_i^2 - R^2 = F_i - 2X_i + 1 \end{cases}$$

若 $F_i < 0$，规定向 $+Y$ 方向走一步

$$\begin{cases} Y_{i+1} = Y_i + 1 \\ F_{i+1} = X_i^2 + (Y_i + 1)^2 - R^2 = F_i + 2Y_i + 1 \end{cases}$$

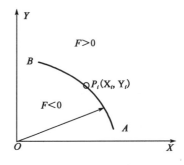

图 4-18 圆弧插补偏差函数

②顺圆插补

若 $F_i \geqslant 0$，规定向 $-Y$ 方向走一步

$$\begin{cases} Y_{i+1} = Y_i - 1 \\ F_{i+1} = X_i^2 + (Y_i - 1)^2 - R^2 = F_i - 2Y_i + 1 \end{cases}$$

若 $F_i < 0$，规定向 $+X$ 方向走一步

$$\begin{cases} X_{i+1} = X_i + 1 \\ F_{i+1} = (X_i + 1)^2 + Y_i^2 - R^2 = F_i + 2X_i + 1 \end{cases}$$

（3）终点判别

①判断插补或进给的总步数

$$N = |X_a - X_b| + |Y_a - Y_b|$$

②分别判断各坐标轴的进给步数

$$N_x = |X_a - X_b|, N_y = |Y_a - Y_b|$$

4.逐点比较法的象限处理

（1）分别处理法

四个象限的直线插补,会有 4 组计算公式,对于 4 个象限的逆时针圆弧插补和 4 个象限的顺时针圆弧插补,会有 8 组计算公式,其刀具的偏差和进给方向可用图 4-19 表示。

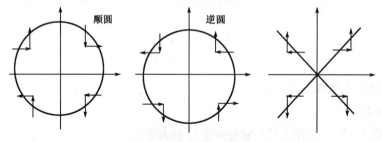

图 4-19　四个象限的直线插补

（2）坐标变换法

用第一象限逆圆插补的偏差函数进行第三象限逆圆和第二、四象限顺圆插补的偏差计算,用第一象限顺圆插补的偏差函数进行第三象限顺圆和第二、四象限逆圆插补的偏差计算。

四象限插补计算过程见表 4-1 和表 4-2。

直 线 插 补 过 程　　　　　　　　　　　　　　　　表 4-1

象　　限	坐 标 进 给		偏 差 计 算	
	$F \geqslant 0$	$F < 0$	$F \geqslant 0$	$F < 0$
Ⅰ	$+X$	$+Y$	$F_{i+1} = F_i - Y_e$	$F_{i+1} = F_i + X_e$
Ⅱ	$-X$	$+Y$	$F_{i+1} = F_i - Y_e$	$F_{i+1} = F_i - X_e$
Ⅲ	$-X$	$-Y$	$F_{i+1} = F_i + Y_e$	$F_{i+1} = F_i - X_e$
Ⅳ	$+X$	$-Y$	$F_{i+1} = F_i + Y_e$	$F_{i+1} = F_i + X_e$

圆弧插补过程　　　　　　　　　　　　　　　　　　表 4-2

进　　给	坐 标 计 算	偏 差 计 算	终 点 判 别
$+X$	$X_{i+1}=X_i+1$	$F_{i+1}=F_i+2X_i+1$	$X_e-X_{i+1}=0$
$-X$	$X_{i+1}=X_i-1$	$F_{i+1}=F_i-2X_i+1$	$X_e-X_{i+1}=0$
$+Y$	$Y_{i+1}=Y_i+1$	$F_{i+1}=F_i+2Y_i+1$	$Y_e-Y_{i+1}=0$
$-Y$	$Y_{i+1}=X_i-1$	$F_{i+1}=F_i-2Y_i+1$	$Y_e-Y_{i+1}=0$

4.5　刀 具 补 偿

4.5.1　刀具半径补偿

在轮廓加工过程中,由于刀具总有一定的半径(如铣刀半径),刀具中心的运动轨迹与所需加工零件的实际轮廓并不重合。如在图 4-20 中,实线为所需加工的零件轮廓,点画线为刀具中心轨迹。由图可见在进行内轮廓加工时,刀具中心偏离零件的内轮廓表面一个刀具半径值。在进行外轮廓加工时,刀具中心又偏离零件的外轮廓表面一个刀具半径值,这种偏移,称为刀具半径补偿。

数控机床一般都具备刀具半径补偿的功能。在加工中,使用数控系统的刀具半径补偿功能,就能避开数控编程过程中的繁琐计算,而只需计算出刀具中心轨迹的起始点坐标值就可。同时,利用刀具半径补偿功能,还可以实现同一程序的粗、精加工以及同一程序的阴阳模具加工等功能。

在图 4-20 中,实线为所需加工的零件轮廓,虚线为刀具中心轨迹。根据 ISO 标准,当刀具中心轨迹在编程轨迹(零件轮廓)前进方向的右边时,称为右刀补,用 G42 指令实现;反之称为左刀补,用 G41 指令实现。

在零件加工过程中,采用刀具半径补偿功能,可大大简化编程的工作量。具体体现在以下两个方面:

(1)由于刀具的磨损或因换刀引起的刀具半径变化时,不必重新编程,只需修改相应的偏置参数即可。

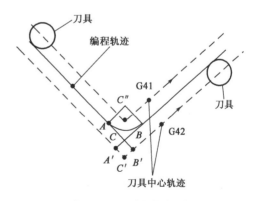

图 4-20　刀具半径补偿示意图

(2)由于轮廓加工往往不是一道工序能完成的,在粗加工时,要为精加工工序预留加工余量。加工余量的预留可通过修改偏置参数实现,而不必为粗、精加工各编制一个程序。

1. *刀具半径补偿的常用方法*

(1)B 刀补

这种方法的特点是刀具中心轨迹的段间连接都是以圆弧进行的。其算法简单,实现容易,如图 4-20 所示,但由于段间过渡采用圆弧,这就产生了一些无法避免的缺点:首先,外轮廓加工时,由于圆弧连接时,刀具始终在一点切削,外轮廓尖角被加工成小圆角。其次,内轮廓加工

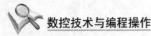

时,必须由编程人员人为地加一个辅助的过渡圆弧,且必须保证过渡圆弧的半径大于刀具半径。这样:一是增加编程工作难度;二是稍有疏忽,过渡圆弧半径小于刀具半径时,会因刀具干涉而产生过切,使加工零件报废。这些缺点限制了该方法在一些复杂的、要求较高的数控系统(例如仿型数控系统)中的应用。

(2)C 刀补

这种方法的特点是相邻两段轮廓的刀具中心轨迹之间用直线进行连接,由数控系统根据工件轮廓的编程轨迹和刀具偏置量直接算出刀具中心轨迹的转接交点 C' 点和 C'' 点,如图 4-20 所示。然后再对刀具中心轨迹作伸长或缩短的修正。这就是所谓的 C 机能刀具半径补偿(简称 C 刀补)。它的主要特点是采用直线作为轮廓之间的过渡,因此,该刀补法的尖角工艺性较 B 刀补的要好,其次在内轮廓加工时,它可实现过切(干涉)自动预报,从而避免过切的产生。

两种刀补在处理方法上的区别:

B 刀补采用读一段,算一段,走一段的处理方法。故无法预计刀具半径造成的下一段轨迹对本段轨迹的影响。而 C 刀补采用一次对两段进行处理的方法。先处理本段,再根据下一段来确定刀具中心轨迹的段间过渡状态,从而完成本段刀补运算处理。

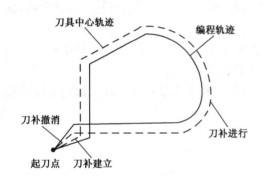

图 4-21 刀补工作过程

2.刀具半径补偿的工作过程

刀具半径补偿执行的过程一般可分为三步,如图 4-21 所示。

(1)刀补建立

刀具从起刀点接近工件,并在原来编程轨迹基础上,刀具中心向左(G41)或向右(G42)偏移一个偏置量。在该过程中不能进行零件加工。

(2)刀补进行

刀具中心轨迹与编程轨迹始终偏离一个刀具偏置量的距离。

(3)刀补撤消

刀具撤离工件,使刀具中心轨迹终点与编程轨迹的终点(如起刀点)重合。它是刀补建立的逆过程。同样,在该过程中不能进行零件加工。

3.C 机能刀具半径补偿的转接形式和过渡方式

1)转接形式

由于 C 机能刀补采用直线过渡,因而在实际加工过程中,随着前后两段编程轨迹线形的不同,相应的刀具中心轨迹也会有不同的转接形式,在 CNC 装置中,都有圆弧插补和直线插补两种功能,对由这两种线形组成的编程轨迹有以下四种转接形式:

(1)直线与直线转接;

(2)直线与圆弧转接;

(3)圆弧与直线转接;

(4)圆弧与圆弧转接。

2)过渡方式

为了讨论C机能刀具半径补偿的过渡方式,有必要先说明矢量夹角的含义,矢量夹角α是指两编程轨迹在交点处非加工侧的夹角(图4-22)。

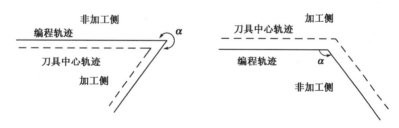

图 4-22　矢量夹角的定义

根据两段编程轨迹的矢量夹角和刀补方向的不同,刀具中心轨迹从一编程段到另一个编程段的段间连接方式即过渡(转接)方式有:缩短型、伸长型和插入型。

4. 刀具中心轨迹的转接形式和过渡方式

刀具半径补偿功能在实施过程中,各种转接形式和过渡方式的情况,从起刀点开始的第二程序段为刀补建立程序段,当本段与编程轨迹的转接为非缩短型方式时,刀具中心将从起刀点快速走到本段编程矢量终点处的刀具半径矢量的顶点;当本段与下段的编程轨迹的转接为缩短型方式时,刀具中心将从起刀点快速直接走到下段编程轨迹起点处的刀具半径矢量的顶点。

刀补撤消是刀补建立的逆过程,是最后一个程序段,带有撤消指令 G40。当撤消段与上段的编程轨迹的转接是非缩短型方式时,刀具中心将从撤消段的起点处刀具半径矢量的顶点走到编程终点;如果当撤消段与上段的编程轨迹的转接是缩短型时,刀具中心将从上段编程轨迹终点处半径矢量的顶点走到撤消段编程轨迹的终点(该终点多为起点)。

5. 刀具中心轨迹的计算

刀具中心轨迹计算的任务是求算其组成线段各交点的坐标值,计算的依据是编程轨迹和刀具中心偏置量(即刀具半径矢量)。如图 4-23 中,就是计算 J、C、C'、K 点的坐标值。图中 OJ、FK、AB、AD 为刀具半径矢量,都是已知量,矢量角 α 也是已知的。图 4-23 是直线—直线的转接形式,其他三种转接形式的计算也是相似的。

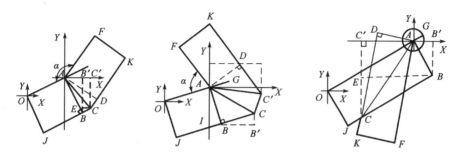

图 4-23　刀具中心轨迹的过渡方式

图 4-23 中,J 点和 K 点坐标可以根据根据刀具半径矢量的模量和方向来计算。C 点和 C' 点的坐标则可以由已知矢量的几何关系求出,因为编程轨迹的组合方式、刀具中心轨迹的转接

形式以及刀补方向(G41/G42)的不同,C 点和 C' 点坐标的计算公式繁多,这里不予推算,读者如有需要可参阅有关书籍。

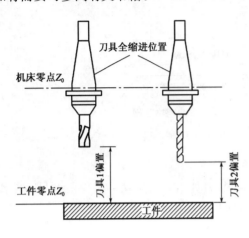

图 4-24　刀具长度补偿

4.5.2　刀具长度补偿

当刀具的长度尺寸发生变化而影响工件轮廓的加工时,数控系统应对这种变化实施补偿,即刀具长度补偿。刀具长度补偿指令一般用于刀具轴向(Z 向)的补偿,它使刀具在 Z 方向上的实际位移量比程序给定值增加或减少一个偏置值(图 4-24),这样在编制零件的加工程序时,不必考虑刀具的实际长度以及各把刀具不同的长度尺寸。

采用刀具长度补偿功能,不仅可以大大简化数控加工程序的编写工作,还可以提高数控加工程序的利用率,主要表现在两方面:

(1)当刀具长度尺寸发生变化(刀具磨损、刀具更换等)时,只需修改相应的刀具参数即可。

(2)在同一台机床上对同一零件轮廓进行粗加工、半精加工和精加工等多道工序时,不必编写三种加工程序,可将各道工序所预留的加工余量加入刀具长度参数即可。

习　题

4-1　简述标准坐标系规定的基本原则。

4-2　试述 CNC 系统的基本组成及其主要功能。

4-3　CNC 系统的单微处理器结构和多微处理器结构各有何特点?

4-4　什么叫脉冲? 它在数控机床加工中起什么作用?

4-5　什么是插补? 简述插补原理。

4-6　简述逐点比较法的原理。

4-7　简述刀具补偿的概念、分类以及刀补的执行过程。

第5章　数控机床伺服系统及检测装置

数控机床伺服系统是数控装置和机床机械传动部件间的联系环节,是数控机床的重要组成部分,数控机床的加工表面质量、最高运行速度、定位精度及工作可靠性等指标主要取决于伺服系统的性能,因此提高伺服系统的性能对数控机床具有重大的意义。伺服系统的性能在很大程度上取决于传感器及其检测装置的性能,检测装置的作用是检测位移和速度,发送位置检测反馈信号至数控装置,使工作台或刀具按指令的路径精确地移动。

5.1　数控机床伺服系统的组成及分类

随着科学技术的发展,在最近几十年中机床伺服技术得到了飞速的发展。所谓机床伺服系统,就是指以机床机械位移或角度作为控制对象的自动控制系统。其作用是接受来自计算机数控装置(CNC)的进给脉冲,经过变换和放大,驱动机床各坐标轴按指令脉冲运动,实现机床的运转,同时保持运行的准确性。

作为数控装置和机床机械传动部件间的联系环节,数控机床伺服系统是数控机床的重要组成部分。而且数控机床的加工表面质量、最高运行速度、定位精度及工作可靠性等指标主要取决于伺服系统的性能。提高伺服系统的性能对数控机床具有重大的意义。

5.1.1　数控机床伺服系统的基本结构

一般数控伺服控制系统可用图5-1表示。按有无检测反馈装置,伺服系统可分为开环、半闭环和闭环三种类型。

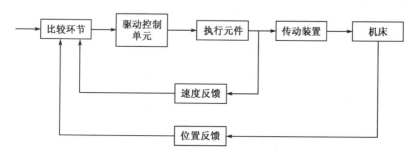

图 5-1　数控机床伺服系统基本组成

1. 开环伺服系统

开环伺服系统由驱动控制单元、执行元件和机床组成。驱动控制单元的作用是将指令脉冲信号转换为执行元件所需的信号,并满足执行元件的工作特性要求。执行元件的作用是将驱动控制单元输出的信号转换为相应的机械位移信号,带动机床运动。一般开环系统中的执行元件选用步进电动机,它是将指令信号转换为机械转角,再通过齿轮副和丝杠带动机床运转(图5-2)。

开环伺服系统具有成本低、结构简单的特点,便于学习和掌握。但是系统不检测执行元

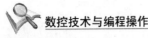

件位移或电机转角,所以精度比较低,仅适用于加工精度要求不高的中小型数控机床。

2.闭环伺服系统

闭环伺服系统(图5-3)主要有驱动控制单元、执行元件、机床、反馈检测元件以及比较单元组成。检测元件的作用是检测机床的位移或者速度并转换成电信号反馈到比较环节中。比较单元的作用是将指令信号和反馈信号进行比较。

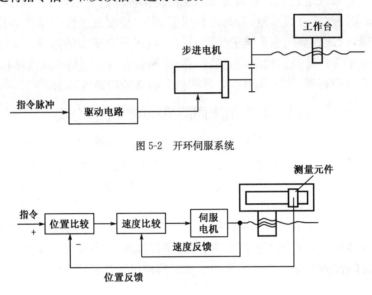

图 5-2 开环伺服系统

图 5-3 闭环系统

反馈检测元件分为速度反馈和位置反馈元件两大类。闭环伺服系统采用的是位置反馈元件,它将检测到的工作台位置反馈给比较环节,比较环节将指令信号和反馈信号进行比较,以两者的差值作为伺服系统的跟随误差,经驱动控制单元和执行元件带动工作台的运动。局部闭环伺服系统采用速度反馈单元检测执行元件的速度输出以保证工作台的移动精度。

由于闭环伺服系统是反馈控制,反馈检测装置精度高,所以系统中存在的误差,如滚珠丝杆传动的误差和运动中造成的误差,都可以得到补偿,从而可以大大地提高加工精度。但闭环伺服系统对机械传动元件的灵敏性要求较高,否则系统将不稳定。

3.半闭环系统

半闭环系统(图5-4)是指位置检测元件不直接安装在机床运动部件上,而是安装在机械传动部件上,如伺服电机转轴或丝杆上,通过测量出丝杆转角,间接测量出工作台的位移。一般来说,全闭环系统的位置检测装置是装在机床的工作台上的,用来检测其直线位移,这就要求检测元件的测量范围和工作台的移动范围一样,但是制造较长的位置检测元件比较困难,价格也高且安装调整困难。所以相对来说,测量转角要容易得多,因此大部分数控机床是将位置检测装置安装在伺服电动机的转轴或者数控机床的转动丝杠上,把工作台的实际位移相应的转角测量出来进行反馈比较。即通过测量转角间接检测出工作台实际位移。

半闭环和闭环系统的控制结构是一致的,不同点只是闭环系统环内包括的机械传动部件传动误差均可被补偿。理论上精度可以达到很高。但由于受机械变形、温度变化、振动以及其他因素的影响,系统稳定性难以调整。此外,机床运行一段时间后,由于机械传动部件的磨损、变形以及其他因素的改变,容易使系统稳定性改变,精度发生变化。因此,目前使用半闭环系统较多。只在具备传动部件精密度高、性能稳定、使用过程温差变化不大的高精度数控机床上使用全闭环伺服系统。

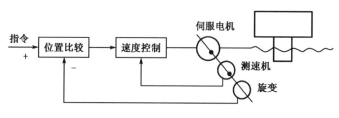

图 5-4　半闭环系统

5.1.2　数控机床对伺服系统的要求

数控机床是在传统机床的基础上发展而来的,集合了自动机床、精密机床和万能机床的优点,表现出了高效率、高柔性和高精度的特点,为此数控机床对伺服系统有着很高的要求。随着数控技术的不断发展,对伺服系统的要求也越来越高,通常可以概括为以下几个方面:

1. 高精度

由于机床处于不断的运行中,而伺服系统主要用来控制机床的位移和速度,所以为了满足机床的加工精度,关键是保证数控机床的定位精度和进给跟踪精度,这也是伺服系统静态特性和动态特性是否优良的具体表现。位置伺服系统的定位精度一般要求能达到 $1\mu m$ 甚至 $0.1\mu m$。伺服系统的分辨率一般能达到 $1\mu m$,高精度的机床可达到 $0.1\mu m$。

2. 可逆运行

在机床加工过程中,机床的工作台处于随机状态,它会根据加工的要求正向或者反向运行,所以这就要求机床可以灵活地可逆运行,同时保证在方向改变时不应该有反向间隙和运动的损失。

3. 响应快

为了保证零件的加工质量以及生产效率,仅仅有高的定位精度是不够的,还需要有快速响应的特性,即对指令信号的响应快,这就对伺服系统的动态性能提出了要求:一方面要缩短伺服系统在频繁启动、制动、加速和减速等动态过程中的过渡时间,以便提高生产效率并保证加工质量;另一方面,当负载突变时,过渡恢复时间要短,且无振荡,从而保证得到光滑的加工表面。

4. 调速范围宽

由于机床加工的零件种类繁多,加上零件材料、刀具、加工要求以及加工环境各不相同。为了保证数控机床在任何情况下都能得到最佳的工作条件,就要求伺服系统必须有足够的调速范围。对一般数控机床而言,进给速度范围在 $0\sim24m/min$ 时,都可以满足加工要求;在低速运转时,还要求电动机能平稳运行,输出较大的转矩。

5．系统可靠性高

一般数控机床的使用效率很高，常常是24h连续工作，要求其有高的工作可靠性。系统的可靠性一般用发生故障时间间隔的长短的平均值来衡量，即平均无故障时间，这个时间越长，可靠性越好。

5.1.3　数控机床伺服系统的分类

1．按有无检测反馈分类

按有无检测反馈分类可将伺服系统分为开环和闭环（半闭环）伺服系统。

（1）开环伺服系统

开环伺服系统（图5-5）就是无位置反馈的系统，结构简单，其主要的驱动元件是步进电动机。这种驱动元件的工作原理是根据接收到的脉冲信号的数量转过相应的角度，所以这种驱动元件不需要位置检测装置来实现定位，转过的角度与指令脉冲的数量成正比，运动的速度由进给脉冲的频率决定，即脉冲数量决定机床工作台的位移，脉冲频率决定运动速度。

（2）闭环伺服系统

闭环伺服系统的基本结构如图5-6所示。闭环系统是误差控制随动系统，数控机床进给系统的误差是数控装置输出的位置指令和机床工作台的实际位置的差值。由于开环系统的执行元件不能反映运动的位置，所以需要有位置检测装置。闭环伺服系统基本工作原理是位置检测装置测出工作台实际位置，并将测量值反馈给数控装置，与指令进行比较，求得误差，再驱动运动部件运动，直至工作台运行到准确的位置，从而构成闭环位置控制。半闭环伺服系统的结构如图5-7所示，可以看出半闭环和闭环系统的控制结构基本一致，其主要区别就是检测装置的安装位置不同，闭环系统是直接把位置检测装置安装在工作台上，直接测量工作台的位置并反馈给比较环节；半闭环系统是把位置检测装置安装在机械传动部件上，间接测量出工作台的位移，再反馈给比较环节。

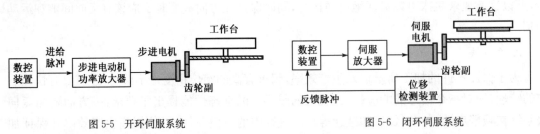

图5-5　开环伺服系统　　　　　　　　　　图5-6　闭环伺服系统

2．按使用的驱动元件分类

按使用的驱动元件分类可将伺服系统分为电液伺服系统和电气伺服系统。

（1）电液伺服系统

电液伺服系统（图5-8）是一种由电信号处理装置和液压动力机构组成的反馈控制系统。最常见的有电液位置伺服系统、电液速度控制系统和电液力（或力矩）控制系统。在数控机床发展的初期，多数采用的是电液伺服系统。电液伺服系统具有在低速下仍能得到高的输出力矩以及刚性好、反应快和速度平稳的优点。但由于液压系统需要供油系统，体积大，还有噪声和漏油问题,所以逐渐被电气伺服系统代替。

(2)电气伺服系统

电气伺服系统全部采用电子器件和电机部件,其驱动元件主要有步进电机、直流伺服电机和交流伺服电机,所以系统操作维护方便,可靠性高,没有液压系统中的噪声、漏油和维修费用高等问题,已经大范围取代液压伺服系统。

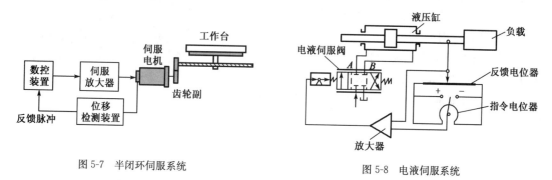

图 5-7 半闭环伺服系统

图 5-8 电液伺服系统

3.按执行元件的类别分类

按执行元件的类别分类可将伺服系统分为直流伺服系统和交流伺服系统。

(1)直流伺服系统

图 5-9 所示为直流伺服电机的一般结构,直流伺服系统常用的伺服电机有大惯量直流伺服电机和小惯量直流伺服电机。大惯量直流伺服电动机具有良好的宽调速性能,输出转矩大,过载能力强等特点。小惯量直流伺服电机比较适应数控机床频繁启动、制动以及快速定位的要求。所以在 20 世纪 70 年代,数控机床大多采用直流伺服系统。但直流电动机最大的特点是具有电刷和机械换向器,这限制了它向大容量、高电压、高速度方向的发展,加上交流伺服电动机的快速发展,已逐步代替了直流伺服电动机。

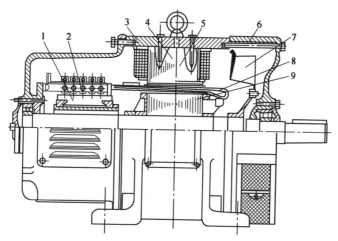

图 5-9 直流电机的纵剖面图

1-换向器;2-电刷装置;3-机座;4-主磁极;5-换向极;6-端盖;7-风扇;8-电枢绕组;9-电枢铁芯

(2)交流伺服系统

交流伺服系统的最大优点是交流电动机容易维修,制造简单,易于向大容量、高速度方向发展,适合于在较恶劣的环境中使用。在交流伺服系统中,电动机(图 5-10,左边是驱动器,右边是电动机)的类型有永磁同步交流伺服电机和感应异步交流伺服电机,其中,永磁同步电机具备十分优良的低速性能、可以实现弱磁高速控制,调速范围宽广、动态特性和效率都很高,已经成为伺服系统的主流之选;而异步伺服电机虽然结构坚固、制造简单、价格低廉,但是在特性上和效率上存在差距,只在大功率场合得到应用。

此外,还可以按进给驱动和主轴驱动分类将伺服系统分为进给伺服系统和主轴伺服系统;按反馈比较控制方式分类将伺服系统分为脉冲、数字比较伺服系统;相位比较伺服系统;幅值比较伺服系统和全数字伺服系统。

图 5-10　驱动器与交流伺服电机

5.2　步进伺服系统

步进伺服系统又称开环步进伺服系统,由于该系统没有位置和速度反馈系统,所以具有结构简单、可靠性高和使用方便的特点,但步进伺服系统不对输出进行检测,所以精度比较低,仅适用于加工精度要求不高的中小型数控机床。

步进电动机又称脉冲电动机,是步进伺服系统的执行元件,作为机电一体化的关键产品之一,步进电机广泛应用于各种自动化控制系统中。随着微电子和计算机技术的发展,步进电机的需求量与日俱增,在各个国民经济领域都有应用。

5.2.1　步进电动机的工作原理

步进电动机是通过脉冲信号控制,并将脉冲信号转换为相应角位移的执行元件。其角位移量与电脉冲数成正比,其转速与电脉冲频率成正比,所以通过改变脉冲频率就可以达到调节电动机转速的目的。如果电动机停止运转后某些相的绕组仍保持通电,则还具有自锁能力。步进电动机每转一周都有固定的步数,从理论上说其步距误差不会累加。

目前,反应式步进电动机是使用最多的一种步进电动机。由于各种步进电动机的基本原理相同,下面就以三相反应式步进电动机为例说明其工作原理。

图 5-11 所示为一台三相反应式步进电动机的工作原理图。

a)A相通电

b)B相通电

c)C相通电

图 5-11　反应步进电动的工作原理

从图中可以看出该步进电动机的定子上有六个极,每两个相对的极组成一相且每极上都装有控制绕组。转子为四个均匀分布的齿,上面也设有绕组。当 A 相绕组通电时,由于磁通总是向着磁阻最小的路径闭合,这就使得转子齿 1、3 和定子极 A、A′对齐,如图 5-11a)所示。当 A 相绕组断电,B 相通电时,就会使得转子齿 2、4 和定子极 B、B′对齐,转子在空间转过 θ 角度,如图 5-11b)所示。当 A、B 相都断电,C 相绕组通电时,转子齿 1、3 就会和定子极 C、C′对齐,转子在空间又转过 θ 角度,如图 5-11c)所示。如此循环,并按 A-B-C-A 的顺序通电,电动机便按一定的方向转动。电动机的转速直接取决于绕组通电或断电的变化频率。如果按 A-C-B-A 的顺序通电,电动机就反向转动。电动机绕组的通电和断电通常由电子逻辑电路来控制。

　　步进电机定子绕组每改变一次通电方式,称为一拍。此时电动机转子转过的空间角度称为步距角 θ。上述通电方式称为三相单三拍,"单"是指每次通电时,只有一相绕组通电;"三拍"是指经过三次切换绕组的通电状态为一个循环,第四拍通电时就重复第一拍通电的情况。显然,在这种通电方式时,三相步进电动机的步距角 θ 应为 30°。

　　三相步进电动机除了单三拍通电方式外,还经常工作在三相单、双六拍通电方式。这是通电顺序为:A-AB-B-BC-C-CA-A,或者 A-AC-C-CB-B-BA-A。也就说先接通 A 相绕组,以后再同时接通 A、B 相绕组,然后断开 A 相绕组,使 B 相绕组单独接通;再同时接通 B、C 相绕组,依次进行。在这种通电方式时定子三相绕组需经过六次切换才能完成一个循环,故称为六拍,而且在通电时有时是单个绕组接通,有时又为两个绕组同时接通,因此称为三相单、双六拍。

　　在这种通电方式时,步进电动机的步距角与单三拍时的情况有所不同,如图 5-12 所示。当 A 相绕组通电时,和单三拍运行的情况相同,转子齿 1、3 和定子极 A、A′对齐。如图 5-12a)所示。当 A、B 相绕组同时通电时,转子齿 2、4 又将在定子极 B、B′的吸引下,使转子沿逆时针方向转动,直至转子齿 1、3 和定子 A、A′之间的作用力被转子齿 2、4 和定子极 B、B′之间的作用力所平衡为止,如图 5-12b)所示。当断开 A 相绕组而只有 B 相绕组接通电源时,转子将继续沿逆时针方向转过一个角度是转子齿 2、4 和定子极 B、B′对齐,如图 5-12c)所示。如果继续按 BC-C-CA-A 的顺序通电,那么步进电动机就按逆时针方向继续转动,如果通电顺序改为 A-AC-C-CB-B-BA-A 时,电动机将按顺时针方向转动。

a) A 相通电　　　　　　　b) B 相通电　　　　　　　c) C 相通电

图 5-12　单、双六拍工作示意图

　　在单三拍通电方式中,步进电动机每经过一拍,转子转过的步距角 θ=30°。采用单、双六拍通电方式后,步进电动机由 A 相绕组单独通电到 B 相绕组单独通电,中间还有 A、B 两相同时通电的状态,也就是说要经过两拍转子才转过 30°。所以在这种通电方式下,三相步进电动机的步距角为 15°。

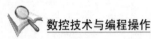

由此可见同一台步进电动机,因通电方式的不同,其运行的步距角也是不同的,采用单、双拍通电方式时,步距角要比普通的通电方式小一半。

总的来说,步进电动机的转动由绕组的脉冲电流控制,即脉冲指令决定。脉冲指令数量决定了它的转动步数;脉冲指令频率决定它的转动速度;绕组的通电顺序决定它的转动方向。

5.2.2 步进电动机的分类

一般来说步进电动机可分为反应式步进电动机、永磁式步进电动机和混合式步进电动机三大类。

1. 反应式步进电机

反应式步进电机一般为三相,可实现大转矩输出,步距角一般为 $1.5°$,但噪声和振动都很大。反应式步进电机的转子磁路由软磁材料制成,定子上有多相励磁绕组,利用磁导的变化产生转矩。

2. 永磁式步进电机

永磁式步进电机一般为两相,转矩和体积较小,步距角一般为 $7.5°$ 或 $15°$。

3. 混合式步进电机

混合式步进电机是指混合了永磁式和反应式的优点。它又分为两相和五相:两相步距角一般为 $1.8°$;五相步距角一般为 $0.72°$。这种步进电机的应用最为广泛。

5.2.3 步进电动机的主要特性

从控制角度出发,步进电机主要考虑以下几个特性:

1. 步距角

步进电动机绕组的通电状态改变一次时转子转过的角度 θ 称为步距角。它是决定步进伺服系统脉冲当量的重要参数。步距角一般由定子相数、转子齿数和通电方式决定,即:

$$\theta = \frac{360°}{mz_r c}$$

式中:z_r——转子的齿数;

      c——状态系数,当采用单三拍或双三拍运行时,$c=1$;而采用单、双六拍通电时,$c=2$。

      一般反应式步进电动机的步距角为 $0.5°\sim3°$。

2. 启动频率

空载时,步进电机由静止状态不失步地启动到稳定速度时所允许的最高脉冲频率称为启动频率。如果加到步进电机的指令脉冲频率大于启动频率,则不能正常运行。在有负载的情况下,步进电机的启动频率比空载时要低,而且随着负载加大,启动频率会进一步降低。

3. 工作频率

步进电动机能保持正常工作的最高频率称为工作频率。

4. 加减速特性

步进电动机的加减速特性是描述步进电动机由静止到工作频率和由工作频率到静止的加

减速过程中,定子绕组的通电状态的变化频率与时间的关系。如果要求步进电动机启动到大于突跳频率的工作频率,变化速度必须逐渐上升;同样如果要求从最高工作频率或高于突跳频率的工作频率到停止时,变化速度必须下降。逐渐上升和逐渐下降的加、减速时间不能过小,否则会产生失步或超步,引起加工零件误差。

除了以上几种特性外,矩角特性和动态特性也是步进电动机的重要特性。矩角特性反映了步进电动机的最大静力矩和启动力矩;动态特性描述了步进电动机各相定子绕组通、断电时的动态过程。他们分别决定了步进电动机的带负载能力和动态精度。

5.3 直流伺服系统

5.3.1 直流伺服电动机

1.直流伺服电动机工作原理

图 5-13 是直流伺服电机的简单模型,N 和 S 是一对相对固定的磁极,可以是永久磁铁,也可以是他励电磁铁。磁极间的部分称为电枢铁芯。铁芯外部用一个绝缘导体做成的电枢线圈固定在其上,线圈两端分别接到相互绝缘的两个弧形铜片上,称为换向片(图 5-13)。它们的组合称为换向器。电枢铁芯、电枢线圈和换向器构成的整体为电枢。

直流电动机运行时,将直流电源加于电刷A 和 B 上,如图 5-13 所示 A 接正,B 接负,则线圈中流过顺时针电流(从右侧看),此时线圈中垂直于磁场方向的导体受到电磁力的作用,

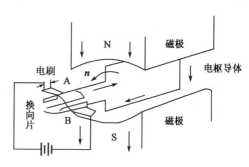

图 5-13　直流伺服电动机模型

电磁力的方向由左手定则确定,这对电磁力形成一个转矩,称为电磁转矩,当电枢转过180°时,线圈通过换向片继续上次的动作。由此可见,加在直流电动机上的直流电源,借助于换向器和电刷的作用,变为电枢线圈的交变电流,由于电枢线圈所处的磁极也是同时交变的,从而使电枢产生的电磁转矩的方向恒定不变,确保直流电动机朝确定的方向连续旋转。这就是直流电机的基本工作原理。

2.直流伺服电动机分类

直流伺服电机分类主要为两大类:有刷电机;无刷电机。

(1)有刷电机

有刷电机工作时,线圈和换向器旋转,磁钢和碳刷不转,线圈电流方向的交替变化是随电机转动的换相器和电刷来完成的。有刷电机和无刷电机有很多区别,从名字上可以看出有刷电机有碳刷,无刷电机没有碳刷。有刷的优点是成本低,结构简单;同时启动转矩大,调速范围宽,控制容易。因此它可以用于对成本较低的普通工业和民用场合。

(2)无刷电机

无刷直流电机由电动机主体和驱动器组成,是一种典型的机电一体化产品。其优点是体

积小,重量轻,响应快,速度高,转动平稳,力矩稳定,电机免维护,效率很高,运行温度低,电磁辐射很小,长寿命,可用于各种环境。

5.3.2 直流伺服电动机的调速方法

1. 直流伺服电动机的基本方程

由于换向片和电刷的作用,电枢绕组中的任何一根导体,只要一转过中性线,导体内的电流必定要反向,电流切割磁场,磁场线产生电磁转矩,从而使电动机转动。图5-14为直流电动机工作示意图。

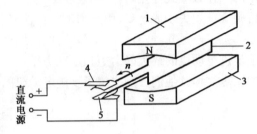

图 5-14　直流电动机工作示意图
1-N 磁极;2-电枢绕组;3-S 磁极;4-电刷;5-换相片

(1)电动机转矩平衡方程式

一般来说,电磁转矩 T 计算公式为:

$$T = C_M \Phi I \tag{5-1}$$

式中:C_M——转矩常数;

Φ——电动机的主磁通;

I——电动机的电枢电流。

(2)电动机的电压平衡方程式

电流通过电枢绕组产生电磁力和电磁转矩,这是电磁现象的一方面;另一点,当电枢在电磁转矩的作用下发生转动,必然要切割磁力线,产生感应电动势,根据法拉第电磁感应定律可知:感应电动势的方向与电流方向相反,它有阻止电流流入的倾向,因此电动机的感应电动势是一种逆反电动势。感应电动势 E 的计算公式为:

$$E = C\Phi n \tag{5-2}$$

式中:C——电势常数;

Φ——每极总磁通;

n——电动机转速。

外加电压为 U 时有:

$$U = E + IR_a \tag{5-3}$$

式中:R_a——电枢电阻。

式(5-3)即为直流电动机的电压平衡方程式。表明:外加电压与反电动势及电枢内阻压降平衡。等效电路图见图5-15。

有式(5-1)～式(5-3)得,直流伺服电动机的转速公式:

$$n = \frac{u}{C\Phi} - \frac{R_a}{CC_M \Phi^2} T \tag{5-4}$$

式(5-4)为直流伺服电动机的转动公式,也称为机械特性。它表明了直流伺服电动机的转速和电磁转矩之间的关系。

通过上式我们可以知道,当转矩 T 知道时,转速 n 是电枢电压 U 和磁通 Φ 的函数。也就是说,改变 U 和 Φ 可以达到调节转速 n 的目的。通过调节电枢电压 U 来控制转速的办法叫做"电枢控制";通过调节磁通Φ来调节转速的办法称为"磁场控制"。电枢控制时n和电枢电压U之间是线性关系(图5-16),而磁场控制时n和U之间是非线性关系。因此,在伺服系统中多采用"电枢控制"。

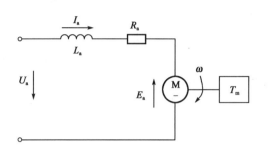

图5-15　直流伺服电机等效电路　　　　　　图5-16　直流伺服电动机机械特性曲线

2. 直流伺服电动机的应用特点

数控机床大多采用的是永磁铁电动机,定子磁极为永磁体。按电枢惯量大小分为小惯量和大惯量电动机两种类型。

(1)小惯量直流伺服电动机

小惯量直流伺服电动机的主要特点是电动机的转子细而长,惯性小,响应快,适于频繁启动和制动的场合,要求有快速响应如数控钻床的场合,但是由于它过载能力低,自身惯量小的缘故,没能广泛应用。

(2)大惯量直流伺服电动机

大惯量直流伺服电动机又称为宽调速直流伺服电动机,利用提高转矩的办法来改善调速性能,故在闭环伺服系统中应用广泛。

5.4　交流伺服系统

5.4.1　交流伺服电动机

1. 交流伺服电动机工作原理

交流伺服电动机(图5-17)的工作原理与单相异步电动机有相似之处。当交流伺服电动机的励磁绕组接到励磁电流上,若控制绕组加上的控制电压为0时(即无控制电压),所产生的是脉振磁通势,所建立的是脉振磁场,电机无起动转矩;当控制绕组加上的控制电压不为0,且产生的控制电流与励磁电流的相位不同时,建立起椭圆形旋转磁场,于是产生起动力矩,电机转子转动起来。如果电机参数与一般的单相异步电动机一样,那么当控制信号消失时,电机转速虽会下降些,但仍会继续不停地转动。伺服电动机在控制信号消失后仍继续旋转的失控现象称为"自转"。"自转"的原因是控制电压消失后,电机仍有与原转速方向一致的电磁转矩。消除"自转"的方法是消除与原转速方向一致的电磁转矩,同时产生一个与原转速方向相反的电磁转矩,使电机在控制电压消失时停止转动,可以通过增加转子电阻的办法来消除"自转"。

2.交流伺服电动机特点及分类

长期以来,在要求调速性能较高的场合,一直占据主导地位的是应用直流电动机的调速系统。但直流电动机都存在一些固有的缺点,如电刷和换向器易磨损,需经常维护。换向器换向时会产生火花,使电动机的最高速度受到限制,也使应用环境受到限制,而且直流电动机结构复杂,制造困难,所用钢铁材料消耗大,制造成本高。而交流电动机,特别是鼠笼式感应电动机没有上述缺点,且转子惯量较直流电机小,使得动态响应更好。在同样体积下,交流电动机输出功率可比直流电动机提高10%~70%,此外,交流电动机的容量可比直流电动机造得大,达到更高的电压和转速。现代数控机床都倾向采用交流伺服驱动,交流伺服驱动已基本取代直流伺服驱动。

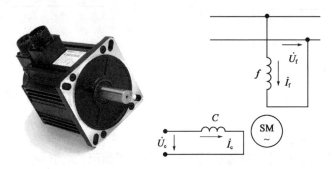

图 5-17 交流伺服电动机及工作原理图

交流伺服电动机主要有同步型交流伺服电动机和异步型交流伺服电动机。采用同步型交流电动机的伺服系统,多用于机床进给传动控制、工业机带入关节传动和其他需要运动和位置控制的场合。采用异步型交流电动机的伺服系统,多用于机床主轴转速和其他调速系统。

(1)异步型交流伺服电动机

异步型交流伺服电动机指的是交流感应电动机。它有三相和单相之分,也有鼠笼式和线绕式,通常多用鼠笼式三相感应电动机。其结构简单,与同容量的直流电动机相比,质量轻1/2,价格仅为直流电动机的1/3。缺点是不能经济地实现范围很广的平滑调速,必须从电网吸收滞后的励磁电流,因而使电网功率因数变坏。

(2)同步型交流伺服电动机

同步型交流伺服电动机虽较感应电动机复杂,但比直流电动机简单。它的定子与感应电动机一样,都在定子上装有对称三相绕组。而转子却不同,按不同的转子结构又分电磁式及非电磁式两大类。非电磁式又分为磁滞式、永磁式和反应式多种。其中磁滞式和反应式同步电动机存在效率低、功率因数较差、容量不大等缺点。数控机床中多用永磁式同步电动机。与电磁式相比,永磁式优点是结构简单、运行可靠、效率较高;缺点是体积大、启动特性欠佳。但永磁式同步电动机采用高剩磁感应,稀土类磁铁后,可比直流电动机外形尺寸约小1/2,质量减轻60%,转子惯量减到直流电动机的1/5。它与异步电动机相比,由于采用了永磁铁励磁,消除了励磁损耗,所以效率高。又因为没有电磁式同步电动机所需的集电环和电刷等,其机械可靠性与感应(异步)电动机相同,而功率因数却大大高于异步电动机,从而使永磁同步电动机的体积比异步电动机小些。

5.4.2　交流伺服电动机的调速方法

交流电机的同步转速为：

$$n_0 = 60f/p \qquad (r/min)$$

交流电机的异步转速为：

$$n = 60f(1-s)/p = n_0(1-s) \qquad (r/min)$$

式中：f——电源频率；

　p——磁极对数；

　s——转差率。

由上式知，要改变交流电机转速有以下几种方法：

(1)变频调速：变频调速是通过平滑改变电源频率 f 而使转速平滑变化的调速方法。这是交流电机的理想调速方法。电机从高速到低速其转差率都很小，因而变频调速的效率和功率因素都很高。

(2)改变磁极对数：这是一种有级的调速方法。通过对定子绕组接线的切换以改变磁极对数来进行调速。

(3)改变转差率：通过对电动机的转差率的处理来调节速度。常用方法有降低定子电压调速，电磁转差离合器调速，线绕式异步电机转子串电阻调速或串极调速等。

5.4.3　交流伺服电动机的优良性能

(1)控制精度高：步进电机的步距角一般为 1.8°(两相)或 0.72°(五相)，而交流伺服电机的精度取决于电机编码器的精度。以伺服电机为例，其编码器为 16 位，驱动器每接收 $2^{16} = 65536$ 个脉冲，电机转一圈，其步距角为 $360°/65536 = 0.0055°$，并实现了位置的闭环控制，从根本上克服了步进电机的失步问题。

(2)矩频特性好：步进电机的输出力矩随转速的升高而下降，且在较高转速时会急剧下降，其工作转速一般在每分钟几十转到几百转。而交流伺服电机在其额定转速(一般为 2000r/min 或 3000r/rain)以内为恒转矩输出，在额定转速以上为恒功率输出。

(3)具有过载能力：步进电机一般不具有过载能力，交流伺服电机具有较强的过载能力。

(4)加速性能好：步进电机从静止加速到工作转速(一般为每分钟几百转)需要 200～400ms。交流伺服系统的加速性能较好，以松下 MSMA 400W 交流伺服电机为例，从静止加速到其额定转速 3000r/min 仅需几毫秒，可用于要求快速启停的控制场合。

5.5　数控机床的位置检测装置

数控机床伺服系统常采用位置传感器或速度传感器构成检测反馈装置，用来测量控制对象的直线位移或角位移及相应的速度。数控机床伺服系统是数控机床的重要组成部分，伺服系统的性能在很大程度上取决于传感器及其检测装置的性能。

5.5.1　位置检测装置的作用与要求

在数控机床中，计算机数控系统是依靠指令值与位置检测装置的反馈值进行比较来控制工作台运动的。可见位置检测装置是计算机数控系统的重要组成部分。在闭环(半闭环)系统中,其作用是检测位移量,并把检测到的反馈信号与数控装置发出的指令信号进行比较,如果有偏差,经放大后控制执行部件,直到消除偏差。因此,数控机床的精度主要由检测系统的精度决定。为提高数控机床的加工精度,必须提高测量元件和测量系统的精度。但是,不同的数控机床对测量元件和测量系统的精度和速度各不相同,所以,研制和选用性能优越的位置检测装置有着重要的意义。

数控车床伺服系统对位置检测装置的主要要求有:

(1)分辨率和制造精度高,工作可靠抗干扰能力强;

(2)灵敏度和精度高,能满足数控机床伺服系统的检测精度要求;

(3)体积小,成本低;

(4)安装维护方便,适应机床工作环境。

5.5.2 检测装置的分类

根据不同的分类方法可以将数控机床的位置检测装置分为不同的种类。按测量方式可以分为直接测量型和间接测量型;按运动形式可以分为回转型和直线型;按测量编码方式可以分为增量式和绝对式;按检测信号的类型可以分为数字式和模拟式。

常用的位置检测装置分类如表 5-1 所示。

检 测 装 置 分 类   表 5-1

按检测方式分类	直接测量	光栅、感应同步器、编码器
	间接测量	编码盘、旋转变压器
按测量装置编码方式分类	增量式测量	光栅、增量式光电码盘
	绝对式测量	接触式码盘、绝对式光电码盘
按检测信号的类型分类	数字式测量	光栅、光电码盘、接触式码盘
	模拟式测量	旋转变压器、感应同步器、磁栅

1. 直接测量和间接测量

如果位置检测装置安装在执行部件上直接测量执行部件(如工作台、刀架)的直线位移或角位移,则称为直接测量,可以构成闭环进给伺服系统,测量方式有直线光栅、直线感应同步器、磁栅、激光干涉仪等。由于此种检测方式是采用直线型检测装置对机床的直线位移进行测量,所以其优点是直接反映工作台的直线位移量,测量精度由测量元件和安装精度决定,不受传动精度的直接影响,测量精度高;其缺点是要求检测装置与行程等长,对大型的机床来说,这是一个很大的限制。

位置检测装置安装在执行部件前面的传动元件(如滚珠丝杆)或驱动电机转轴上,测量其角位移,经过传动比变换以后才能得到执行部件的直线位移量,这样的测量方式称为间接测量,可以构成半闭环伺服进给系统,如将脉冲编码器装在电机轴上。间接测量的优点是使用可靠方便,无长度限制;其缺点是在检测信号中加入了直线转变为旋转运动的传动链误差,从而影响测量精度。一般需对机床的传动误差进行补偿,才能提高定位精度。

2. 数字式和模拟式测量

数字式检测是将被测量单位量化以后以数字形式表示。测量信号一般为电脉冲,可以直接把它送到数控系统进行比较、处理。这样的检测装置有脉冲编码器、光栅尺。数字式检测有如下的特点:

(1)被测量转换成脉冲个数,便于显示和处理;

(2)测量精度取决于测量单位,与量程基本无关,但存在累计误码差;

(3)检测装置比较简单,脉冲信号抗干扰能力强。

模拟式检测是将被测量用连续变量来表示,如电压的幅值变化,相位变化等。在大量程内做精确的模拟式检测时,对技术有较高要求,数控机床中模拟式检测主要用于小量程测量。模拟式检测装置有测速发电机、旋转变压器和感应同步器等。模拟式检测的主要特点有:

(1)直接对被测量进行检测,无需量化;

(2)在小量程内可实现高精度测量;

(3)可用于直接测量和间接测量。

3. 增量式和绝对式测量

增量式检测方式只测量位移增量,并用数字脉冲的数量来表示单位位移(即最小设定单位)的数量,每移动一个测量单位就发出一个测量信号。其优点是检测装置比较简单,任何一个对中点都可以作为测量起点。但在此系统中,移距是测量信号累积后读出的,一旦累计有误,此后的测量结果将全错。另外在发生故障时(如断电)不能再找到事故前的正确位置,事故排除后,必须将工作台移至起点重新计数才能找到事故前的正确位置。常用的增量检测装置有脉冲编码器,旋转变压器,感应同步器和光栅等。

绝对式测量方式测量的是被测部件在某一绝对坐标系中的绝对坐标值,并且以二进制或十进制数表示出来,一般都要经过转换成脉冲数字信号以后,才能送去进行比较和显示。采用此方式,分辨率要求愈高,结构也愈复杂。这样的测量装置有绝对式脉冲编码盘等。

在数控机床上除了有位置检测装置外,还有速度检测装置,用来控制机床的转速,常用的速度检测装置有测速发电机和回转式脉冲发生器。

5.5.3　旋转变压器

旋转变压器是一种间接测量装置,由于它具有结构简单、工作可靠、抗干扰能力强、对环境的条件要求低以及信号幅度大等优点,所以在控制系统中得到了广泛的应用。

1. 旋转变压器的结构和工作原理

旋转变压器(resolver)是一种电磁式传感器,又称同步分解器。它是一种测量角度用的小型交流电动机,用来测量旋转物体的转轴角位移和角速度,由定子和转子组成。其中定子绕组作为变压器的原边,接受励磁电压,励磁频率通常用 400Hz、500Hz、1000Hz、3000Hz 及 5000Hz 等。转子绕组作为变压器的副边,通过电磁耦合得到感应电压。旋转变压器的工作原理和普通变压器基本相似,区别在于普通变压器的原边、副边绕组是相对固定的,所以输出电压和输入电压之比是常数,而旋转变压器的原边、副边绕组则随转子的角位移发生相对位置的改变,因而其输出电压的大小随转子角位移而发生变化,输出绕组的电压幅值与转子转角成正弦、余弦函数关系,或保持某一比例关系,或在一定转角范围内与转角成线性关系。

如图 5-18 所示,由变压器原理可知,设原边匝数为 N_1,副边匝数为 N_2,则可得变压比为 $n=N_1/N_2$,如果原边输入的交变电压为:

$$U_1=U_m\sin\omega t$$

时,副边产生的感应电动势:

$$E_2=nU_1=nU_m\sin\omega t$$

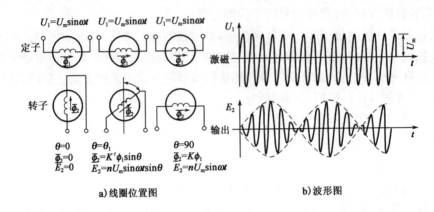

a) 线圈位置图　　　　　　　b) 波形图

图 5-18　旋转变压器工作原理

同时,由于它是一只小型交流电动机,二次绕组跟着转子转,其输出电动势也会随着转子的转向位置呈正弦变化。当转子绕组和定子绕组垂直时,$\theta=0°$,无感应电动势;当两者平行时,$\theta=90°$,感应电动势最大,即:

$$E_2=nU_m\sin\omega t$$

当两磁轴任意角度时的感应电动势为:

$$E_2=nU_m\sin\omega t\sin\theta$$

式中,U_m 为输入电压最大值。所以可以看出,旋转变压器转子的输出电压和转子偏转角 θ 呈正弦变化关系。

2. 旋转变压器的应用

旋转变压器的应用,近期发展很快。除了传统的、要求可靠性高的军用、航空航天领域之外,在工业、交通以及民用领域也得到了广泛的应用。特别应该提出的是,这些年来,随着工业自动化水平的提高,随着节能减排的要求越来越高,效率高、节能显著的永磁交流电动机的应用越来越广泛。而永磁交流电动机的位置传感器,原来是以光学编码器居多,但这些年来,却迅速地被旋转变压器代替。可以举几个明显的例子,在家电中,不论是冰箱、空调,还是洗衣机,目前都是向变频变速发展,采用的是正弦波控制的永磁交流电动机。目前各国都非常重视电动汽车,电动汽车中所用的位置、速度传感器都是旋转变压器。例如,驱动用电动机和发电机的位置传感、电动助力方向盘电机的位置速度传感、燃气阀角度测量、真空室传送器角度位置测量等等,都是采用旋转变压器。在塑压系统、纺织系统、冶金系统以及其他领域里,所应用的伺服系统中关键部件伺服电动机上,也是用旋转变压器作为位置速度传感器。如今旋转变压器的应用已经成为一种趋势。

5.5.4 感应同步器

感应同步器是一种由旋转变压器演变而来的电磁感应式多极位置传感器。根据用途的不同,感应同步器可以分为直线式和旋转式两种。直线式感应同步器由定子和滑子组成,用来传感和测量直线位置信号;旋转式感应同步器由定子和转子组成,用来传感和测量角度位置信号。

1. 感应同步器的结构

直线式感应同步器是数控机床上最常用的感应同步器。所以下面就以直线式感应同步器为例来介绍感应同步器的结构和原理。

直线式感应同步器的结构如图 5-19 所示。通常定尺绕组做成连续式的单相绕组,滑尺绕组做成分段式的两相正交绕组。

2. 感应同步器的工作原理

如图 5-20 所示,直线式感应同步器由定尺和滑尺组成。定尺和滑尺平行安装,且有一定的间隙。定尺的表面制有连续的平面绕组,滑尺上制有两组分段绕组,分别称为正弦绕组和余弦绕组,这两段绕组相对于定尺绕组在空间上错开 1/4 的节距,节距用 $2t$ 表示。工作时,当在滑尺两个绕组中的任意一个绕组上加激励电压时,由于电磁感应,在定尺绕组中会感应出相应频率的感应电压,通过对感应电压的测量,可以精确的测量位移量。

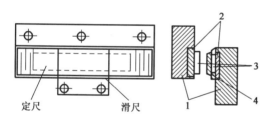

图 5-19 直线式感应同步器的结构
1-基板;2-绝缘层;3-绕组;4-屏蔽层

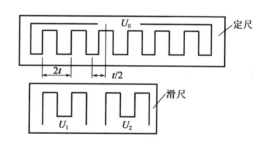

图 5-20 直线式感应同步器的定尺和滑尺

图 5-21 所示为滑尺在不同位置定尺上的感应电压。在 a 时,定尺和滑尺绕组重合,这时的感应电压最大;当滑尺相对于定尺平移后,感应电压逐渐减小,在错开 1/4 节距的 b 点时,感应电压为零;再继续移动至 1/2 节距的 c 点时,得到的感应电压值和 a 点相同,但是极性相反;在 3/4 节距时达到 d 点,这时感应电压又变为零;再移动一个节距到 e 点时,感应电压和 a 点相同。由此可见,滑尺在移动一个节距的过程中,感应电压变化了一个余弦波形。所以在激励绕组中加上一定的交变励磁电压,感应绕组中会感应出相同频率的感应电压,其值大小随着滑尺移动做余弦变化,滑尺移动一个节距,感应电压变化一个周期。感应同步器就是利用感应电压的变化进行位置检测的。

3. 感应同步器的优点

(1)具有较高的精度与分辨力。感应同步器是由许多节距同时参加工作,多节距的误差平均效应减小了局部误差的影响,加上感应同步器受温度影响小,所以精度很高。目前长感应同

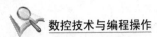

步器的精度可达到±1.5μm，分辨力0.05μm，重复性0.2μm。直径为300mm的圆感应同步器的精度可达±1″，分辨力0.05″，重复性0.1″。

（2）使用寿命长，维护简单。定尺和滑尺，定子和转子互不接触，没有摩擦、磨损，所以使用寿命很长。它不怕油污、灰尘和冲击振动的影响，不需要经常清扫。但需装设防护罩，防止铁屑进入其气隙。

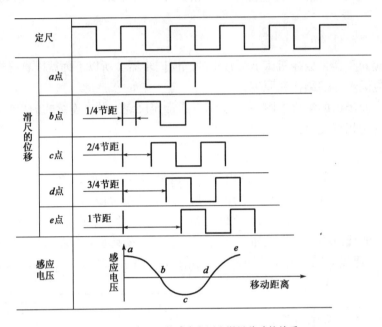

图5-21 定尺上的感应电压和滑尺移动的关系

（3）可以作长距离位移测量。根据测量长度的需要，采用多块定尺连接，使得拼接后总长度的精度保持（或略低于）单块定尺精度。

（4）工艺性好，成本较低，便于复制和成批生产。

由于感应同步器具有上述优点，长感应同步器目前被广泛地应用于大位移静态与动态测量中，例如用于三坐标测量机、高精度重型机床及加工中测量装置等。圆感应同步器则被广泛地用于机床和仪器的转台以及各种回转伺服控制系统中。

5.5.5 脉冲编码器

脉冲编码器是在数控机床上广泛使用的位置检测装置。它是一种旋转式脉冲发生器，能把机械转角转变为电脉冲信号。根据检测原理的不同，可以将脉冲编码器分为光电式、接触式和电磁感应式三种。由于光电式脉冲编码器精度高、可靠性强，所以数控机床上主要运用光电式脉冲编码器。下面就以光电编码器为例来介绍脉冲编码器的结构以及工作原理。

1. 光电编码器的结构

光电脉冲编码器的结构如图5-22所示。在一个圆盘的圆周上刻有间距相等的细密线纹，分为透明和不透明两部分，称为圆盘形主光栅。主光栅和转轴一起旋转。在主光栅刻线的圆周位置，与主光栅平行的放置一个固定的指示光栅，它是一小块扇形薄片，制有三个狭缝。其中两个狭缝在同一圆周上,相差 1/4 节距,称为辨向狭缝;另一个狭缝叫做零位狭缝,主光栅转一周时,此狭缝就发出一个脉冲。此外还有用于信号处理的印刷电路板。光电脉冲编码器用它的法兰盘固定在伺服电机转轴端面上,罩上防护罩,就构成了一个完整的检测装置。

2.光电编码器的工作原理

光电码盘随被测轴一起转动,在光源的照射下,透过光电码盘和光栅板形成忽明忽暗的光信号,光敏元件把此光信号转换成电信号,通过信号处理装置的整形、放大等处理后输出。输出的波形有六路:A、$\overline{A}$、B、$\overline{B}$、Z、$\overline{Z}$,其中 $\overline{A}$、$\overline{B}$、$\overline{Z}$ 是 A、B、Z 的取反信号(图 5-23)。

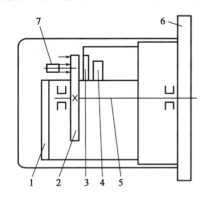

图 5-22　光电脉冲传感器结构示意图

1-印刷电路板;2-圆光栅(主光栅);3-指示光栅;4-光敏元件;5-转轴;6-连接法兰;7-光源

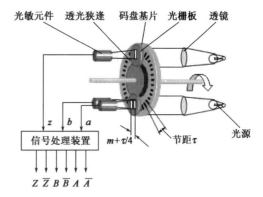

图 5-23　光电脉冲编码器的工作原理图

A、B 两相的作用:根据脉冲的数目可得出被测轴的角位移;根据脉冲的频率可得被测轴的转速;根据 A、B 两相的相位超前滞后关系可判断被测轴旋转方向;后续电路可利用 A、B 两相的 90°相位差进行细分处理(图 5-24)。

Z 相的作用:被测轴的周向定位基准信号;被测轴的旋转圈数计数信号。

$\overline{A}$、$\overline{B}$、$\overline{Z}$ 的作用:后续电路可利用 A、$\overline{A}$ 两相实现差分输入,以消除远距离传输的共模干扰。

3.编码器优点

使用编码器作为位置检测装置具有以下优点:

(1)信息化:除了定位,控制还可知道其具体位置;

(2)安装方便、安全:拳头大小的一个旋转编码器,可以测量从几个微米到几十几百米的距离,n 个工位,只要解决一个旋转编码器的安全安装问题,可以避免诸多接近开关、光电开关在现场机械安装麻烦,容易被撞坏和受高温、水汽困扰等问题。由于是光电码盘,无机械损耗,只要安装位置准确,其使用寿命往往很长。

(3)多功能化:除了定位,还可以远传当前位置,换算运动速度,对于变频器,步进电机等的应用尤为重要。

(4)经济化:对于多个控制工位,只需一个旋转编码器的成

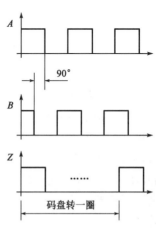

图 5-24　光电脉冲编码器的输出波形

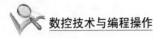

本,使得主要的安装、维护、损耗成本降低,使用寿命增长,其经济化逐渐突显出来。

5.5.6 光栅

光栅是用于数控机床的精密检测元件,是闭环系统中另一种用得较多的测量装置,用来测量位移和转角,测量精度高。按用途光栅可分为物理光栅和计量光栅两种,物理光栅是利用光的衍射现象,用于光谱分析和光波波长的测量;计量光栅是利用莫尔条纹现象,用于长度、角度、速度、加速度和振动等物理量的测量。按运动方式可分为长光栅和圆光栅,长光栅用来测量直线位移;圆光栅用来测量角度位移。另外按光的走向可以分为透射式光栅和反射式光栅。

1.光栅检测装置的结构

以长光栅为例,长光栅检测装置是由标尺光栅和光栅读数头构成的。标尺光栅一般固定在机床的活动部件上,如工作台上;光栅读数头安装在机床固定件上。当光栅读数头相对于标尺光栅移动时,指示光栅便在标尺光栅上相对移动,标尺光栅和指示光栅的平行度以及两者间的间隙有严格保证(0.05～0.1mm)。标尺光栅和指示光栅统称为光栅尺,它们是在真空镀膜的玻璃片或长条形金属镜面上光刻出均匀密集的纹线,称为光栅条纹(图5-25)。光栅条纹是相互平行的,纹线之间的距离称为栅距。

光栅读数头又叫光电转换器,它能把光栅莫尔条纹变为电信号。图5-26所示是垂直入射的读数头。由图上可以看出,读数头有光源、透镜、指示光栅、光敏元件和驱动线路组成。图中的标尺光栅不属于光栅读数头,但它要穿过光栅读数头,且保证与指示光栅有准确的位置关系。

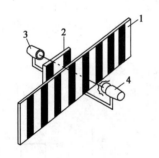

图5-25 光栅条纹
1-标尺光栅;2-指示光栅;3-光电接收器;4-光源

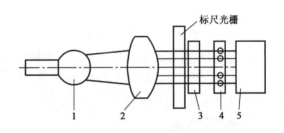

图5-26 光栅读数头
1-光源;2-透镜;3-指示光栅;4-光敏元件;5-驱动线路

2.光栅工作原理

以透射光栅为例,指示光栅与标尺光栅栅距 p 相同,平行放置,并将指示光栅在自身平面内转过一个很小的角度 θ 使两光栅的刻线相交。当光源照射时,在线纹相交钝角的平分线方向,出现明暗交替,间距相等的条纹,称为莫尔条纹(图5-27)。这是由于光的干涉效应形成的,在交点刻线形成的透光隙缝互不遮挡,透光最强,形成亮带;在两交点的中间,透光隙缝完全被不透光的部分遮盖,透光最差,形成暗带。相邻亮带或暗带之间的距离 W 称为莫尔条纹的宽度。

莫尔条纹具有以下几个特征:

(1)放大作用

在两光栅栅线夹角较小的情况下,莫尔条纹宽度 W 和光栅栅距 p 以及 θ 之间的关系为:

$$W = \frac{p}{\sin\theta}$$

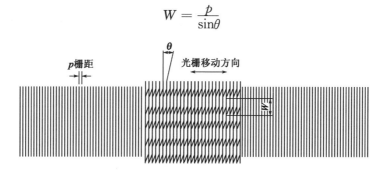

图 5-27　莫尔条纹示意图

式中,θ 的单位为 rad,由于 θ 角很小,所以 $\sin\theta \approx \theta$,则可得:

$$W = \frac{p}{\theta}$$

如果 $p=0.02$,$\theta=0.01\text{rad}$,则由上式可得 $W=2$,即把光栅距转换成放大 100 倍的莫尔条纹宽度。

(2)利用莫尔条纹测量位移

标尺光栅相对指示光栅移动一个栅距,对应莫尔条纹移动一个节距。利用这个特点就可测量位移:在光源对面的光栅尺背后固定一个光电元件,莫尔条纹移动一个节距,莫尔条纹明—暗—明变化一周。光电元件接受的光按强—弱—强变化一周,输出一个近似正弦变化的信号,信号变化一周。根据信号的变化次数,就可测量位移量,即移动了多少个栅距,从而测量出移动多少位移。

(3)误差均匀化

由于莫尔条纹是由很多条光栅条纹形成的,所以可以使得误差平均化。比如 300 条/mm 的光栅,10mm 宽的莫尔条纹就由 3000 条条纹组成,这样栅距之间的相邻误差就被平均化了,消除了栅距不均匀、断裂等造成的误差。

习　题

5-1　简述数控机床伺服系统的组成和分类。

5-2　数控机床对伺服系统有哪些基本要求?

5-3　简述步进电动机的分类及其工作原理。

5-4　简述直流伺服电动机的分类和工作原理。

5-5　简述交流伺服电动机的分类和工作原理。

5-6　数控机床对位置检测装置有哪些要求?怎样对位置检测装置进行分类?

5-7　简述感应同步器的结构和工作原理。

5-8　简述光电编码器的结构和工作原理。

5-9　简述光栅位置检测装置的结构和工作原理。

第二篇　数控机床编程与操作

第6章 数控加工工艺设计

数控机床的加工工艺与通用机床的加工工艺有许多相同之处,但在数控机床上加工零件比通用机床加工零件的工艺规程要复杂得多。在数控加工前,要将机床的运动过程、零件的工艺过程、刀具的形状、切削用量和走刀路线等都编入程序,这就要求程序设计人员具有多方面的知识基础。合格的程序员首先是一个合格的工艺人员,否则就无法做到全面周到地考虑零件加工的全过程,以及正确、合理地编制零件的加工程序。

项目一 数控加工工艺性分析

一、项目任务

数控加工工艺性分析的主要内容。

二、项目分析

要求学生掌握通用机床的加工工艺,通过理论教学掌握数控加工工艺性分析与通用机床的区别,从而掌握数控加工工艺性分析的特点。

三、项目要求

掌握数控加工工艺性分析的主要内容。

四、项目知识

被加工零件的数控加工工艺性问题涉及面很广,影响因素也比较多,下面仅从数控加工的可能性和方便性对数控加工工件进行工艺分析。

1. 零件图的尺寸标注

在数控编程中,所有点、线、面的尺寸和位置都是以编程原点为基准的。因此,零件图样上最好直接给出坐标尺寸,或尽量以同一基准标注尺寸。

2. 构成零件轮廓的几何元素条件

在程序编制中,编程人员必须充分掌握构成零件轮廓的几何要素参数及各几何要素间的关系。因为在自动编程时要对零件轮廓的所有几何元素进行定义,手工编程时要计算出每个节点的坐标,无论哪一点不明确或不确定,编程都无法进行。但由于零件设计人员在设计过程中考虑不周或被忽略,常常出现参数不全或不清楚,如圆弧与直线、圆弧与圆弧是相切还是相交或相离。所以在审查与分析图纸时,一定要仔细核算,发现问题及时与设计人员联系。

3. 保证基准统一原则

在数控加工中,加工工序往往较集中,以同一基准定位十分重要。因此,往往需要设置一些辅助基准,或在毛坯上增加一些工艺凸台。如图 6-1a)所示的零件,为增加定位的稳定性,可在底面增加一工艺凸台,如图 6-1b)所示。在完成定位加工后再除去。

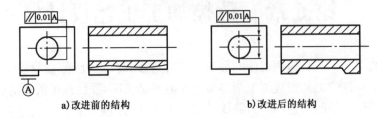

a)改进前的结构   b)改进后的结构

图 6-1   工艺凸台的应用

4.分析工件结构的工艺性

(1)工件的内腔与外形应尽量采用统一的几何类型和尺寸

如:同一轴上直径差不多的轴肩退刀槽的宽度应尽量统一尺寸,这样可以减少刀具的规格和换刀的次数,方便编程和提高数控机床加工效率。

(2)工件内槽及缘板间的过渡圆角半径不应过小

过渡圆角半径反映了刀具直径的大小,刀具直径和被加工工件轮廓的深度之比与刀具的刚度有关,如图 6-2a)所示,当 $R<0.2H$ 时(H 为被加工工件轮廓面的深度),则判定该工件该部位的加工工艺性较差;如图 6-2b)所示,当 $R>0.2H$ 时,则刀具的当量刚度较好,工件的加工质量能得到保证。

(3)工件槽底圆角半径不宜过大

如图 6-3 所示,铣削工件底平面时,槽底的圆角半径 r 越大,铣刀端刃铣削平面的能力就越差,铣刀与铣削平面接触的最大直径 $d=D-2r$(D 为铣刀直径),当 D 一定时,r 越大,铣刀端刃铣削平面的面积越小,加工表面的能力相应减小。

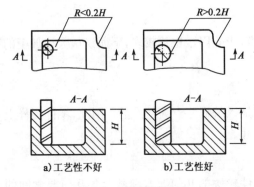

a)工艺性不好   b)工艺性好

图 6-2   内槽过渡半径图

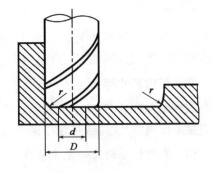

图 6-3   槽底的圆角半径

习   题

1.数控加工工艺分析应该注意哪些问题?

2.数控加工零件结构工艺性应该注意什么?

项目二　数控车削加工工艺路线确定

一、项目任务

观察分析零件典型车削工艺加工过程,分析其加工工艺路线。

二、项目分析

展示零件典型车削工艺加工过程,让学生观察,引入本次课程。举例说明工序的划分、加工顺序的确定、加工路线的确定等。

三、项目要求

掌握数控车削工艺拟定的过程,理解并掌握数控工序的划分方法,工序顺序的安排,进给路线的确定。

四、项目知识

(一)数控车削加工方案的确定

一般根据零件的加工精度、表面粗糙度、材料、结构形状、尺寸及生产类型确定零件表面的数控车削加工方法及加工方案。

1. 数控车削外回转表面及端面的加工方案的确定

(1)加工精度为 IT7~IT8 级、$R_a 0.8 \sim 1.6 \mu m$ 的除淬火钢以外的常用金属,可采用普通型数控车床,按粗车、半精车、精车的方案加工。

(2)加工精度为 IT5~IT6 级、$R_a 0.2 \sim 0.63 \mu m$ 的除淬火钢以外的常用金属,可采用精密型数控车床,按粗车、半精车、精车、细车的方案加工。

(3)加工精度高于 IT5 级、$R_a < 0.08 \mu m$ 的除淬火钢以外的常用金属,可采用高档精密型数控车床,按粗车、半精车、精车、精密车的方案加工。

(4)对淬火钢等难车削材料,其淬火前可采用粗车、半精车的方法,淬火后安排磨削加工。

2. 数控车削内回转表面的加工方案的确定

(1)加工精度为 IT8~IT9 级、$R_a 1.6 \sim 3.2 \mu m$ 的除淬火钢以外的常用金属,可采用普通型数控车床,按粗车、半精车、精车的方案加工。

(2)加工精度为 IT6~IT7 级、$R_a 0.2 \sim 0.63 \mu m$ 的除淬火钢以外的常用金属,可采用精密型数控车床,按粗车、半精车、精车、细车的方案加工。

(3)加工精度为 IT5 级、$R_a < 0.2 \mu m$ 的除淬火铜以外的常用金属,可采用高档精密型数控车床,按粗车、半精车、精车、精密车的方案加工。

(4)对淬火钢等难车削材料,其淬火前可采用粗车、半精车的方法,淬火后安排磨削加工。

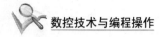

（二）工序的划分

1. 数控车削加工工序的划分

对于需要多台不同的数控机床和多道工序才能完成加工的零件，工序划分自然以机床为单位来进行。而对于需要少量数控机床就能完成全部加工的零件，数控车削加工工序的划分可按照下列方法进行：

（1）以一次安装能够进行的加工为一道工序

将位置精度要求较高的表面安排在一次安装下完成，以免多次安装所产生的安装误差影响位置精度。如图 6-4 所示的轴承内圈，其内孔对小端面的垂直度、滚道和大挡边对内孔回转中心的角度差以滚道与内孔间的壁厚差均有严格的要求，精加工时划分成两道工序，用两台数控车床完成。第一道工序采用图 6-4a)所示的以大端面和大外径装夹的方案，将滚道、小端面及内孔等安排在一次安装下车出，很容易保证上述的位置精度。第二道工序采用图 6-4b)所示的以内孔和小端面装夹方案，车削大外圆和大端面。

这种划分方法主要适用于加工内容不多的零件。

（2）以一个完整的数控程序能够进行连续加工的内容为一道工序

有些零件虽然能在一次安装中加工出很多待加工表面，但考虑到程序太长，会受到某些限制，如控制系统的限制（主要是内存容量），机床连续工作时间的限制（如一道工序在一个工作班内不能结束）等。此外，程序太长会增加出错与检索的困难。因此程序不能太长，一道工序的内容不能太多。这时就可以一个完整的数控程序能够进行连续加工的内容为一道工序。

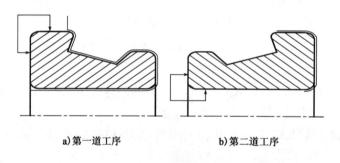

a)第一道工序　　　　　　　b)第二道工序

图 6-4　轴承内圈加工方案

（3）以粗加工、精加工划分工序

对于易发生加工变形的零件，由于粗加工后可能发生较大的变形而需要进行校正，故一般来说凡要进行粗、精加工的都要将工序分开。对于毛坯余量较大和精加工精度较高的零件，应将粗车和精车分开，划分成两道或更多的工序。将粗车安排在精度较低、功率较大的数控车床上，将精车安排在精度较高的数控车床上。如图 6-4 所示的轴承内圈就是按粗、精加工划分工序的。

2. 数控车削加工工序与普通工序的衔接

数控车削加工工序前后不少都穿插有普通的加工工序，如果衔接的不好，就会在加工中产生冲突和矛盾，此时应该建立相互状态要求。其目的就是使数控车削加工工序和普通加工工序都能够达到相互满足各自加工的需要，而且质量目标与技术要求明确。

（三）工序的顺序安排

制定零件数控车削加工工序，一般应该遵循下列原则：

（1）先加工定位面，即前道工序的加工能够为后面的工序提供精加工基准和合适的装夹表面。制定零件的整个工艺路线实质上就是从最后一道工序开始从后往前推，按照前道工序为后道工序提供基准的原则来进行安排的。

（2）先加工平面后加工孔，先加工简单的几何形状，后加工复杂的几何形状。

（3）对于零件精度要求高，粗、精加工需要分开的零件，先进行粗加工后进行精加工。

（4）以相同定位、夹紧方式安装的工序，应该连接进行，以便减少重复定位次数和夹紧次数。

上述工序顺序安排的一般原则不仅适用于数控车削加工工序顺序的安排，也适用于其他类型的数控加工工序顺序的安排。

（四）工步顺序和进给路线的安排

1. 工步顺序的安排原则

（1）先粗后精

在车削加工中，应先安排粗加工工序。在较短的时间内，将毛坯的加工余量去掉，以提高生产效率。

（2）先近后远

通常安排离刀具起点近的部位先加工，离刀具起点远的部位后加工，这样，不仅可缩短刀具移动距离、减少空走刀次数、提高效率，还有有利于保证坯件或半成品件的刚性，改善其切削条件。

（3）内外交叉

在加工既有内表面（内孔），又有外表面需加工的零件，应先安排进行内外表面统一进行粗加工，后进行内外表面精加工，易控制其内外表面的尺寸和表面形状的精度。

（4）同一把车刀尽量连续加工原则

此原则的含义是用同一把刀把能加工的内容连续加工出来，以减少换刀次数，缩短刀具移动距离。

上述工步顺序安排的一般原则同样适用于其他类型的数控加工工步顺序的安排。

2. 数控车削加工进给路线的确定

在数控加工中，刀具相对于工件的运动轨迹和方向称为加工路线。即刀具从对刀点开始运动起，直至结束加工程序所经过的路径，包括切削加工的路径及刀具引入、返回等非切削空行程。下面是走刀路线确定的原则：

（1）寻求最短加工路线

选择正确最短的加工路线可节省定位时间，提高了加工效率。

（2）最终轮廓一次走刀完成

为保证工件轮廓表面加工后的粗糙度要求，最终轮廓应安排在最后一次走刀中连续加工出来。

（3）选择切入切出方向

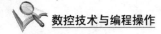

考虑刀具的进、退刀(切入、切出)路线时,刀具的切出或切入点应在沿零件轮廓的切线上,以保证工件轮廓光滑;应避免在工件轮廓面上垂直上、下刀而划伤工件表面;尽量减少在轮廓加工切削过程中的暂停(切削力突然变化造成弹性变形),以免留下刀痕。

(4)选择使工件在加工后变形小的路线

对横截面积小的细长零件或薄板零件应采用分几次走刀加工到最后尺寸或对称去除余量法安排走刀路线。安排工步时,应先安排对工件刚性破坏较小的工步。

确定进给加工路线的重点,主要在于确定粗加工切削过程与空行程的进给路线;精加工切削过程的进给路线,基本上都是沿着零件轮廓的顺序进行的。

常用的粗加工进给路线如下:

(1)"矩形"循环进给路线。图6-5a)为使用数控系统具有的矩形循环功能而安排的"矩形"循环进给路线。

(2)"三角形"循环进给路线。图6-5b)为利用其程序循环功能安排的"三角形"走刀路线。

(3)沿轮廓形状等距线循环进给路线。图6-5c)为使用数控系统具有的封闭式复合循环功能控制车刀沿着工件的轮廓进行等距线循环的进给路线。

对以上三种切削进给路线,经分析和判断后可知矩形循环进给路线的走刀长度总和为最短。因此,在同等条件下,其切削所需时间(不含空行程)为最短,刀具的损耗小。另外,矩形循环加工的程序段格式较简单,所以这种进给路线的安排,在制定加工方案时应用较多。

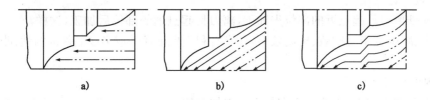

图6-5 常用的粗加工循环进给路线

(4)阶梯切削路线。图6-6所示为车削大余量工件的两种加工路线,图6-6a)是错误的阶梯切削路线,图6-6b)按1→5的顺序切削,每次切削所留余量相等,是正确的阶梯切削路线。因为在同样背吃刀量的条件下,按图6-6a)方式加工所剩的余量过多。

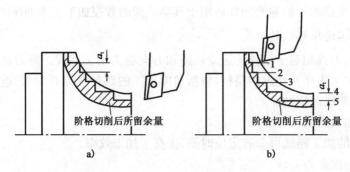

图6-6 阶梯切削

(5)双向切削进给路线。利用数控车床加工的特点,还可以使用横向和径向双向进刀,如图6-7所示。

在实际加工中,要根据情况选择最短的粗加工进给路线。

对于数控车削精加工进给路线的确定应注意以下几个问题:

(1)零件成型轮廓的进给路线

在安排进行一刀或多刀加工的精车进给路线时,零件的最终成型轮廓应该由最后一刀连续加工完成,并且要考虑到加工刀具的进刀、退刀位置;尽量不要在连续的轮廓轨迹中安排切入、切出以及换刀和停顿,以免造成工件的弹性变形、表面划伤等缺陷。

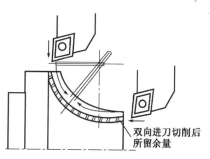

双向进刀切削后所留余量

图 6-7　双向进刀走刀路线

(2)加工中需要换刀的进给路线

主要根据工步顺序的要求来决定各把加工刀具的先后顺序以及各把加工刀具进给路线的衔接。

(3)刀具切入、切出以及接刀点的位置选择

加工刀具的切入、切出以及接刀点,应该尽量选取在有空刀槽,或零件表面间有拐点和转角的位置处,曲线要求相切或者光滑连接的部位不能作为加工刀具切入、切出以及接刀点的位置。

习　　题

1.数控车削加工划分工序和工步的原则有哪些?

2.数控车削加工走刀路线确定的原则是什么? 其粗加工的路线要注意哪些方面?

3.数控车削加工精加工路线确定应该注意哪些方面?

项目三　数控铣削加工工艺路线确定

一、项目任务

观察分析零件典型铣削工艺加工过程,分析其加工工艺路线。

二、项目分析

展示零件典型铣削工艺加工过程,让学生观察,引入本次课程。说明工序的划分以及加工顺序的确定。

三、项目要求

掌握数控铣削加工工艺路线确定方法。

四、项目知识

数控车削加工工艺路线制定的相关原则在数控铣削工艺路线确定过程中同样适用(见项目二)。

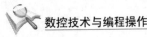

数控铣削加工中,刀具相对于零件运动的每一细节都应该在编程时确定。这时,除考虑零件轮廓、对刀点、换刀点及装夹方便外,在选择走刀路线时还要充分注意以下所讲解的几个方面的内容。

(1)避免引入反向间隙误差

数控机床在反向运动时会出现反向间隙,如果在走刀路线中将反向间隙带入,就会影响刀具的定位精度,增加工件的定位误差。例如精镗图 6-8 中所示的四个孔,由于孔的位置精度要求较高,因此安排镗孔路线的问题就显得比较重要,安排不当就有可能把坐标轴的反向间隙带入,直接影响孔的位置精度。这里给出两个方案,方案 a 如图 6-8a)所示,方案 b 如图 6-8b)所示。

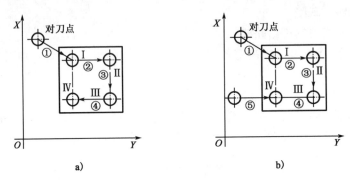

图 6-8　镗铣加工路线图

从图中不难看出,方案 a 中由于Ⅳ孔与Ⅰ、Ⅱ、Ⅲ孔的定位方向相反,X 向的反向间隙会使定位误差增加,而影响Ⅳ孔的位置精度。

在方案 b 中,当加工完Ⅲ孔后并没有直接在Ⅳ孔处定位,而是多运动了一段距离,然后折回来在Ⅳ孔处定位。这样Ⅰ、Ⅱ、Ⅲ孔与Ⅳ孔的定位方向是一致的,就可以避免引入反向间隙的误差,从而提高了Ⅳ孔与各孔之间的孔距精度。

(2)切入切出路径

在铣削轮廓表面时一般采用立铣刀侧面刃口进行切削,由于主轴系统和刀具的刚度变化,当沿法向切入工件时,会在切入处产生刀痕,所以应尽量避免沿法向切入工件。当铣切外表面轮廓形状时,应安排刀具沿零件轮廓曲线的切向切入工件,并且在其延长线上加入一段外延距离,以保证零件轮廓的光滑过渡。同样,在切出零件轮廓时也应从工件曲线的切向延长线上切出。如图 6-9a)所示。

当铣切内表面轮廓形状时,也应该尽量遵循从切向切入的方法,但此时切入无法外延,最好安排从圆弧过渡到圆弧的加工路线。切出时也应多安排一段过渡圆弧再退刀,如图 6-9b)所示。当实在无法沿零件曲线的切向切入、切出时,铣刀只有沿法线方向切入和切出,在这种情况下,切入切出点应选在零件轮廓两几何要素的交点上,而且进给过程中要避免停顿。

为了消除由于系统刚度变化引起进退刀时的痕迹,可采用多次走刀的方法,减小最后精铣时的余量,以减小切削力。

在切入工件前应该已经完成刀具半径补偿,而不能在切入工件时同时进行刀具补偿,如图 6-9a)所示,以免产生过切现象。为此,应在切入工件前的切向延长线上另找一点,作为完成刀具半径补偿点,如图 6-9b)所示。

例如,图 6-10 所示零件的切入切出路线应当考虑注意切入点及延长线方向。

a)铣削外圆刀具路线1-2-3-4-5

b)铣削内圆刀具路线1-2-3-4-5

图 6-9 铣削圆的加工路线

(3)顺、逆铣及切削方向和方式的确定

在铣削加工中,若铣刀的走刀方向与在切削点的切削分力方向相反,称为顺铣;反之则称为逆铣。由于采用顺铣方式时,零件的表面精度和加工精度较高,并且可以减少机床的"颤振",所以在铣削加工零件轮廓时应尽量采用顺铣加工方式。

若要铣削内沟槽的两侧面,就应来回走刀两次,保证两侧面都是顺铣加工方式,以使两侧面具有相同的表面加工精度。

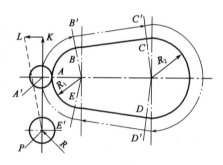

图 6-10 切入切出路径

习　题

1.数控铣削加工时加工路线确定应该注意哪些方面?

2.数控铣削加工时刀具切入切出路径应该注意哪些问题?

项目四　切削用量的选择

一、项目任务

在掌握切削原理的基础上,分析数控加工切削用量的选择要点。

二、项目分析

复习切削原理,分析数控加工和普通加工的区别,得出数控加工切削用量的选择原则。

三、项目要求

掌握数控加工切削用量的选择原则。

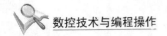

四、项目知识

数控车削加工中的切削用量包括背吃刀量 a_p、主轴转速 n 或切削速度 v_c（用于恒线速度切削）、进给速度 v_f 或进给量 f。这些参数均应在机床给定的允许范围内选取。

1. 切削用量的选用原则

粗车时，应尽量保证较高的金属切除率和必要的刀具耐用度。选择切削用量时应首先选取尽可能大的背吃刀量 a_p，其次根据机床动力和刚性的限制条件，选取尽可能大的进给量 f，最后根据刀具耐用度要求，确定合适的切削速度 v_c。

精车时，选择切削用量时，应着重考虑如何保证加工质量，并在此基础上尽量提高生产率。因此，精车时应选用较小（但不能太小）的背吃刀量和进给量，并选用性能高的刀具材料和合理的几何参数，以尽可能提高切削速度。

2. 切削用量的选取方法

（1）背吃刀量的选择

粗加工时，除留下精加工余量外，一次走刀尽可能切除全部余量。也可分多次走刀。精加工的加工余量一般较小，可一次切除。

（2）进给速度（进给量）的确定

在生产实际中，进给量常根据经验选取。粗加工时，根据工件材料、车刀导杆直径、工件直径和背吃刀量按表 6-1 进行选取，表中数据是经验所得，其中包含了导杆的强度和刚度，工件的刚度等工艺系统因素。

精加工与半精加工时，可根据加工表面粗糙度要求按表选取，同时考虑切削速度和刀尖圆弧半径因素。如表 6-2 所示。有必要的话，还要对所选进给量参数进行强度校核，最后要根据机床说明书确定。

（3）切削速度的确定

确定了背吃刀量 a_p，进给量 f 和刀具耐用度 T，则可以按下面公式计算或由表确定速度 v_c 和机床转速 n。

$$v_c = \frac{C_r}{60 T^m a_p{}^z f^p} \cdot K_t$$

式中：m——切削速度 v_c 对刀具耐用度的影响程度指数；

　　z、p——背吃刀量 a_p 和进给量 f 对刀具耐用度的影响程度指数；

　　K_t——其他因素对刀具耐用度的影响修正系数；

　　C_r——刀具材料、工件材料对刀具耐用度的影响系数。

半精加工和精加工时，切削速度 v_c，主要受刀具耐用度和已加工表面质量限制，在选取切削速度 v_c 时，要尽可能避开积屑瘤的速度范围。

切削速度的选取原则是：粗车时，因背吃刀量和进给量都较大，应选较低的切削速度，精加工时选择较高的切削速度；加工材料强度硬度较高时，选较低的切削速度，反之取较高切削速度；刀具材料的切削性能越好，切削速度越高。

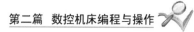

硬质合金车刀粗车外圆及端面的进给量参考值 表 6-1

工件材料	车刀刀杆尺寸 (mm)	工件直径 (mm)	背 吃 刀 量 a_p(mm)				
			≤3	>3～5	>5～8	>8～12	>12
			进给量 f(mm/r)				
碳素结构钢、合金结构钢耐热钢	16×25	20	0.3～0.4	—	—	—	—
		40	0.4～0.5	0.3～0.4	—	—	—
		60	0.5～0.7	0.4～0.6	0.3～0.5	—	—
		100	0.6～0.9	0.5～0.7	0.5～0.6	0.4～0.5	—
		400	0.8～1.2	0.7～1.0	0.6～0.8	0.5～0.6	—
	20×30 25×25	20	0.3～0.4	—	—	—	—
		40	0.4～0.5	0.3～0.4	—	—	—
		60	0.6～0.7	0.5～0.7	0.4～0.6	—	—
		100	0.8～1.0	0.7～0.9	0.5～0.7	0.4～0.7	—
		400	1.2～1.4	1.0～1.2	0.8～1.0	0.6～0.9	0.4～0.6
铸铁及合金钢	16×25	40	0.4～0.5	—	—	—	—
		60	0.6～0.8	0.5～0.8	0.4～0.6	—	—
		100	0.8～1.2	0.7～1.0	0.6～0.8	0.5～0.7	—
		400	1.0～1.4	1.0～1.2	0.8～1.0	0.6～0.8	—
	20×30 25×25	40	0.4～0.5	—	—	—	—
		60	0.6～0.9	0.5～0.8	0.4～0.7	—	—
		100	0.9～1.3	0.8～1.2	0.7～1.0	0.5～0.78	—
		400	1.2～1.8	1.2～1.6	1.0～1.3	0.9～1.0	0.7～0.9

按表面粗糙度选择进给量的参考值 表 6-2

工 件 材 料	表面粗糙度 (μm)	切削速度范围 (m/min)	刀尖圆弧半径 r_t(mm)		
			0.5	1.0	2.0
			进给量 f(mm/r)		
铸铁、青铜、铝合金	R_a10～5	不限	0.25～0.40	0.40～0.50	0.50～0.60
	R_a5～2.5		0.15～0.25	0.25～0.40	0.40～0.60
	R_a2.5～1.25		0.10～0.15	0.15～0.20	0.20～0.35
碳钢及合金钢	R_a10～5	<50	0.30～0.50	0.45～0.60	0.55～0.70
		>50	0.40～0.55	0.55～0.65	0.65～0.70
	R_a5～2.5	<50	0.18～0.25	0.25～0.30	0.30～0.40
		>50	0.25～0.30	0.30～0.35	0.35～0.50
	R_a2.5～1.25	<50	0.10	0.11～0.15	0.15～0.22
		50～100	0.11～0.16	0.16～0.25	0.25～0.35
		>100	0.16～0.20	0.20～0.25	0.25～0.35

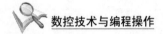

3. 选择切削用量时应注意的几个问题

(1)主轴转速:应根据零件上被加工部位的直径,并按零件和刀具的材料及加工性质等条件所允许的切削速度来确定。切削速度除了计算和查表选取外,还可根据实践经验确定,需要注意的是交流变频调速数控车床低速输出力矩小,因而切削速度不能太低。根据切削速度可以计算出主轴转速。

(2)车螺纹时的主轴转速:数控车床加工螺纹时,因其传动链的改变,原则上其转速只要能保证主轴每转一周时,刀具沿主进给轴(多为 Z 轴)方向位移一个导程即可。

在车削螺纹时,车床的主轴转速将受到螺纹的螺距 P(或导程)大小、驱动电机的升降频特性,以及螺纹插补运算速度等多种因素影响,故对于不同的数控系统,推荐不同的主轴转速选择范围。

大多数经济型数控车床推荐车螺纹时的主轴转速 n(r/min)为:

$$n \leqslant (1200/P) - k$$

式中:P——被加工螺纹螺距,mm;

k——保险系数,一般取为 80。

数控车床车螺纹时,会受到以下几方面的影响:

(1)螺纹加工程序段中指令的螺距值,相当于以进给量 f(mm/r)表示的进给速度 v_f。如果将机床的主轴转速选择过高,其换算后的进给速度 v_f(mm/min)则必定大大超过正常值。

(2)刀具在其位移过程的始终,都将受到伺服驱动系统升降频率和数控装置插补运算速度的约束,由于升降频率特性满足不了加工需要等原因,则可能因主进给运动产生出的"超前"和"滞后"而导致部分螺牙的螺距不符合要求。

(3)车削螺纹必须通过主轴的同步运行功能而实现,即车削螺纹需要有主轴脉冲发生器(编码器),当其主轴转速选择过高,通过编码器发出的定位脉冲(即主轴每转一周时所发出的一个基准脉冲信号)将可能因"过冲"(特别是当编码器的质量不稳定时)而导致工件螺纹产生乱纹(俗称"乱扣")。

习　题

1. 切削用量的选择原则是什么?

2. 切削用量的选择应该注意哪些问题?

项目五　数控车床的装夹和定位

一、项目任务

数控车床的工件装夹。

二、项目分析

展示数控车床的常用夹具,通过分析掌握其特点,掌握其装夹找正方法。

三、项目要求

掌握数控车床的常用夹具及其装夹找正方法。

四、项目知识

（一）数控车床通用夹具

车床的夹具主要是指安装在车床主轴上的夹具，这类夹具和机床主轴相连接并带动工件一起随主轴旋转。车床类夹具主要分成两大类：各种卡盘，适用于盘类零件和短轴类零件加工的夹具；中心孔、顶尖定心定位安装工件的夹具，适用于长度尺寸较大或加工工序较多的轴类零件。

1. 各种卡盘夹具

在数控车床加工中，大多数情况是使用工件或毛坯的外圆定位，以下几种夹具就是靠圆周来定位的夹具。

（1）三爪卡盘

三爪卡盘是最常用的车床也是数控车床的通用卡具（图6-11）。三爪卡盘最大的优点是可以自动定心。它的夹持范围大，但定心精度不高，不适合于零件同轴度要求高时的二次装夹。

三爪卡盘常见的有机械式和液压式两种。液压卡盘装夹迅速，方便，但夹持范围小，尺寸变化大时需重新调整卡爪位置。数控车床经常采用液压卡盘，液压卡盘特别适用于批量加工。

（2）软爪

采用三爪卡盘硬爪加工零件，不可避免地存在着一些问题，比如零件容易产生"三角形"变形，装夹印痕不易消除，定位精度不高，零件同轴度难

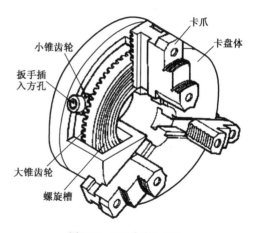

图6-11　三爪自定心卡盘

以保证等等。如果采用软爪加工，由于软爪选用材料刚性较小，不易夹伤零件表面，同时可以根据不同的零件配作成不同的装夹直径，从而可以成倍地加大零件的装夹面积，使零件不易产生变形，较大地提高了零件的装夹稳定性。因此，采用软爪可以有效地克服硬爪在机加工中的缺陷。

软爪有机械式和液压式两种。软爪常用于加工同轴度要求较高的工件的二次装夹。

（3）卡盘加顶尖

在车削细长轴的工件时，一般工件的一端用卡盘夹持，另一端用后顶尖支撑。为了防止工件由于切削力的作用而产生的轴向位移，必须在卡盘内装一限位支撑，或者利用工件的台阶面进行限位。此种装夹方法比较安全可靠，能够承受较大的轴向切削力，安装刚性好，轴向定位准确，所以在数控车削加工中应用较多。

（4）四爪卡盘

四爪卡盘是固定在主轴的端部，用来夹持不规则的外形工件，夹持时必须注意校正。如图6-12所示。四爪卡盘的四个卡爪是各自独立移动的，通过调整工件夹持部位在车床主轴上的位置，使工件加工表面的回转中心与车床主轴的回转中心重合。但是，四爪卡盘的找正烦琐费时，一般用于单件小批生产。四爪卡盘的卡爪有正爪和反爪两种形式。

图6-12 四爪卡盘

2.轴类零件中心孔定心装夹

（1）两顶尖拨盘

两顶尖定位的优点是定心正确可靠，安装方便。主要用于同轴度要求较高轴类零件或有后续加工如磨削的轴类零件。顶尖作用是进行工件的定心，并承受工件的重量和切削力。顶尖分前顶尖和后顶尖。顶尖、拨盘、鸡心夹头这些是两顶尖装夹工件时的主要附件，见图6-13～图6-15。

两顶尖装夹工件时的安装为：先使用对分夹头或鸡心夹头夹紧工件一端的圆周，再将拨杆旋入三爪卡盘，并使拨杆伸向对分夹头或鸡心夹头的端面。车床主轴转动时，带动三爪卡盘转动，随之带动拨杆同时转动，由拨杆拨动对分夹头或鸡心夹头，拨动工件随三爪卡盘的转动而转动。两顶尖只对工件有定心和支撑作用，必须通过对分夹头或鸡心夹头的拨杆带动工件旋转。

a) 普通工具　　b) 反顶尖　　c) 镶硬质金顶尖　　d) 硬质合金半缺顶尖

图6-13 顶尖

图6-14 拨盘
1-拨盘；2-拨杆

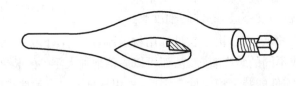

图6-15 鸡心夹头

（2）使用两顶尖装夹工件时的注意事项

①前后顶尖的连线应该与车床主轴中心线同轴，否则会产生不应有的锥度误差。

②尾座套筒在不与车刀干涉的前提下，应尽量伸出短些，以增加刚性和减小振动。

③中心孔的形状应正确，表面粗糙度应较好。

④两顶尖中心孔的配合应该松紧适当。

3.其他车削工装夹具

数控车削加工中有时会遇到一些形状复杂和不规则的零件，不能用三爪或四爪卡盘装夹，需要借助其他工装夹具,如花盘,角铁等夹具;另外在切削细长类零件时,还需要借助其他工装夹具进行支撑,如中心架等。

（1）花盘

被加工零件回转表面的轴线与基准面相垂直,且表面外形复杂的零件可以装夹在花盘上加工,如图6-16所示。

（2）中心架:用来固定在床身上作加工较长工件的支承,并减少工件在加工中的弯曲变形,如图6-17所示。

（3）跟刀架:装在刀架的拖板上并随拖板一起作纵向移动。它的作用是可以平衡切削力,以减少工件的弯曲变形,如图6-18所示。

图6-16 花盘

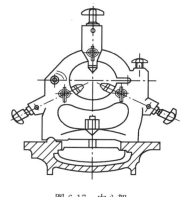

图6-17 中心架

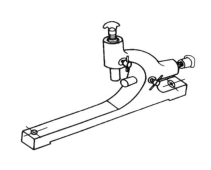

图6-18 跟刀架

（二）数控车床的装夹找正

1.找正装夹

数控车床进行工件的装夹时,必须将工件表面的回转中心轴线,即工件坐标系的 Z 轴,找正到与数控车床的主轴中心轴线重合。

2.找正方法

同普通车床找正工件的找正方法。一般用打表找正。通过调整卡爪,使得工件坐标系的 Z 轴与数控车床的主轴回转中心轴线重合。

单件的偏心工件在安装时常常采用找正安装。使用三爪自动定心卡盘装夹较长的工件时,由于工件较长,工件远离三爪自动定心卡盘夹持部分的旋转中心与车床主轴的旋转中心不重合,此时必须进行工件的安装找正。在三爪自动定心卡盘的精度不高时,安装工件时也需要进行工件的装夹找正。

习 题

1.简述数控加工夹具与普通机械加工的区别,并说明常用夹具的特点。

2.使用两顶尖装夹应该注意什么问题?

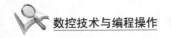

项目六　数控车削刀具

一、项目任务

数控车削的刀具选择。

二、项目分析

在数控车床的特点基础上,分析其刀具特点,重点说明可转位车刀。

三、项目要求

掌握数控车削的刀具选择原则。

四、项目知识

(一)数控机床对刀具的要求

数控机床刀具的特点是标准化、系列化、规格化、模块化和通用化。为了达到高效、多能、快换、经济的目的,对数控机床使用的刀具有如下要求:

(1)具有较高的强度、较好的刚度和抗振性能;

(2)高精度、高可靠性和较强的适应性;

(3)能够满足高切削速度和大进给量的要求;

(4)刀具耐磨性及刀具的使用寿命长,刀具材料和切削参数与被加工件材料之间要适宜;

(5)刀片与刀柄要通用化、规格化、系列化、标准化,相对主轴要有较高位置精度,转位、拆装时要求重复定位精度高,安装调整方便。

(二)数控车床刀具的种类及选择

数控车削对刀具的要求更高。不仅要求精度高、刚度好、寿命长,而且要求尺寸稳定、耐用度高,断屑和排屑性能好,同时要求安装调整方便,以满足数控机床高效率的要求。

车刀按用途分为外圆车刀、端面车刀、内孔车刀、切断刀、切槽刀等多种形式。常用车刀种类及用途详见图6-19。按车刀结构分:整体车刀、焊接车刀、机夹可转位车刀。数控车床一般使用标准的机夹可转位刀具。机夹可转位刀具的刀片和刀体都有标准,刀片材料采用硬质合金、涂层硬质合金等。

数控车床使用的车刀、镗刀、切断刀、螺纹加工刀具均有整体式和机夹式之分,除经济型数控车床外,目前已广泛使用可转位机夹式车刀。

1. 可转位车刀的结构形式

(1)杠杆式:结构见图6-20,由杠杆、螺钉、刀垫、刀垫销、刀片所组成。这种方式依靠螺钉旋紧压靠杠杆,由杠杆的力压紧刀片达到夹固的目的。其特点适合各种正、负前角的刀片,有效的前角范围为$-60°\sim+180°$;切屑可无阻碍地流过,切削热不影响螺孔和杠杆;两面槽壁给刀片有力的支撑,并确保转位精度。

(2)楔块式:其结构见图 6-21,由紧定螺钉、刀垫、销、楔块、刀片所组成。这种方式依靠销与楔块的挤压力将刀片紧固。其特点适合各种负前角刀片,有效前角的变化范围为−60°～＋180°。两面无槽壁,便于仿形切削或倒转操作时留有间隙。

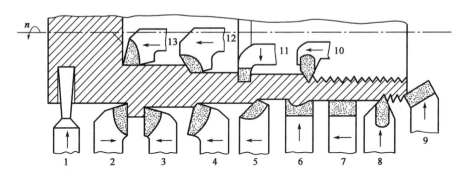

图 6-19　常见车刀种类及用途

1-外切槽刀;2-左偏刀;3-右偏刀;4、5-外圆车刀;6-成形车刀;7-宽刃车刀;8-外螺纹车刀;9-端面车刀;10-内螺纹车刀;11-内切槽刀;12、13-内孔车刀

(3)楔块夹紧式:其结构见图 6-22,由紧定螺钉、刀垫、销、压紧楔块、刀片所组成。这种方式依靠销与楔块的压下力将刀片夹紧。其特点同楔块式,但切屑流畅不如楔块式。

此外还有螺栓上压式、压孔式、上压式等形式。

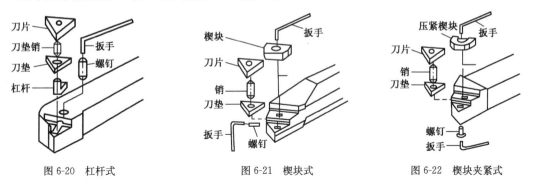

图 6-20　杠杆式　　　　　　图 6-21　楔块式　　　　　　图 6-22　楔块夹紧式

2. 刀片的形状

"刀片形状"图标如图 6-23 所示。主要参数选择方法如下:

(1)刀尖角

刀尖角的大小决定了刀片的强度。在工件结构形状和系统刚性允许的前提下,应选择尽可能大的刀尖角。通常这个角度在 35°到 90°之间。

图 6-23 中 R 型圆刀片,在重切削时具有较好的稳定性,但易产生较大的径向力。

(2)刀片形状的选择

首先根据加工内容确定刀具类型,再根据工件轮廓形状和走刀方向来选择刀片形状(图 6-24)。主要考虑主偏角,副偏角(刀尖角)和刀尖半径值。

正三角形刀片可用于主偏角为 60°或 90°的外圆车刀、端面车刀和内孔车刀。由于此刀片刀尖角小、强度差、耐用度低、故只宜用较小的切削用量。

正方形刀片的刀尖角为 90°,比正三角形刀片的 60°要大,因此其强度和散热性能均有所提高。这种刀片通用性较好,主要用于主偏角为 45°、60°、75°等的外圆车刀、端面车刀和镗孔刀。

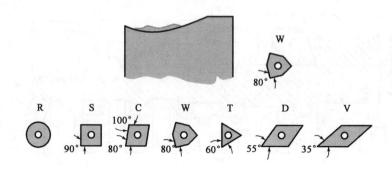

图 6-23　刀片形状

正五边形刀片的刀尖角为 108°,其强度、耐用度高、散热面积大。但切削时径向力大,只宜在加工系统刚性较好的情况下使用。

菱形刀片和圆形刀片主要用于成形表面和圆弧表面的加工,其形状及尺寸可结合加工对象参照国家标准来确定。

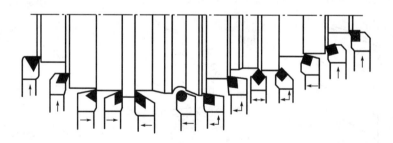

图 6-24　刀片选择

习　　题

1. 简述可转位车刀的结构形式。

2. 可转位车刀的刀片应该如何选择?

项目七　数控铣削刀具

一、项目任务

数控铣削的刀具选择和其刀柄系统。

二、项目分析

在数控铣床的特点基础上,分析其刀具特点,并说明其选择原则;同时介绍其刀柄系统。

三、项目要求

掌握数控铣削的刀具选择和其常用刀柄系统。

四、项目知识

(一)数控铣削刀具的种类、选择

在数控铣床上使用的刀具主要立铣刀、面铣刀、球头刀、环形刀、鼓形刀和锥形刀等。常用到面铣刀、立铣刀、球头铣刀和环形铣刀。除此以外还有各种孔加工刀具,如钻头(锪钻、铰刀、丝锥等)镗刀等。

面铣刀(也叫端铣刀)如图 6-25 所示。面铣刀的圆周表面和端面上都有切削刃。面铣刀多制成套式镶齿结构和刀片机夹可转位结构,刀齿材料为高速钢或硬质合金,刀体为40Cr。

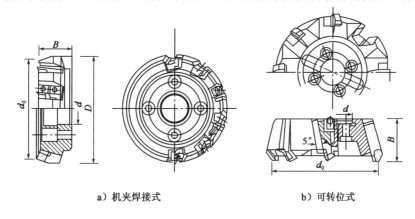

a)机夹焊接式　　　　　　　b)可转位式

图 6-25　硬质合金面铣刀

立铣刀如图 6-26 所示。立铣刀是数控机床上用得最多的一种铣刀。立铣刀的圆柱表面和端面上都有切削刃,它们可同时进行切削,也可单独进行切削。结构有整体式和机夹式等,高速钢和硬质合金是铣刀工作部分的常用材料。

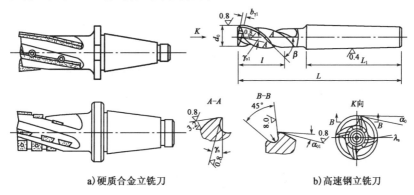

a)硬质合金立铣刀　　　　　　　b)高速钢立铣刀

图 6-26 立铣刀

模具铣刀如图 6-27 所示。模具铣刀由立铣刀发展而成,可分为圆锥形立铣刀、圆柱形球头立铣刀和圆锥形球头立铣刀三种,其柄部有直柄、削平型直柄和莫氏锥柄。它的结构特点是

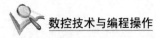

球头或端面上布满切削刃,圆周刃与球头刃圆弧连接,可以作径向和轴向进给。铣刀工作部分用高速钢或硬质合金制造。

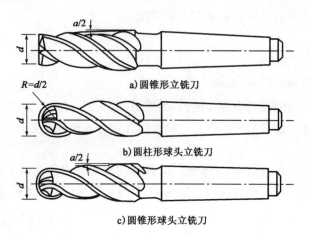

a)圆锥形立铣刀

b)圆柱形球头立铣刀

c)圆锥形球头立铣刀

图 6-27　高速钢模具铣刀

首先根据加工内容和工件轮廓形状确定刀具类型,再根据加工部分大小选择刀具大小。

1.铣刀类型的选择:

选取刀具时,要使刀具的尺寸与被加工工件的表面尺寸和形状相适应。

(1)加工较大平面选择面铣刀。

(2)加工凸台、凹槽、平面轮廓选择立铣刀。

(3)加工曲面较平坦的部位常采用环形(牛鼻刀)铣刀。

(4)曲面加工选择球头铣刀。

(5)加工空间曲面模具型腔与凸模表面选择模具铣刀。

(6)加工封闭键槽选键槽铣刀,等等。

2.铣刀参数的选择

数控铣床上使用最多的是可转位面铣刀和立铣刀,因此,这里重点介绍面铣刀和立铣刀参数的选择。

(1)面铣刀主要参数选择

标准可转位面铣刀直径为 16~630mm,应根据侧吃刀量,选择适当的铣刀直径,粗铣时直径选小的,精铣时铣刀直径选大些,最好能包容待加工表面的整个宽度(多 20%)。以提高加工精度和效率,减少相邻两次进给之间的接刀痕迹和保证铣刀的耐用度。

可转位面铣刀有粗齿、细齿和密齿之分。粗齿铣刀容屑空间大,常用于粗铣钢件;粗铣带断续表面的铸件和在平稳条件下铣削钢件时,可选用细齿铣刀。密齿铣刀的每次进给量较小,主要用于加工薄壁铸件。

面铣刀几何角度的标注:前角的加工中心选择原则与车刀基本相同,只是由于铣削时有冲击,故前角数值一般比车刀略小。尤其是硬质合金面铣刀,前角数值减小得更多些。铣削强度和硬度都高的材料可选用负前角。前角的数值主要根据工件材料和刀具材料来选择(表6-3)。

面铣刀前角的选择　　　　　　　　　　　　　　　　　表 6-3

刀具材料 ＼ 工件材料	钢	铸铁	黄铜、青铜	铝合金
高速钢	$10°\sim20°$	$5°\sim15°$	$10°$	$25°\sim30°$
硬质合金	$-15°\sim15°$	$-5°\sim5°$	$4°\sim6°$	$15°$

铣刀的磨损主要发生在后刀面上，因此适当加大后角，可减少铣刀磨损。取 $\alpha_0=5°\sim12°$，工件材料较硬时取小值，工件材料较软时取大值；数控机床粗齿铣刀取小值，加工中心细齿铣刀取大值。主偏角 K_r 在 $45°\sim90°$ 范围内选取，铣削铸铁常用 $45°$，铣削一般钢材时常用 $75°$，铣削带凸肩的平面或薄壁零件时要用 $90°$。

（2）立铣刀主要参数选择

立铣刀主切削刃的前、后角都为正值，分别根据工件材料和铣刀直径选取。

为使端面切削刃有足够的强度，在端面切削刃前刀面上一般磨有棱边，其宽度 b_{r1} 为 $0.4\sim1.2$ mm，前角为 $6°$。

立铣刀的有关尺寸参数（图 6-28），推荐按下述经验数据选取。

① 刀具半径 R 应小于零件内轮廓最小曲率半径 ρ

② 零件的加工高度 $H\leqslant(1/4\sim1/6)R$

③ 不通孔或深槽选取 $l=H+(5\sim10)\text{mm}$

④ 加工外形及通槽时选取 $l=H+r+(5\sim10)\text{mm}$

⑤ 加工肋时刀具直径为 $D=(5\sim10)b$

⑥ 粗加工内轮廓面时，铣刀最大直径 D（图 6-29）

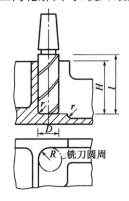

图 6-28　立铣刀尺寸选择图

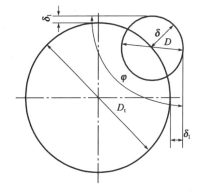

图 6-29　粗加工立铣刀直径估算

$$D=d+2[\delta\sin(\varphi/2)-\delta_1]/[1-\sin(\varphi/2)]$$

式中：d——轮廓的最小凹圆角直径；

　　　δ——圆角邻边夹角等分线上的槽加工余量；

　　　δ_1——精加工余量；

　　　φ——回角两邻边的夹角。

（二）数控铣削刀柄系统

刀柄系统的选择是数控机床配置中的重要内容之一，因为刀柄系统不仅影响数控机床的生产效率,而且直接影响零件的加工质量。刀柄系统是指用于连接机床和切削用刀具的数控工具系统,具有卡具的功能和量具的精度,直接关系到刀具是否得到正确使用,切削是否达到理想效果的关键因素所在。

刀柄系统根据不同的加工中心主轴锥孔通常分为两大类,即锥度为 7∶24 的通用系统和 1∶10 的 HSK 真空系统。

1. 刀柄系统的分类

(1)7∶24 锥度的通用刀柄(图 6-30)

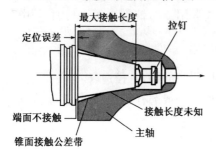

图 6-30　7∶24 锥度刀柄系统

锥度为 7∶24 工具锥柄的刀柄系统通常有五种标准和规格,即 NT(传统型)、DIN 69871(德国标准)、ISO 7388/1(国际标准)、MAS BT(日本标准)以及 ANSI/ASME(美国标准)。NT 型刀柄德国标准为 DIN 2080[图 6-31a)],是在传统型机床上用拉杆将刀柄拉紧,国内也称为 ST;其他四种刀柄均是在加工中心上用刀柄尾部的拉钉将刀柄拉紧。

目前国内使用最多的是 DIN 69871 型(即 JT)和 MAS BT 型两种刀柄[图 6-31b)、c)]。DIN 69871 型的刀柄可以安装在 DIN 69871 型和 ANSI/ASME 主轴锥孔的机床上,ISO 7388/1 型的刀柄可以安装在 DIN 69871 型、ISO 7388/1 和 ANSI/ASME 主轴锥孔的机床上,所以就通用性而言,ISO 7388/1 型的刀柄是最好的。

a)DIN 2080　　　　　　b)DIN 69871　　　　　　c)MAS BT

图 6-31　7∶24 锥度的通用刀柄

数控刀具刀柄多数采用 7∶24 圆锥工具刀柄,并采用相应形式的拉钉拉紧结构与机床主轴相配合。

(2)1∶10 的 HSK 真空刀柄

HSK 真空刀柄的德国标准是 DIN 69873,有六种标准和规格,即 HSK-B、HSK-C、HSK-D、HSK-E 和 HSK-F,常用的有三种:HSK-A(带内冷自动换刀)、HSK-C(带内冷手动换刀)和 HSK-E(带内冷自动换刀,高速型)。

HSK 真空刀柄靠刀柄的弹性变形,不但刀柄的 1∶10 锥面与机床主轴孔的 1∶10 锥面接触,而且刀柄的法兰盘面与主轴面也紧密接触(图 6-32),这种双面接触系统在高速加工、连接刚性和重合精度均优于 7∶24 锥度刀柄,所以 HSK 工具系统能够提高系统的刚性和稳定性以及在高速加工时的产品精度,并缩短刀具更换的时间,在高速加工中发挥很重要的作用。

另外,根据刀柄所需夹持的刀具不同,可分为钻孔类刀柄,铣刀类刀柄,螺纹刀具刀柄,镗孔类刀柄和直柄刀具类刀柄。下面将对一些常见铣刀类刀柄做详细的介绍。

2.常见铣刀类刀柄

(1)直筒式强力铣刀柄及筒夹(MLC)

直筒式强力铣刀柄(图6-33)夹紧力比较大,夹紧精度较好,更换不同的筒夹来夹持不同柄径的铣刀、铰刀等。在加工过程中,强力型刀柄前端直径要比弹簧夹头刀柄大,容易产生干涉。其主要使用于铣刀等直柄刀具的夹紧,在一般的加工中心机械加工中都是比较常用的。

根据加工需求不同,强力铣刀柄也分为 MLC20、MLC32、MLC42 等不同型号。由于需夹持刀具柄部直径不同,每种刀柄也配置了不同型号的夹头。

强力铣刀柄也可以不使用筒夹安装刀具。但由于这种刀柄夹紧时的收缩量比较小,所以对刀具柄部的直径公差要求比较高,一般在 0~0.02mm。

选择强力铣刀柄时,在工件无干涉和刀具柄部直径允许的情况下尽量采用 MLC32 的刀柄,因为MLC32 的刀柄通用性比较好,不仅可以给客户节约成本,如果损坏需要维修,配件也相对容易购买。

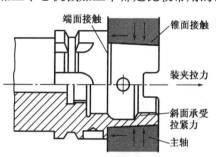

图 6-32　HSK 空心短圆锥刀柄系统

安装方法:将刀具置入直线夹头,保证刀具柄部必须超出夹头的有效夹持长度,然后将刀具与直线夹头一并置入刀柄,用钩形扳手旋紧。在刀具可以直接与刀柄配合的时候,可以不使用直线夹头。

(2)侧固式刀柄(SLN)

侧固式刀柄(图 6-34)适合装夹快速钻、铣刀、粗镗刀等削平刀柄刀具的装夹。其结构简单,相对装夹原理也很简单。因其为直径配合侧面螺丝锁固式夹紧,所以对所夹持刀具柄部直径要求比较严而且柄部应为削平式结构。

侧固式刀柄是夹持力度大,其结构简单,相对装夹原理也很简单。但通用性不好,每一种刀柄只能装同柄径的刀具。

安装方法:将刀具置入刀柄内,将削平平面对准锁紧螺钉,拧紧锁紧螺钉。

(3)平面铣刀柄(FMA、FMB)

平面铣刀柄(图 6-35)主要使用于套式平面铣刀盘的装夹,采用中间心轴和两边的定位键定为采用端面内六角螺丝锁紧的。一般有公制(FMB)和英制(FMA)两种,两种刀柄除了前端部直径不一样之外,没有别的差异之处。根据机械加工种特殊工艺要求,还有各种不同的加长型铣刀柄。

安装方法:将铣刀盘装入刀柄,定位键对准键槽装入,放入锁紧垫铁,装入内六角螺丝,用内六角扳手锁紧。需注意的是,个别小刀盘不需要垫铁,直接使用螺丝锁紧。

(4)莫氏锥孔刀柄(MTA、MTB)

莫氏锥孔刀柄(图 6-36)有莫氏铣刀刀柄(MTB)、莫式钻头刀柄(MTA)两种。MTA 型刀柄内孔尾部开扁尾槽,适合于安装莫氏扁尾的钻头,铰刀及非标准刀柄等。MTB 型刀柄内孔尾部附带拉杆螺丝,用于莫氏锥度尾端有内螺纹的铣刀和非标准刀具等。

安装方法:MTA 刀柄安装时只要将刀具扁尾对准刀柄内部扁尾槽,使劲装入锥孔即可。MTB 刀柄安装时,将刀具装入锥孔后,从刀柄尾部将螺丝装入刀具尾部孔内锁紧即可。

图 6-33　直筒式强力铣刀柄

图 6-34　侧固式刀柄

图 6-35　平面铣刀柄

a) MTB　　　　　　b) MTA

图 6-36　莫氏锥孔刀柄

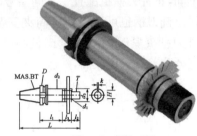

图 6-37　侧铣刀柄

（5）侧铣刀柄 SCA

侧铣刀柄（图 6-37）一般使用于两面、三面铣和锯片铣刀等刀具的安装，与其他刀柄一样，其芯轴也有公制和英制，不过除直径不一样以外，其表示方法是一样的，芯轴上开有键槽，以作为刀具的径向定位。

安装方法：将刀具的内键槽和刀柄芯轴上的键装入刀柄，装入垫圈，螺帽锁紧即可。

习　　题

1. 数控铣削的刀具有哪些？它们具有什么特点？
2. 数控铣削加工中的刀柄系统有哪些？有什么特点？

第7章 数控车床程序编制

数控车床主要用来加工各种回转表面,如内外圆柱面、圆锥面、圆弧面、高精度的曲面及螺纹等。数控车床具有加工灵活、通用性强、能适应零件产品的品种和规格频繁变化的特点,能满足生产自动化的要求。数控车床需编写数控加工程序,即按规定的指令代码,按一定格式编写加工程序,录入机床控制器,操作机床自动加工零件。

项目一 数控车床编程基本知识

一、项目任务

(1)观察并验证加工现场数控车床的坐标轴及运动方向。
(2)观察并记录加工现场编程的方法及编程过程。
(3)观察现场数控车削程序,分析程序段格式特点及各指令字的类别。

二、项目分析

首先理论教学掌握数控车床编程基本知识,再到加工现场进行现场教学巩固编程基本知识。

三、项目要求

(1)掌握数控车床坐标系。
(2)了解数控编程的方法步骤。
(3)掌握程序的格式。
(4)了解准备功能 G 指令、辅助功能 M 指令、主轴转速 S 指令、进给功能 F 指令。

四、项目知识

(一)数控车床坐标系

1.数控车床坐标系

数控车床的坐标系如图 7-1 所示,其中图 7-1a)所示为前置刀架的数控车床坐标系,图 7-1b)所示为后置刀架的数控车床坐标系。

数控车床的坐标系中规定:Z 轴方向为主轴轴线方向,刀具远离工件的方向为 Z 轴正方向;X 轴方向为在工件直径方向上平行于车床横向导轨,刀具远离工件方向为 X 轴正方向。

2.数控车床坐标系原点与机床参考点

数控机床坐标系原点也称机械原点,是一个固定点,其位置由制造厂家确定,数控车床坐标系原点一般位于卡盘前端面与主轴轴线的交点上或卡盘后端面与主轴轴线的交点上。

数控车床的参考点一般位于 X 轴和 Z 轴正向最大位置上,如图 7-2 所示,通常机床通过返回参考点的操作来找到机械原点,所以开机后加工前,首先要进行返回参考点的操作。

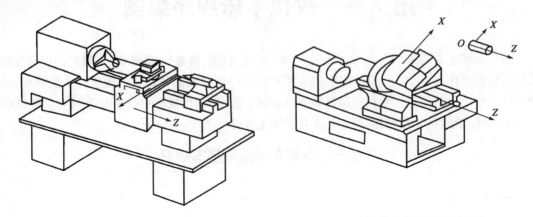

a)前置刀架的数控车床坐标系　　　　　　b)后置刀架的数控车床坐标系

图 7-1　数控车床的坐标系

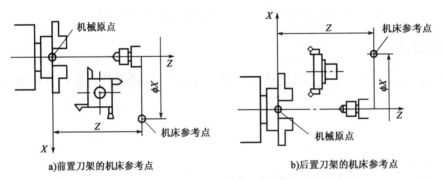

a)前置刀架的机床参考点　　　　　　b)后置刀架的机床参考点

图 7-2　数控车床的机床参考点

3.工件坐标系和工件原点

工件坐标系是编程人员在编程时使用的,为方便计算出工件的坐标值而建立的坐标系。工件坐标系的方向必须与机床坐标系的方向彼此平行,方向一致。工件坐标系原点一般位于零件右端面或左端面与轴线的交点上,如图 7-3 所示。

(二)数控编程方法

1.什么是数控编程

数控机床加工零件,首先要编写零件加工程序,简称编程。数控编程就是将加工零件的加工顺序、刀具运动轨迹的尺寸数据、工艺参数(主运动和进给运动速度、切削深度等)以及辅助操作(换刀、主轴正反转、冷却液开关、刀具夹紧和松开等)加工信息,用规定的指令代码,按一定格式编写成加工程序。

2.数控编程的种类

数控编程主要有手工编程、自动编程。

手工编程主要由人工来完成数控机床程序编制各个阶段的工作。当加工零件形状简单和程序较短时,可采用手工编程的方法。手工编程目前仍是广泛采用的编程方法,但手工编程既繁琐、费时,又复杂,而且容易出错。

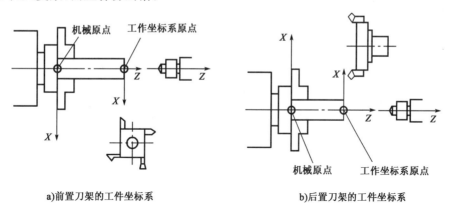

a)前置刀架的工件坐标系　　　　　　　b)后置刀架的工件坐标系

图7-3　数控车床的工件坐标系

　　自动编程是借助数控语言编程系统或图形编程系统由计算机来自动生成零件加工程序的过程,它适合于零件形状复杂、不便于手工编写的数控程序。编程人员只需根据加工对象及工艺要求,借助数控语言编程系统规定的数控编程语言或图形编程系统提供的图形菜单功能,对加工过程与要求进行描述,而由编程系统自动计算出加工运动轨迹,并输出零件数控加工程序。由于在计算机上可自动绘出所编程序的图形及进给轨迹,所以能及时地检查程序是否有错误并进行修改,得到正确的程序。最后通过网络或RS－232接口输入机床。

　　目前应用广泛的是语言自动编程和图形交互式编程,如 Master CAM、Pro/E、UG 和CAXA 等软件。

3.数控程序编制的内容和步骤

(1)数控编程的主要内容

数控编程的主要内容及说明见表7-1。

数控编程的主要内容及说明　　　　　　　　　　　　　　　　表7-1

主　要　内　容	说　　　　明
加工工艺分析	要根据图样中零件的形状、尺寸、技术要求选择加工方案,确定加工工序、加工路线、装夹方式、刀具及切削参数,正确选择对刀点、换刀点,减少换刀次数
数学处理	计算零件粗、精加工各运动轨迹。对于形状比较简单的零件轮廓加工,需要计算出几何元素的起点、终点、圆弧的圆心,两几何元素的交点或切点坐标
编写零件加工程序单	根据数控系统的功能指令代码及程序段格式,编写加工程序单,填写有关工艺文件,如数控加工工艺卡、数控刀具卡、数控加工程序单等
输入程序	手动程序输入或通过计算机传输至机床数控系统
程序效验与收件试切	在数控仿真系统上仿真加工过程,空运行观察走刀路线是否正确,但这只能检验运动是否正确,不能检查出被加工零件的加工精度,因此,必要时可进行零件的首件试切

（2）数控编程的主要步骤

数控编程的主要步骤可用图 7-4 表示。

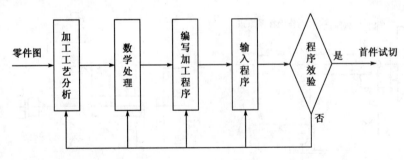

图 7-4　数控编程步骤流程图

4.数控程序的结构与格式

—个数控加工程序是由遵循一定结构、格式规则的若干程序段组成,每个程序段是由若干指令字(程序字)构成,如图 7-5 所示。

（1）程序名

为了识别各程序所加的编号,称为程序名。如图 7-5 所示,"O1978"即为该程序的程序名。程序名一般是以规定的地址符即英文字母开头,后面紧跟若干位数字组成,数字的最多位数在数控系统说明书中有规定。如 FANUC 系统以字母"O"开头,数控车削系统后跟 4 位数字构成程序名,SIMENS 数控车削系统以字母"SC"开头,后跟 4 位数字;广数系统以字母"O"开头,后跟 4 位数字构成程序名;华中数控系统采用"％"开头。

（2）指令

指令是由一个英文字母后跟若干位数字组成。如图 7-5 所示的 G00、X100 等都是指令。

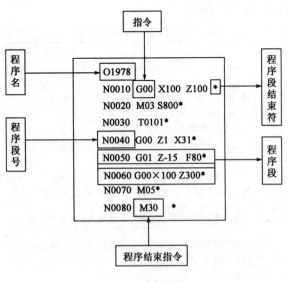

图 7-5　程序结构

如"G00"为准备功能 G 指令,表示快速定位(即刀具以机床设定的最快速度,定位到目标点)。如"X100"指令,X 为地址符(代表 X 轴),X100 表示 X 轴坐标值为 100。

（3）程序段

按顺序排列的各项指令称为程序段。程序内容中的每一行都为程序段。如图 7-5 所示的 N0050 G01 Z−15 F80 为一程序段,表示刀具以 80 mm/min 的进给速度直线进给至 Z−15 坐标点。X 坐标省略,即 X 坐标不变。

（4）程序段号（或称顺序号）

为了识别各程序段所加的编号,称为程序段号,如图 7-5 所示的 N0040、N0050 等都为该程序的程序段号。程序段号一般由系统自动生成。

（5）程序段结束符

程序段结束符编程时由数控系统自动生成,一般用";"或" * "符号表示程序段结束。其符号取决于数控系统(有的系统用 LF、CR 等符号表示)。

（6）程序结束指令

程序结束指令 M30 表示程序结束,主轴、进给停止,冷却液关,控制系统复位,光标自动返回程序开头处。M02 表示程序结束,与 M30 区别为自动运行结束后光标停在程序结束处。程序结束指令一般独占最后一行。

（三）数控车床编程指令介绍

不同的数控系统,由于所适用程序代码、编程格式的不同,导致同一零件的加工程序在不同的系统中是不能通用的。为了统一标准,国际上一些组织都推出了自己的标准,目前国际上比较通用的数控代码标准有 ISO(国际标准化组织)、EIA(美国电子工业协会)两种。我国原机械工业部也制定了相关的 JB 3208—83 标准,它与国际上使用的 ISO 1056—1975E 标准基本一致。但是在具体执行时,不同厂家生产的数控系统,其代码含义并不完全相同,因此,编程时还应按照具体机床的编程手册中的有关规定进行,这样所编出的程序才能被该机床的数控系统所接受。

1. 准备功能 G 指令

准备功能 G 指令也叫 G 功能或 G 指令,是用来指令机床动作方式的功能指令。G 指令主要用于规定刀具和工件的相对运动轨迹(即插补功能)、机床坐标系、坐标平面、刀具补偿等多种加工操作。G 指令由地址 G 和后面的两位数字组成,从 G00～G99 共 100 种代码。高档数控系统有的已扩展到三位数字(如 G107、G112),有的则带有小数点(如 G02.2、G02.3)。不同的数控系统,某些 G 指令的功能不同,编程时需要参考机床制造厂的编程说明书。

G 代码按功能类别分为模态 G 代码和非模态 G 代码。

模态 G 代码:组内某 G 代码(如表 7-2 中 01 组中 G01)一旦被指定,功能一直保持到出现同组其他任一代码(如 G02 或 G00)时才失效,否则继续保持有效,所以在编下一程序段时,若需使用同样的 G 代码则可省略不写,这样可以简化编程。

非模态 G 代码:该 G 代码只在本程序段中有效,程序段结束被注销无效。

00 组的 G 代码为非模态 G 代码,其余组 G 代码为模态 G 代码。

常用的准备功能 G 指令如表 7-2 所示。

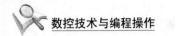

准备功能 G 指令表 表 7-2

G 指 令	组	功 能
G00		快速定位
G01	01	直线插补(切削进给)
G02		顺时针圆弧插补
G03		逆时针圆弧插补
G04	00	暂停
G17		XY 平面选择
G18	16	ZX 平面选择
G18		YZ 平面选择
G20	06	英寸输入
G21		毫米输入
G27		返回参考点检查
G28		返回参考位置
G30	00	返回第 2、3、4 参考点
G31		跳转功能
G32	01	单行程螺纹切削
G34		变螺距螺纹切削
G40		刀尖半径补偿取消
G41	07	刀尖半径左补偿
G42		刀尖半径右补偿
G50		工件坐标系设定或最大主轴转数设定
G52	00	局部坐标系设定
G53		机床坐标系设定
G54		选择坐标系 1
G55		选择坐标系 2
G56		选择坐标系 3
G57	14	选择坐标系 4
G58		选择坐标系 5
G59		选择坐标系 6
G65	00	宏程序调用
G66	12	宏程序模态调用
G67		宏程序模态调用取消

G 指令	组	功　能
G70	00	精加工复合循环
G71		粗车外圆复合循环
G72		粗车端面复合循环
G73		固定形状粗加工复合循环
G74		端面深孔复合钻削
G75		外径/内径钻孔
G76		螺纹切削复合循环
G90	01	外径/内径车削循环
G92		螺纹切削循环
G94		端面车削循环
G96	02	恒线速切削
G97		恒线速切削取消
G98	05	每分钟进给
G99		每转进给

2.辅助功能 M 指令

辅助功能 M 指令,主要用于控制机床各种辅助功能的开关动作,如主轴正转、停止,冷却液开、关。M 指令由地址字 M 和其后的两位数字组成,从 M00～M99 共有 100 种代码。

(1)程序暂停指令 M00

当数控系统执行到 M00 指令时,暂停程序的自动运行,机床进给、主轴停止;冷却液关闭,按操作面板上的"循环启动"按钮,数控系统自动运行后续程序。应用 M00 指令,可以方便操作者进行刀具和工件的测量、工件调头、手动变速等操作。

(2)选择暂停指令 M01

M01 与 M00 功能相同。只是 M01 功能是否执行,由机床操作面板上的"选择暂停"开关控制。当选择暂停开关处于 ON 状态时,程序执行到 M01 指令时,程序暂停。若"选择暂停"开关处于 OFF 状态时,则 M01 在程序中不起作用,即程序执行到 M01 指令时,程序不暂停。

(3)程序结束指令 M02

M02 为程序结束指令,一般放在主程序的最后一个程序段中。

当数控系统执行到 M02 指令时,机床主轴、进给、冷却液全部停止,加工结束,此时光标位于最后一个程序段,若要重新执行该程序,需重新调用该程序,或将光标移至程序头,再按操作面板上的"循环启动"键。

(4)程序结束并返回到程序头指令 M30

M30 与 M02 功能基本相同,只是执行到 M30,程序结束,光标返回到程序头。使用 M30 结束程序后,若要重新执行该程序,只需再次按操作面板上的"循环启动"键。

(5)主轴控制指令 M03、M04、M05

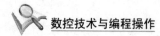

M03 主轴按程序中 S 设定的转速逆时针旋转（从 Z 轴正向朝 Z 轴负向看），即主轴正转，如 M03 S1000，即主轴以 1000r/min 正转。

M04 主轴按程序中 S 设定的转速顺时针旋转（从 Z 轴正向朝 Z 轴负向看），即主轴反转，如 M04 S1000，即主轴以 1000r/min 反转。

M05 主轴停止旋转。

(6)冷却液开 M08、冷却液关 M09

M08 指令打开冷却液。

M09 指令关闭冷却液。

3.进给功能 F 指令

F 指令指定刀具相对于工件的合成进给速度。指令格式：F ＊＊＊＊，即 F 后跟进给速度值。进给速度 F 的单位取决于 G98（每分钟进给量，mm/min）或 G99（主轴每转一转刀具的进给量，即每转进给量，mm/r）。

4.主轴转速 S 指令

S 指令用来指定主轴转速或切削线速度，单位 r/min 或 m/min。可使用 G96 恒线速切削和 G97 恒转速切削指令配合 S 指令指定主轴转速。例如，G96 S100 表示控制主轴转速，使切削点的线速度始终保持在 100m/min，此时，一般应限定主轴最高转速，如 G50 S1800。再如 G97 S1000 表示取消 G96，即主轴为恒转速切削，其转速为 1000r/min，一般数控车床默认恒转速方式。

5.刀具功能 T 指令

T 指令为换刀并调用刀具补偿值。执行 T 指令，刀架转动，选用指定的刀具并调用刀具补偿值。T 指令后跟 4 位数字，前两位为刀具号，后两位为刀具补偿号。一般来说，编程时常取刀具号与补偿号的数字相同，例如 T0101 表示选用 1 号刀具，调用 1 号刀具补偿值。FANUC 0i 系统 T 指令后跟 4 位数或前导 0 省略后跟 2 位数均可，如 T0101 和 T11 可通用都表示选用 1 号刀具，调用 1 号刀具补偿值。SIEMENS 802D 系统一般换刀 T 指令前加 M06，如 M06 T02 即调用 2 号刀及 2 号刀具补偿值，前导 0 可省略，即 M6 T2。

习　题

1.数控车床坐标系如何规定？

2.简述数控编程的主要步骤。

3.叙述下列程序段含义：

N0001 G00 X100 Z100；

N0002 T0101；

N0003 M03 S500；

N0004 G01 X50 Z50；

N0005 M30；

4.M00 与 M01 指令的区别是什么？

项目二 基本指令编程

一、项目任务

如图 7-6 所示,设零件各表面已完成粗加工,编写零件外圆轮廓的精加工程序。

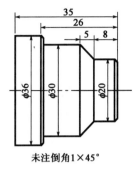

图 7-6 项目任务工件图

二、项目分析

编写如图 7-6 所示工件精加工程序,应用 G00(快速定位)、G01(直线插补)指令,及倒角功能,刀具按 F 值设定的进给速度沿工件轮廓轨迹进给切削,完成工件精加工。

三、项目要求

(1)掌握 G00、G01 指令格式、功能。

(2)掌握倒角编程方法。

(3)能用简单编程指令编制完整的外圆精加工程序。

四、项目知识

1. 直径方式编程

数控车床出厂一般设置为直径方式编程,即 X 轴坐标以直径尺寸表示。

2. 进给速度单位设定指令(每分钟进给 G98、每转进给 G99)

指令格式:G98/G99 G01 X ＿＿＿ Z ＿＿＿ F ＿＿＿

指令功能:

(1)G98 表示每分钟进给,即进给速度 F 后数值单位为 mm/min。

(2)G99 表示每转进给,即进给速度 F 后数值单位为 mm/r。

指令说明:

(1)G98 为模态 G 代码,开机时默认 G98 有效,若编程进给速度 F 值单位采用 mm/min,程序中 G98 可不写。

(2)G99、G98 为同组模态 G 代码,只能一个有效。若程序段为 G99 方式,如系统执行程序段 G99 G01 X50 Z−30 F0.1 时,把进给速度 F 值(mm/r)与当前主轴转速(r/min)的乘积作为指令进给速度控制实际的切削进给速度,主轴转速变化时,实际的切削进给速度随之变化。使用 G99 方式,可以在工件表面形成均匀的切削纹路。

3. 快速定位指令(G00)

指令格式:G00 X(U)＿＿＿ Z(W)＿＿＿

指令功能:X 轴、Z 轴同时从起点(当前点)以各自最快速度运动到终点(目标点)。

指令说明:

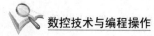

（1）G00 实际运动轨迹则根据具体控制系统的设计情况而定,可以是多样的。如图 7-7 所示,从 A 到 B 点可以有 4 种轨迹。

（2）G00 指令为模态 G 代码。其中 X(U)、Z(W)为目标点坐标,G00 指令后不需指定进给速度 F 指令,其运动速度由机床厂家预先设置好。G00 一般用于刀具快速趋近工件或快速退刀。如图 7-8 所示,刀具从换刀点(刀具起点)A 快进到切削起点 B 准备车外圆。

绝对坐标方式编程:G00 X20 Z2

相对坐标方式编程:G00 U−80 W−98

混合坐标方式编程:G00 U−80 Z2

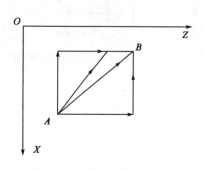

图 7-7　G00 指令刀具运动方式

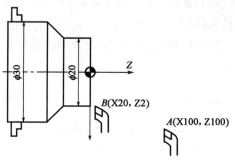

图 7-8　G00 指令使用实例

4.直线插补指令(G01)

指令格式:G01 X(U)＿＿ Z(W)＿＿ F ＿＿

指令功能:刀具从起点(当前点)按程序段中 F 值设定的进给速度,直线进给运动到 X(U)＿＿ Z(W)＿＿坐标点(目标点)。

指令说明:

（1）G01、F 都是模态代码,其中 X(U)、Z(W)是目标点坐标。

（2）在 G01 程序段必须有 F 指令,F 指令值执行后,此指令值一直保持,直至新的 F 指令值。其实际的切削进给速度为机床进给倍率与 F 指令值的乘积,后续其他 G 指令使用的 F 指令功能相同时,不再详述。

5.倒角功能

倒角功能是在工件两轮廓间插入直线倒角或圆弧倒角。

（1）广数 GSK980TD 系统直线倒角指令格式:

G01 X(U)＿＿ Z(W)＿＿ L ＿＿

（2）广数 GSK980TD 系统圆弧倒角指令格式:

G01 X(U)＿＿ Z(W)＿＿ D ＿＿

（3）FANUC Oi−MATE−TC 系统倒角指令格式:

G01 X(U)＿＿ Z(W)＿＿ C ＿＿ (直线倒角)

G01 X(U)＿＿ Z(W)＿＿ R ＿＿ (圆弧倒角)

SIMENS 802D 系统倒角的指令格式为:

G01 X(U)＿＿ Z(W)＿＿ CHR＝＿＿(直线倒角,CHR 值为倒角的直角边长)

G01 X(U)＿＿＿ Z(W)＿＿＿ CHF＝＿＿＿（直线倒角,CHF 值为倒角的斜边长度）

G01 X(U)＿＿＿ Z(W)＿＿＿ RND＝＿＿＿（圆弧倒角,RND 值为倒圆半径）

指令说明：

如图 7-9 所示,式中 X、Z 值是两相邻轮廓线的交点绝对坐标值,即假想拐角交点（G 点）的坐标值；U、W 值是假想拐角交点（G 点）相对于起始直线轨迹的始点（E 点）的增量坐标值。L 值（FANUC Oi－MATE－TC 系统为 C 值）是假想拐角交点（G 点）相对于倒角始点（F 点）的距离；D 值（FANUC Oi－MATE－TC 系统为 R 值）是倒角圆弧的半径。

五、项目实施

本项目工件如图 7-10 所示,精加工程序见表 7-3。

图 7-9 倒角功能

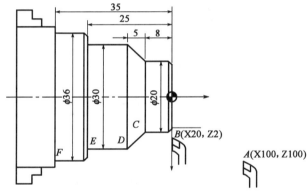

图 7-10 项目工件图

表 7-3

程 序 内 容	说 明
O8888	程序名
N10 G00 X100 Z100;	快速定位至 A 点（换刀点）
N20 M03 S1000 T0101	主轴正转,转速 1000r/min,换 1 号刀和调用 1 号刀补
N30 G00 X22 Z0	快速定位至 B 点（切削起点）
N40 G01 X－0.5 F60 M08	车削端面,进给速度 60mm/min,冷却液开,Z 坐标不变省略
N50 G99 G01 X20 L1 F0.1	每转进给,进给速度 0.1mm/r,倒角
N60 G99 G01 Z－8 F0.1	直线插补至 C 点,注：G01、G99、F0.1 为模态指令,持续有效可省略,该程序段可写为：N60 Z－8
N60 X30 Z－13	直线插补至 D 点

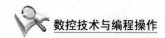

续上表

程 序 内 容	说　　明
N70 G98 Z−25 F80	直线插补至 E 点，每分钟进给，进给速度 80mm/min
N80 X36 L1	倒角
N90 Z−35	直线插补至 F 点
N100 G00 X100 Z100	退刀至 X100 Z100 坐标点
N110 M05	主轴停
N120 M30	程序结束

习　　题

1. 如图 7-11 所示，设零件各表面已完成粗加工，编写零件外圆轮廓的精加工程序。

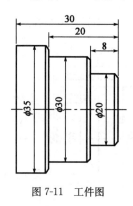

图 7-11　工件图

项目三　固定循环指令编程

一、项目任务

采用内径/外径切削循环指令(G90)编写如图 7-12 所示工件加工程序。毛坯材料 φ52×70，孔用 φ18 钻头先钻好。

二、项目分析

应用端面切削循环指令(G94)车削端面；内径/外径切削循环指令(G90)固定循环(或称单一循环)粗、精车外圆、锥体，再换内孔刀应用 G90 指令粗、精车内孔，完成工件编程。

三、项目要求

(1)掌握 G90 指令、G94 指令格式、功能及编程应用。

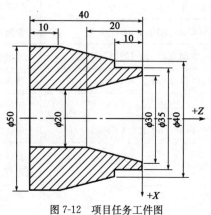

图 7-12　项目任务工件图

（2）能用 G90 指令、G94 指令编制完整的外圆、端面加工程序。

（3）能用 G90 指令编制完整的内孔加工程序。

四、项目知识

对于加工余量较大的表面，需多次进刀加工，为减少程序段的数量，缩短编程时间，减少程序所占的内存，可采用循环编程。

1. 内径/外径切削循环指令(G90)

指令格式：G90 X(U)＿＿＿ Z(W)＿＿＿ F ＿＿＿（圆柱面切削循环）

　　　　　G90 X(U)＿＿＿ Z(W)＿＿＿ R ＿＿＿ F ＿＿＿（圆锥面切削循环）

指令功能：从切削起点开始，沿径向（X 轴）进刀，圆柱面切削循环为沿轴向（Z 轴）切削；圆锥面切削循环为沿轴向、径向同时（X 轴、Z 轴同时）切削，实现圆柱面或圆锥面切削循环。G90 指令适用于车削结构简单的轴类零件。

指令说明：

（1）循环动作过程，如图 7-13 所示。

①X 轴快进至与终点 X 坐标相同的位置上，即至切削起点（B 点）。

②Z 轴以 F 值设定的进给速度车削至切削终点（C 点）。

③X 轴以进给速度退至与起点同一 X 坐标的位置。

④Z 轴快进退回起点，循环结束。

（2）X、Z 为循环切削终点绝对坐标，U、W 为切削终点相对起点（A 点）的增量坐标值，F 为切削进给速度，有模态功能。

（3）如图 7-14 所示，R 值为切削圆锥时切削起点与切削终点 X 轴绝对坐标的差值（半径值），当刀具起于锥体大端时，R 为正值；当刀具起于锥体小端时，R 为负值，即切削起点 X 坐标大于切削终点 X 坐标时，R 值为正值，反之为负值。

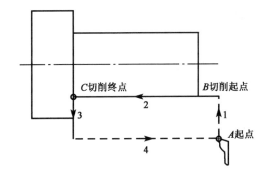

图 7-13　G90 循环动作过程

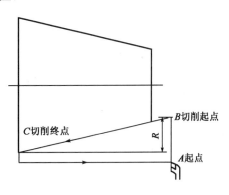

图 7-14　切削圆锥体 R 值

2. 端面切削循环指令 G94

指令格式：G94 X(U)＿＿＿ Z(W)＿＿＿ F ＿＿＿

　　　　　G94 X(U)＿＿＿ Z(W)＿＿＿ R ＿＿＿ F ＿＿＿

指令功能:从切削起点开始,沿轴向(Z轴)进刀,圆柱面切削循环为沿径向(X轴)切削;圆锥面切削循环为沿径向、轴向同时(X轴、Z轴同时)切削,实现端面或圆锥面切削循环。G94指令适用于车削盘类零件。

指令说明:

(1)循环动作过程,如图7-15所示。

①Z轴快进至与切削终点Z坐标相同的位置上,即至切削起点(B点);

②X轴以F值设定的进给速度车削至切削终点(C点);

③Z轴以进给速度退至与起点同一Z坐标的位置;

④X轴快进退回起点,循环结束。

(2)X(U)、Z(W)、R、F与G90指令中的含义基本相同,其中R为圆锥面切削起点相对终点在Z轴的增量坐标值,R有正负之分,切削起点Z坐标小于切削终点Z坐标时,R值为负值。

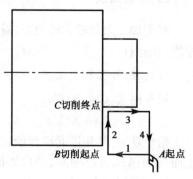

图7-15　G94循环动作过程

项目实施

项目任务工件加工程序。

O0800

G00 X100 Z100

M03 S500 T0101

G00 X54 Z2　　　　　　　(刀具移至G94车削端面及G90车削外圆切削循环起点)

G94 X0 Z0 F60　　　　　　(车削端面)

G90 X50 Z—40 F60　　　　(G90指令循环车削Φ50、Φ35外圆)

X46 Z—10

X42

X38

X35

G00 X52 Z—8　　　　　　(刀具移至G90车削锥体切削循环起点)

G90 X50 Z—30 R—2 F60　(G90指令循环车削锥体)

R—4

R—5.5

G00 X100 Z100　　　　　　(回换刀点)

T0202　　　　　　　　　　(换内孔刀)

G0 X17 Z2　　　　　　　　(刀具移至G90车削内孔切削循环起点)

G90 X20 Z—41 F50　　　　(G90指令循环车削内孔)

X20 Z—20 R2

R4

R5.5

G00 X100 Z100

M05

M30

习　　题

1. 采用端面切削循环指令(G94)编写如图 7-16 所示工件加工程序。

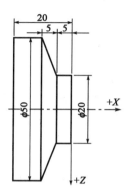

图 7-16　编程习题图

项目四　复合循环指令编程

一、项目任务

应用复合循环指令 G71 编写如图 7-17 所示工件加工程序。

二、项目分析

应用粗车复合循环指令(G71)粗车外圆,编写精加工轨迹程序段,再应用 G70 指令沿工件轮廓轨迹进给,精车工件外圆。

三、项目要求

(1)掌握粗车复合循环指令(G71)指令格式;参数含义;刀具粗车路线及应用。

(2)掌握完整工件加工程序的编制。

四、项目知识

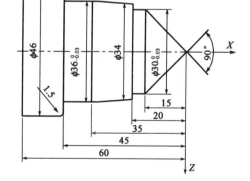

图 7-17　项目任务工件图

复合循环指令(多重循环指令)包括:内径/外径(轴向)粗车循环指令 G71、端面(径向)粗车循环指令 G72、封闭循环指令 G73、精加工循环指令 G70、径向切槽多重循环指令 G75。系统执行这些代码时,根据编程轨迹、进刀量、退刀量等数据自动计算切削次数和切削轨迹,进行多次进刀→切削→退刀→再进刀的加工循环,自动完成工件毛坯的粗、精加工。

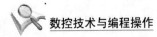

1. 内径/外径粗车循环指令 G71

以广数 GSK980TD 系统说明。内径/外径粗车循环指令 G71 也称轴向粗车循环指令,有两种粗车加工循环:类型Ⅰ和类型Ⅱ。

指令格式:G71 U(Δd) R(e) F＿＿ S＿＿ T＿＿

          G71 p (ns) Q (nf) U (Δu) W (ΔW) K0/1

N(ns) G00/G01 X(U)…   N(ns) G00/G01 X(U) Z(W)…

……………………… 类型Ⅰ   ……………………… 类型Ⅱ

N(nf)………………   N(nf)……………………

指令功能:系统根据精车轨迹、精车余量、进刀量、退刀量等数据自动计算粗车路线,沿与Z轴平行的方向切削,通过多次进刀→切削→退刀→再进刀的切削循环完成零件的粗加工。G71 的起点和终点相同。本代码适用于非成型毛坯(圆棒料)的成型粗车。

指令说明:

(1)程序段中各参数含义。

Δd:粗车时 X 向的切削量(即切削深度或称背吃刀量),半径值,无符号。

e:X 轴方向的每次退刀量,退刀方向与进刀方向相反,半径值,无符号。

ns:精车程序的第一个程序段号。

nf:精车程序的最后一个程序段号。

Δu :X 向(径向)的精加工余量。

Δw :Z 向(轴向)的精加工余量。

K:当 K 不输入或者 K 不为 1 时,系统不检查工件轮廓轨迹的单调性;当 K 等于 1 时,系统检查描述工件轮廓轨迹的单调性,即工件轮廓 X 轴坐标单调,为类型Ⅰ;工件轮廓 X 轴坐标非单调,为类型Ⅱ,G71 指令中加 K1。

S、T、F:可在第一个 G71 代码或第二个 G71 代码中,为粗车循环时的主轴转速、刀具功能、进给速度。在 G71 粗车循环中,ns~nf 间程序段的 S、T、F 功能都无效。执行 G70 精车程序段时,ns~nf 间程序段的 S、T、F 功能有效。

(2)G71 循环动作过程

如图 7-18 所示,G71 循环动作过程为:

①从起点 A 点快速移动到 A′点,X 轴移动 Δu、Z 轴移动 Δw;

②从 A′点 X 轴移动 Δd(进刀);

③Z 轴切削进给到粗车轮廓;

④退刀 e(沿 45°方向退刀),退刀方向与各轴进刀方向相反;

⑤Z 轴以快速移动速度退至 D 点;

⑥如果 X 轴再次进刀(Δd＋e)后,进刀的终点仍在

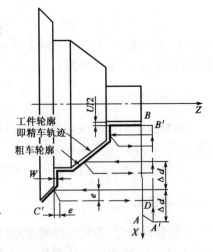

图 7-18　G71 循环动作过程

A′点→B′点之间(未到达或超出 B′点),X 轴再次进刀(Δd＋e),然后执行③;如果 X 轴再次进

刀($\Delta d + e$)后,移动的终点到达 B′或超出了 B′点,X 轴进刀至 B′点,然后执行⑦;

⑦沿粗车轮廓从 B′点切削进给至 C′点;

⑧从 C′点快速移动到 A 点,G71 循环执行结束,程序跳转到 nf 程序段的下一个程序段执行。

(3)类型Ⅱ不同于类型Ⅰ,如下所述:

①类型Ⅰ适用粗车工件轮廓 X 轴坐标单调(单调递增或单调递减)的工件,如图 7-18 所示工件,类型Ⅱ适用粗车工件轮廓 X 轴坐标不单调的工件,如本项目习题图工件,但是,沿 Z 轴的外形轮廓必须单调递增或单调递减,如图 7-19所示工件轮廓不能加工。

②精车程序的第一个程序段(ns)只能是 G00 或 G01 指令。类型Ⅰ:精车程序的第一个程序段(ns)只能指定 X(U)一个坐标;类型Ⅱ:精车程序的第一个程序段(ns)必须指定 X(U)和 Z(W)两个坐标,当 Z 轴不移动时也必须指定 W0,且 G71 指令中加 K1。

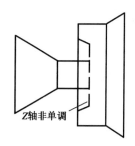

图 7-19　Z 轴非单调的工件

③对于类型Ⅱ,精车余量只能指定 X 方向,如果指定了 Z 方向,则会使整个加工轨迹发生偏移,如果指定最好指定为 0,即 W0。

(4)ns~nf 程序段中,只能有 G 功能:G00、G01、G02、G03、G04、G05、G96、G97、G98、G99、G40、G41、G42 指令,不能有子程序调用代码(如 M98/M99)。G96、G97、G98、G99、G40、G41、G42 指令在执行 G71 指令中无效,执行 G70 精加工循环时有效。

(5)G71 指令可以进行内孔粗车循环,但此时的径向精车余量 Δu 取负值。

(6)FANUC 0i-MATE-TC 系统,G71 指令只能粗加工 X 和 Z 轴尺寸都是单调递增或单调递减工件,即无类型Ⅱ。

2. 精车循环指令(G70)

指令格式:G70 p (ns) Q (nf)

指令功能:刀具沿起点位置沿着 ns~nf 程序段给出的工件精加工轨迹(工件轮廓轨迹)进行精加工。在 G71,G72,G73 进行粗加工后,用 G70 指令进行精车,单次完成精加工余量的切削。G70 循环结束时,刀具返回到起点并执行 G70 程序段后的下一程序段。

指令说明:

(1)程序段中参数含义。

ns:精车程序的第一个程序段号。

nf:精车程序的最后一个程序段号。

(2)G70 指令不能单独使用,须应用在 G71、G72、G73 指令之后。

(3)ns、nf 程序段中指定的 F、S、T 在精车时才有效,只有当 ns、nf 程序段中不指定 F、S、T 时,粗车循环中指定的 F、S、T 才有效。

(4)当 G70 循环加工结束时,刀具返回到起点并读下一个程序段。所以在使用 G70 指令时应注意其快速退刀的路线,以防刀具与工件碰撞。

五、项目实施

本项目工件加工程序:

O6000

G00 X100 Z100

M03 S500 T0101

G00 X48 Z2　（快移至 G71 循环起点）

G71 U1.5 R1 F100

G71 P70 Q150 U0.5 W0.1

N70 G00 X0｜（工件 X 轴单调，只能出现 X 坐标，不能出现 Z 坐标）

G01 Z0 F60

X30 Z－15

Z－20

X34　　　　　（精车轨迹的程序段）

X36 Z－35

Z－45

X46 D1.5

N150 Z－60

M03 S1000　（精车转速）

G70 P70 Q150（刀具沿工件轮廓进给精车）

G00 X100 Z100

M05

M30

六、知识拓展

1. 径向粗车循环指令 G72

指令格式：G72 W（Δd）R（e）F ＿＿＿ S ＿＿＿ T ＿＿＿

　　　　　G72 p（ns）Q（nf）U（Δu）W（ΔW）

　　　　　N（ns）G00/G01 Z（W）…

　　　　　……………………………

　　　　　N（nf）………………

指令功能：沿与 X 轴平行的方向切削，通过多次进刀→切削→退刀→再进刀的切削循环完成零件的粗加工。G72 的起点和终点相同。本代码适用于盘类零件的成型粗车。

指令说明：

（1）参数含义：

①Δd：粗车时 Z 向的切削量（即 Z 向切削深度或称背吃刀量），半径值，无符号。

②e：Z 轴方向的每次退刀量，退刀方向与进刀方向相反。其他的参数同 G71 中的参数含义相同。

（2）精车程序的第一个程序段（ns）只能是 G00 或 G01 指令，并且只能指定 Z（W）一个坐标。

（3）G72 指令只能粗加工 X 和 Z 轴尺寸都是单调递增或单调递减工件，即无 G71 指令的类型Ⅱ。

（4）该指令的循环动作轨迹如图 7-20 所示,该指令是使刀具沿着平行于 X 轴方向进给切削。

2.固定形状粗车循环指令 G73

指令格式:G73 U（Δi）W（Δk）R（d）F ___ S ___ T

$\qquad$ G73 p（ns）Q（nf）U（Δu）W（Δw）

$\qquad$ N(ns) G00/G01 ……

$\qquad$ …………………………

$\qquad$ N(nf)……………

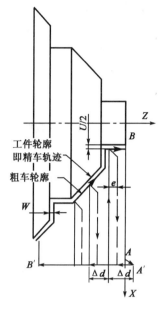

图 7-20　G72 循环动作过程

指令功能:系统根据精车余量、进刀量、切削次数等数据自动计算粗车偏移量、粗车的单次进刀量和粗车轨迹,每次切削的轨迹都是精车轨迹的偏移,切削轨迹逐步靠近精车轨迹,最后一次切削轨迹为按精车余量偏移的精车轨迹。G73 的起点和终点相同。本代码适用于成型毛坯的粗车,如铸造或锻造毛坯。

指令说明:

(1)该程序段中各参数含义。

Δi:X 轴方向的退刀量,也是粗车时的径向切除余量,半径值,有正负号,粗车时向 X 轴负方向切削,Δi>0。

Δk:Z 轴方向的退刀量,也是粗车时的轴向切除余量,半径值,有正负号,粗车时向 Z 轴负方向切削,Δk>0。

d:粗车循环次数。

其他参数与 G71,G72 中的参数含义相同。

(2)该指令的循环动作过程(走刀路线)如图 7-21 所示。刀具从循环起点(C 点)开始,快

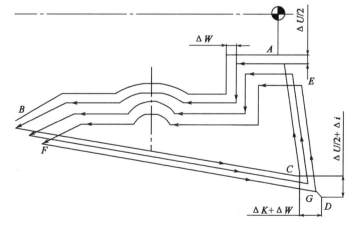

图 7-21　G73 循环动作过程

速退刀至 D 点(在 X 向的退刀量为 Δu/2＋Δi,在 Z 向的退刀量为 Δw＋Δk),然后快速进刀至 E 点(E 点坐标由 A 点坐标、精加工余量、退刀量 Δi、Δk 及粗车次数确定),再沿轮廓形状偏移一定值后切削至 F 点,最后快速返回 G 点,进行第二次循环切削。

习　题

1.编写如图 7-22 所示工件加工程序。

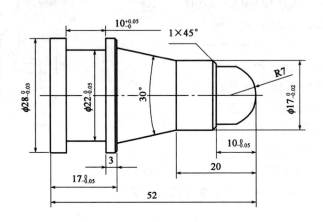

图 7-22　编程练习工件图

项目五　圆弧插补指令

一、项目任务

编写如图 7-23 所示工件加工程序。

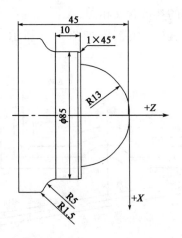

图 7-23　项目任务工件图

二、项目分析

应用粗车复合循环指令(G71)粗车外圆,编写精加工轨迹程序段,圆弧轮廓采用顺时针圆弧插补指令(G02)、逆时针圆弧插补指令(G03)编程,为使工件表面粗糙度一致采用主轴恒线速控制指令(G96)编程,再应用 G70 指令沿工件轮廓轨迹进给,精车工件外圆。

三、项目要求

(1)掌握恒线速控制指令(G96)、恒转速控制指令(G97)的应用。

(2)掌握圆弧顺、逆时针方向判别。

(3)掌握圆弧插补指令 G02、G03 格式,并能正确使用。

(4)进一步掌握完整工件加工程序的编制。

四、项目知识

1. 主轴速度控制指令(恒线速控制 G96、恒转速控制 G97)

指令格式:G96/G97 M03 S____

指令功能:

(1)G96 表示主轴恒线速控制,即主轴转速 S 值单位为 m/min。

(2)G97 表示主轴恒转速控制,即主轴转速 S 值单位为 r/min。

指令说明:

(1)G96、G97 为同组模态 G 代码,只能一个有效。开机时默认 G97 有效,若编程采用主轴恒转速控制,程序中 G97 可不写。

(2)采用主轴恒线速控制 G96 方式时,主轴转速随着 X 轴绝对坐标值的绝对值而变化,X 轴绝对坐标值的绝对值增大,主轴转速降低,反之,主轴转速提高,使得切削线速度保持恒定为 S 代码值。使用恒线速控制功能切削工件,可使得直径变化较大的工件表面光洁度保持一致,所以主轴恒线速控制一般应用于直径变化较大的工件或有球形结构工件或有较大圆弧轮廓的工件。

(3)采用主轴恒线速控制 G96 方式时,一般采用 G50 S____限制主轴最高转速,因为按线速度和 X 轴坐标计算的主轴转速若高于 G50 S____设置的限制主轴最高转速限制值时,实际主轴转速为主轴最高转速限制值即 G50 S____设置的值。其程序段格式如:

G96 M03 S100 (主轴逆时针转即正转,恒线速控制方式,线速度为 100m/min)

G50 S1500 (限制主轴最高转速值为 1500r/min)

注意:①若不写 G50 S____,此时主轴转速限制值为当前主轴挡位的最高转速。

②广数 980TD 系统及 FANUC Oi－MATE－TC 系统该程序段应分两行写,SI-MENS 802D 系统格式为:G96 S____ LIMS=____。

2. 圆弧插补指令(G02、G03)

(1)用圆弧半径指定圆心位置

指令格式:G02/G03 X(U)____ Z(W)____ R ____ F ____

(2)用I、K指定圆心位置

指令格式:G02/G03 X(U)＿＿ Z(W)＿＿ I ＿＿ K ＿＿ F ＿＿

指令功能:G02:刀具从圆弧起点到终点顺时针圆弧插补;G03:刀具从圆弧起点到终点逆时针圆弧插补。

指令说明:

(1)圆弧顺逆方向判别:数控车床是两坐标的机床,只有X轴、Z轴,应按右手定则的方法将Y轴也考虑进来,观察者沿与圆弧所在平面(X—Z平面)垂直的坐标轴的负方向(—Y)看去,顺时针圆弧方向为G02,逆时针圆弧方向为G03。如图7-24所示,即前置刀架数控车床,顺时针圆弧插补为G03,逆时针圆弧插补为G02;后置刀架数控车床,逆时针圆弧插补为G03,顺时针圆弧插补为G02。

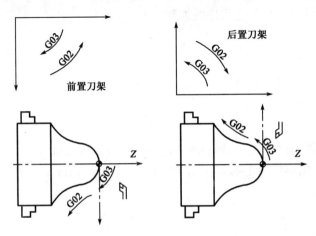

图7-24　圆弧顺逆判别

(2)用绝对坐标值编程时,用X、Z表示圆弧终点在工件坐标系中的坐标值。用增量坐标值编程时,用U、W表示圆弧终点相对于圆弧起点的增量值。

(3)用圆弧半径指定圆心位置时,R为圆弧半径,编程时规定:圆心角小于或等于180°的圆弧R值为正值,圆心角大于180°的圆弧R值为负值。R值不能描述整圆(会出现无数个),只能使用I、K值编程,此时圆弧终点和起点X、Z值相同。

(4)圆心坐标I、K为圆弧中心相对圆弧起点分别在X、Z轴方向的增量坐标值,I、K带有"＋、—"号,I为半径差值,如图7-25所示。

(5)SIMENS 802D系统用圆弧半径指定圆心位置,指令格式:G02/G03 X(U)＿＿ Z(W)＿＿ CR=＿＿F＿＿

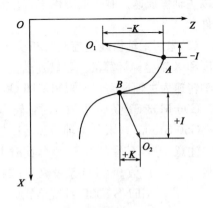

图7-25　圆弧插补指令I、K值

五、项目实施

O1111；

G00 X100 Z100 （回换刀点）

M03 S500 T0101

G00 X50 Z2 （刀具移至 G71 粗车循环起点）

G71 U1.5 R1 （粗车外圆）

G71 P60 Q130 U0.5 W0.1 F120

N60 G01 X0 F200 （工件 X 轴单调，精加工第一程序段只能出现 X）

Z0

G03 X26 Z−13 R13 F80 （前置刀架 G03 顺时针圆弧插补）

G01 X35 L1 （倒角）

Z−23

G02 X45 Z−33 I5 D1.5 F80 （前置刀架 G02 逆时针圆弧插补，并倒 R1.5 角）

N130 G01 Z−45

G96 M03 S100 （恒线速切削，切削点线速度 100m/min）

G50 S1500 （限定主轴最高转速 1500r/min）

G70 P60 Q130

G00 X100 Z100

G97 MO3 S400 T0202 （恒转速切削，换 2 号刀，即切断刀，刀宽 3mm）

G00 X50 Z48 （快速定位到切断起点）

G01 X0 F25 （切断）

U58 F200 （退刀，增量坐标编程）

G00 X100 Z100

M05

M30

习　题

1. 编写如图 7-26 所示工件加工程序。

项目六　切槽循环指令

一、项目任务

编写图 7-27 所示工件切槽加工程序。

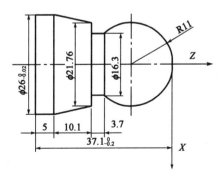

图 7-26　编程练习工件图

二、项目分析

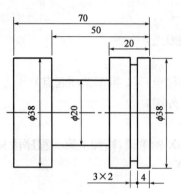

图 7-27　项目任务工件图

应用 G01 指令直接切窄槽,径向切槽循环指令(G75)循环切削宽槽,为降低槽底粗糙度,切槽刀切至槽底可应用 G04 指令短暂延时。

三、项目要求

(1)径向切槽循环指令(G75)格式、参数含义及应用。
(2)暂停指令(G04)格式、应用。
(3)能编制完整的切槽加工程序。

四、项目知识

1. 暂停指令(G04)

指令格式:G04 X＿＿＿ 或 G04 P＿＿＿

指令功能:进给暂停,延时给定的时间后,再执行下一个程序段。

指令说明:

(1)X、P 为暂停时间,X 单位为秒(s),如 G04 X2 即暂停 2 秒;P 单位为毫秒(ms),P 值为整数,如 G04 P1000,即暂停 1000ms。

(2)执行该指令,可以使程序进入暂停状态,此时,机床进给暂停,其余工作状态保持,即刀具进行短暂的无进给光整加工。常用于切削环形槽、盲孔和孔等场合,以降低表面粗糙度,但注意暂停时间不易长否则刀具易磨损。

2. 径向切槽循环指令(G75)

指令格式:G75 R(e)
　　　　　G75 X(U)＿＿＿ Z(W)＿＿＿ p(Δi) Q(Δk) R(Δd) F＿＿＿

指令功能:循环切削宽槽

指令说明:

(1)G75 中的参数含义如下:

e:每次径向(X 轴)进刀后的径向退刀量,半径值,无符号。

X(U)、Z(W):切槽终点坐标。

Δi:径向(X 轴)的每次切深,半径值,无符号,单位微米。

Δk:刀具完成一次径向切削后在 Z 方向上的进刀量,无符号,单位微米。

Δd:刀具切削至槽底,Z 方向退刀量,该参数一般不指定,视为 0。

F:径向切削时的进给速度。

(2)本指令的运动轨迹如图 7-28 所示,刀具从循

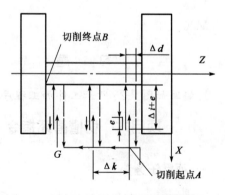

图 7-28　G75 循环动作过程

环起点(A 点)开始,沿径向进刀 Δi,退刀 e(起到断屑、及时排屑的作用),进给终点仍在径向切削循环起点 A 与径向进刀终点(槽底 X 坐标)之间,X 轴再次切削进给(Δi+e),按循环递进切削至槽底再退刀到起刀点,完成一次循环。沿轴向偏移 Δk 后,进行第二次切削循环。依次切削至槽终点(B 点),径向退刀至 G 点,再轴向退刀至 A 点。

五、项目实施

O0005
G00 X100 Z100
M03 S400 T0202 　　　　(主轴 400r/min 正转,调用 2 号切槽刀,刀宽 3mm)
G00 X40 Z7
G01 X34 F30 　　　　(切至窄槽底)
G04 X1 　　　　(暂停 1 秒,降低槽底粗糙度)
X40
G00 Z23 　　　　(快速定位至切槽循环指令 G75 起点,Z 轴坐标加刀宽)
G75 R0.5 F30
G75 X19.8 Z−50 P3000 Q2500 (X 轴每次进刀 3mm,退刀 0.5mm,进给到槽底(X20)
　　　　　　　　　　　　　　后,快速返回至 X40,Z 轴负向进刀 2.5mm,循环以上步
　　　　　　　　　　　　　　骤加工完槽)
G01 X20 F30
G04 X1
W−27 　　　　(用切断刀沿槽底 Z 轴负向车至槽终点,槽底车光洁)
G00 X40
G00 X100 Z100
M05
M30

六、知识拓展

轴向切槽循环指令 G74

指令格式:G74 R (e)
　　　　　G74 X(U)＿＿＿ Z(W)＿＿＿ p (Δi) Q (Δk) R (Δd) F ＿＿＿

指令功能:此指令用于在工件端面加工环形槽或钻深孔。从起点轴向(Z 轴)进给、回退、再进给……直至切削到与切削终点 Z 轴坐标相同的位置(槽底),然后径向回退至与起点 Z 轴坐标相同的位置,完成一次轴向切削循环。径向再次进刀后,进行下一次轴向切削循环。切削到切削终点后,返回起点(起点与终点相同),轴向切槽完成。轴向断续切削起到断屑、及时排屑的作用。

指令说明:

G71 指令中的参数含义与 G75 中的基本相同,只是下列不同:

Δi：刀具完成一次切削循环后在径向（X 轴）的进刀量，半径值，无符号。

Δk：Z 轴方向的每次切深，无符号。

习　题

1. 编写如图 7-29 所示工件加工程序。

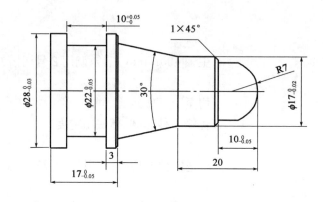

图 7-29　编程练习工件图

项目七　刀具补偿功能

一、项目任务

在前置刀架坐标系中编写如图 7-30 所示零件的加工程序。要求应用刀具半径补偿功能。使用刀具号为 T01，刀尖半径 R=0.2，假想刀尖号 T=3。

二、项目分析

程序中应用刀具半径补偿功能以提高工件加工尺寸精度，但要会判断刀具半径补偿方向、假想刀尖号并能正确设置补偿值，才能使刀具半径补偿功能生效。

三、项目要求

（1）理解刀具补偿功能概念。

（2）掌握刀具补偿方向、假想刀尖号的判别。

（3）能正确设置刀具补偿值。

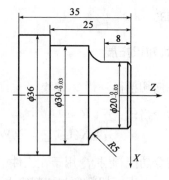

图 7-30　项目任务工件图

四、项目知识

数控车床根据刀具实际尺寸，自动改变机床坐标轴或刀具点位置，使实际加工轮廓和编程刀具轨迹完全一致的功能，称为刀具补偿功能。它分为刀具长度补偿和刀具半径补偿两种。

1. 刀具长度补偿

刀具长度补偿也称为刀具位置补偿,是用来补偿刀具长度和基准刀具长度之差的。车床数控系统规定 X 轴与 Z 轴可同时实现刀具补偿。当刀具磨损后或工件尺寸有误差时,只需修改系统刀具补偿值显示页面中的 X、Z 向补偿值即可。如加工外圆表面时,如果刀具切削外圆直径比要求的尺寸大了 0.2mm 时,此时只需要将刀具补偿寄存器中的 X 值减小 0.2mm,即在刀具补偿值显示页面中输入 U-0.2,并用原刀具程序重新加工即可修整该加工误差。Z 向误差或刀具磨损后,也以此方法进行修正。例如,T0101 表示调用 01 号刀具和 1 号刀具长度补偿值(刀补),刀补值存在 1 号寄存器中。当出现 T0100 时,表示取消 1 号刀具的长度补偿。

2. 刀尖圆弧半径补偿(G41/G42/G40)

在实际加工中,为了提高刀具强度和工件加工质量,常将车刀刀尖磨成圆弧状,如图 7-31 所示。编程时以理想刀尖点 A 来编程,数控系统控制 A 点的运动轨迹。切削时,实际起作用的切削刃是刀尖圆弧的各切削点,这会产生切削表面的形状误差,而刀尖圆弧半径补偿功能,就是用来补偿由于刀尖圆弧半径 R 引起的工件形状误差。

指令格式:G41/G42/G40　G00/G01　X(U)____ Z(W)____

指令功能:刀尖圆弧半径补偿功能如表 7-4 所示。

图 7-31　刀尖圆弧

刀尖圆弧半径补偿功能　　表 7-4

指　　令	功　　能
G41	刀具半径左补偿,沿着刀具运动方向看,刀具在工件左边
G42	刀具半径右补偿,沿着刀具运动方向看,刀具在工件右边
G40	取消刀具半径补偿

指令说明:

(1)假想刀尖方向

在实际加工中,假想刀尖点与刀尖圆弧中心点有不同的位置关系,因此要正确建立假想刀尖的刀尖方向(即对刀点是刀具的哪个位置)。从刀尖中心往假想刀尖的方向看,由切削中刀具的方向确定假想刀尖号。假想刀尖共有 10(T0~T9)种设置,共表达了九个方向的假想刀尖的位置关系。其中 T0 与 T9 是刀尖中心与起点一致时的情况,需特别注意即使同一刀尖方向号在不同坐标系(后刀座坐标系与前刀座坐标系)表示的刀尖方向也是不一样的,如图 7-32 所示。

(2)补偿值的设置

每把刀的假想刀尖号与刀尖半径值必须在应用刀补前预先设置。刀尖半径补偿值在偏置页面(即刀具半径补偿值显示页面,见表 7-5)下设置,R 为刀尖半径补偿值,T 为假想刀尖号。这样在程序中遇到 G41、G42、G40 指令时,才开始从刀具补偿的寄存器中提取数据并实施相应的刀尖半径补偿。

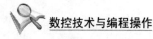

（3）补偿方向

G41：刀具半径左补偿，沿着刀具运动方向看，刀具在工件左边。

G42：刀具半径右补偿，沿着刀具运动方向看，刀具在工件右边。

G40：取消刀具半径补偿。

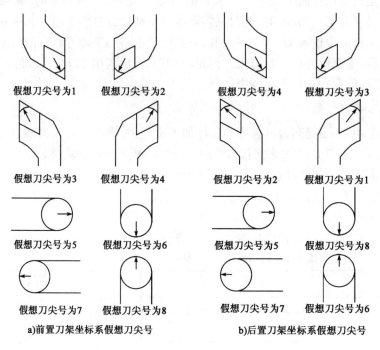

图 7-32　假想刀尖号

刀尖半径补偿值显示页面　　　　　　　　　　　　　　　　　　　表 7-5

序　　号	X	Z	R	T
000	0.000	0.000	0.000	0
001	0.020	0.030	0.020	2
002	1.020	20.130	0.180	3
……	……	……	……	……

广数 980TD 系统，其补偿方向分前置刀架坐标系和后置刀架坐标系两种情况。

①前置刀架坐标系：G41 是右刀补；G42 是左刀补。

②后置刀架坐标系：G41 是左刀补；G42 是右刀补。

补偿方向判别如图 7-33 和图 7-34 所示。

（4）刀尖半径补偿的建立与撤销只能用 G00 或 G01 指令，如 G01 G42 X20 Z0 F80，不能是圆弧代码（G02 或 G03），如果指定，会产生报警。

（5）在程序结束前必须指定 G40 取消刀具半径补偿。否则，再次执行时刀具轨迹偏离一个刀尖半径值。

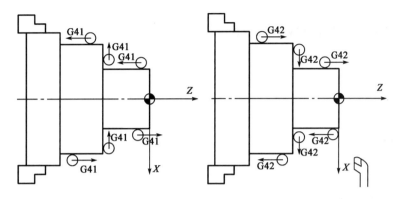

图 7-33 前置刀架坐标系补偿方向

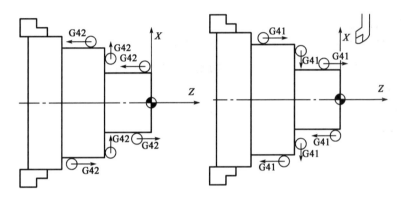

图 7-34 后置刀架坐标系补偿方向

五、项目实施

在刀偏设置页面中,刀尖半径 R 与假想刀尖号的设置见表 7-6。

表 7-6

序　号	X	Z	R	T
001			2.000	3
002	…	…	…	…
…	…	…	…	…
004	…	…	…	…

本项目程序:

G00 X100 Z100

M3 S500 T0101　　　　　（开主轴、换刀并执行刀具长度补偿）

G42 G00 X38 Z0　　　　　（建立刀尖半径左补偿）

G01 X−0.5 F60　　　　　（车端面）

G00 X38 Z2　　　　　（刀具至切削循环起点）

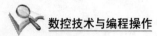

G71 U1.5 R1

G71 P0007 Q0014 U0.5 W0.1 F120

N0007 G00 X17

Z0

G01 X20 Z−1.5 F80

Z−8

G02 X30 W−5 R5

G01 Z−25

X36

N0014 Z−35

M3 S1000

G70 P0007 Q0014

G40 G00 X100 Z100；　　　　　　（取消刀具半径补偿）

M3 S400 T0202　　　　　　　（换切断刀，刀宽3mm）

G00 X38 Z−38

G01 X0 F30　　　　　　　　（切断）

X38 F200

G00 X100 Z100

M05

M30

习　题

1. 简述刀具半径补偿方向、假想刀尖号如何判别。

2. 简述刀具半径补偿值、假想刀尖号如何设置。

3. 刀尖半径补偿的建立与撤销用什么指令？若使用刀具半径补偿在程序结束前，必须指定G40取消刀具半径补偿，为什么？

4. 编写如图7-35所示工件加工程序，采用刀尖半径补偿功能。

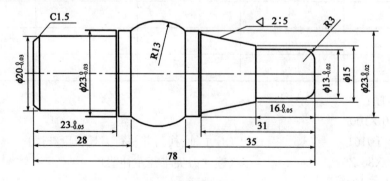

图7-35　编程习题工件图

项目八 螺纹切削循环指令

一、项目任务

编写如图 7-36 所示工件的螺纹加工程序。

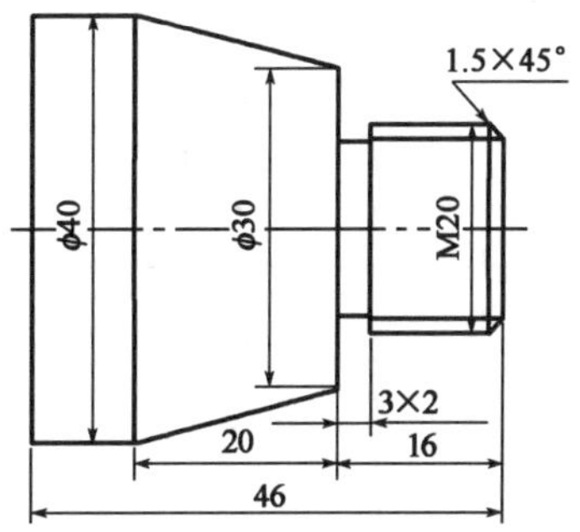

二、项目分析

本项目工件的螺纹应用螺纹切削循环指令(G92)编程加工,螺纹切削前的外圆加工要将直径车小,一般约 0.2~0.3mm,要设定好螺纹车削的起点、终点坐标,螺纹切削的进给次数与吃刀量。

图 7-36 项目任务工件图

三、项目要求

(1)掌握螺纹切削循环指令格式,参数含义。
(2)熟悉螺纹切削的要点及螺纹牙型高度计算。
(3)掌握常见螺纹切削的进给次数与吃刀量。
(4)会编写螺纹加工程序。

四、项目知识

螺纹切削循环指令格式:

G92 X(U)____ Z(W)____ F ____   (公制圆柱螺纹循环切削)
G92 X(U)____ Z(W)____ R ____ F ____ (公制圆锥螺纹循环切削)
G92 X(U)____ Z(W)____ I ____   (英制圆柱螺纹循环切削)
G92 X(U)____ Z(W)____ R ____ F ____ (英制圆锥螺纹循环切削)

指令功能:从切削起点开始,沿径向(X 轴)进刀,圆柱螺纹切削循环为沿轴向(Z 轴)切削;圆锥螺纹切削循环为沿轴向、径向同时(X 轴、Z 轴同时)切削,实现圆柱螺纹或圆锥螺纹切削循环。

指令说明:

(1)循环动作过程,如图 7-37 所示。
①X 轴从起点 A 快速移动到切削起点 B。
②从切削起点螺纹插补到切削终点 C。
③X 轴快速退刀返回到 D 点。
④Z 轴快速移动返回到起点 A 点。
(2)参数含义:
①X(U)、Z(W)为螺纹终点坐标,其中 U、W 为螺纹终点相对螺纹起点的增量坐标。
②F 为螺纹导程。
③I 为螺纹每英寸牙数。
④R 为车削锥螺纹时切削起点(B 点)与切削终点(C 点)X 轴绝对坐标的差值(图 7-37),

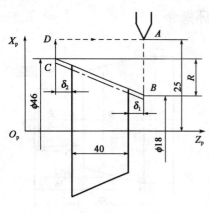

图 7-37 G92 循环动作

半径值,有正负,当车削圆锥螺纹起点 X 轴坐标大于终点 X 轴坐标时,R 为正值,反之为负值,图 7-37 中,R 值为负值。

(3)螺纹切削应注意在两端设置升速进刀段 δ_1 和降速退刀段 δ_2。如图 7-37 所示,δ_1 应不小于两倍导程,δ_2 应不小于 1~1.5 倍导程。

(4)螺纹顶径控制

螺纹切削时,由于刀具的挤压使得最后加工出来的顶径处塑性膨胀,所以,在螺纹切削前外圆加工中,将外圆柱直径车小,一般约 0.2~0.3mm,内圆柱直径车大,一般约 0.2~0.3mm。

(5)相关计算

螺纹牙型高度 h=0.6495P,P 为螺距(不是导程)。

(6)分层切深(以直径计)

一般第一刀取 0.5P;后取前一刀的 0.7 倍递减。

单刀最大切深不大于 1.2mm,最小不小于 0.1mm,常见螺距的螺纹每次循环切深见表 7-7。

常见螺纹切削的进给次数与吃刀量　　　　　　　　　　　　表 7-7

螺距(mm)		1.0	1.5	2	2.5	3	3.5
牙深(半径值)		0.649	0.974	1.299	1.624	1.949	2.273
切削次数及吃刀量(直径值)	1 次	0.7	0.8	0.9	1.0	1.2	1.5
	2 次	0.4	0.6	0.6	0.7	0.7	0.7
	3 次	0.2	0.4	0.6	0.6	0.6	0.6
	4 次		0.16	0.4	0.4	0.4	0.6
	5 次			0.1	0.4	0.4	0.4
	6 次				0.15	0.4	0.4
	7 次					0.2	0.2
	8 次						0.15

五、项目实施

O0012

G0 X100 Z100

M3 S700 T0101

G00 X13 Z2

G01 X19.8 Z-1.5 F60　　　　　　(倒 1.5×45°角)

G01 Z-16　　　　　　(车削螺纹外圆直径,车小 0.2mm,补偿车削螺纹顶径塑性膨胀)

G00 X100 Z100	（回换刀点）
M03 S500 T0202	（主轴转，换 2 号螺纹刀）
G00 X22 Z5	（快速定位至螺纹切削起点，螺纹升速段 5mm）
G92 X19.1 Z—14 F2	（螺纹第一次循环切削，切深 0.9mm）
X18.5	（G92、F 模态指令，Z 坐标不变，都可省略）
X17.9	（螺纹第三次循环切削，切深 0.6mm）
X17.5	
X17.4	
G00 X100 Z100	
M30	

六、知识拓展

1. 多重螺纹切削循环指令（G76）

指令格式：G76 p（m）(r)(a) Q（Δdmin）R（d）

G71 X(U)＿＿ Z(W)＿＿ R（i）p（k）Q（Δd）F（I）＿＿

指令功能：通过多次螺纹粗车、螺纹精车完成螺纹加工。G76 指令可以加工直螺纹和锥螺纹，可实现单侧刀刃螺纹切削，吃刀量逐渐减少，有利于保护刀具、提高螺纹精度。

指令说明，程序段中各参数含义：

m：螺纹精车次数，两位数，前置 0 不能省略。

r：倒角量，单位：0.1×螺纹导程 L，两位数，前置 0 不能省略。

a：螺纹牙型角。

Δdmin：螺纹粗车时的最小切削深度，半径值。

d：螺纹精车的切削深度，半径值。

X(U)、Z(W)：螺纹切削终点坐标。

i：螺纹锥度，螺纹起点与螺纹终点 X 轴绝对坐标的差值，未输入 R(i) 时，系统按 R(i)＝0（直螺纹）处理。

k：螺纹牙型高度（螺纹总切削深度），半径值。

Δd：第一次螺纹切削深度，半径值。

F：螺纹导程。

I：英制螺纹，每英寸螺纹牙数。

例如：本项目任务的螺纹加工程序可写为：

M03 S500 T0202	
G00 X22 Z5	（快速定位至螺纹切削起点，螺纹升速段 5mm）
G76 P011060 Q150 R0.05	（精车 1 次，倒角量等于螺距（10×0.1×螺纹导程），牙型角 60°，粗车的最小切深 0.15，精车的切削深度 0.05）
G76 X17.4 Z—14 P1300 Q500	（螺纹牙高 1.3，第一次螺纹切深 0.5）

2. 多线螺纹的加工

多线螺纹加工时要解决螺纹分线问题，根据多线螺纹各螺旋线在轴向和圆周方向等距分

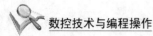

布特点,常见的分线方法有轴向分线法和圆周分线法两类。在数控车床上比较适用的是轴向分线法,即当车好一条螺旋槽后,把车刀沿轴向移动一个螺距,再车第二条螺旋槽。在数控车削多线螺纹时,以下几个方面需注意:

(1)相邻的两条螺纹线在用指令加工时起刀点的 Z 坐标相差一个螺距。

(2)在编程中,F 后面的值是导程,但在计算螺纹切削深度时,用螺距计算。

(3)精车螺纹刀刀刃要保持平直,光洁,锋利。如果刀具材料不太好,会因磨损影响螺纹精度,此时可考虑将粗、精加工分开或用两把刀具分别粗、精车等措施来保证分线精度。

习　题

1.编写如图 7-38 所示工件加工程序。

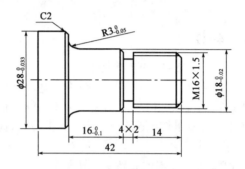

图 7-38　习题零件图

项目九　子程序调用

一、项目任务

编制子程序完成如图 7-39 所示零件的切槽加工。

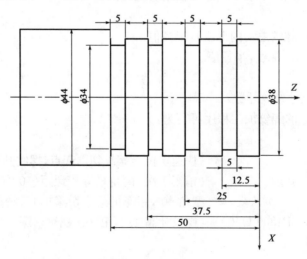

图 7-39　项目任务图

二、项目分析

本项目工件切槽程序编写成子程序,应用子程序调用指令(M98),调用子程序(即切槽程序)切槽。

三、项目要求

(1)掌握子程序的结构。
(2)掌握子程序调用指令格式。
(3)掌握子程序调用加工零件类型并能编写子程序调用加工程序。

四、项目知识

在一个程序中,多次出现或在几个程序中都要使用某组程序段,该组程序段可以做成固定的程序,并单独命名,这组程序就称为子程序。

1.子程序调用(M98)

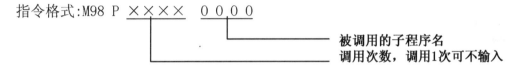

指令功能:在自动方式下,执行 M98 指令时,系统调用执行 P 指定的子程序。如 M98 P51200 表示调用名为 1200 子程序 5 次;而 M98 P1200 表示调用名为 1200 子程序1次。

2.子程序的结构

O××××   子程序名,命名规则与程序名相同

……   子程序内容

M99   子程序结束,返回到调用它的主程序中的 M98 指令的下一程序段继续执行,或 M99 P××××,子程序结束,返回主程序中 P 代码指定的主程序段继续执行。

主程序的程序段号

说明:

(1)子程序一般不可以作为单独的加工程序使用,它只能通过主程序调用来实现加工中的局部动作。

(2)子程序也可以调用下一级的子程序,广数 980TDb 系统、FANUC 0i 系统中可以调用 4 重子程序,即允许 4 级嵌套,SIMENS 802D 系统允许 3 级嵌套。

(3)必须在主程序后建立子程序,子程序结束时必须用 M99 指令。

五、项目实施

O0088

G00 X100 Z100	（回换刀点）
M03 S600 T0101	（主轴 600r/min 正转，调用 1 号刀和 1 号刀补即外圆刀）
G00 X46 Z2	（快速定位至 G90 循环起点）
G90 X42 Z−50 F100	
X39	（G90 循环车外圆）
X38	
G00 X100 Z100	（回换刀点）
M03 S300 T0202	（主轴 300r/min 正转，调用 2 号刀和 2 号刀补即切槽刀）
G00 X40 Z0	（快速定位至调用子程序的起点）
M98 P41188	（调用 1188 子程序 4 次）
G00 X100 Z100	
T0101	
M05	
M30	
O1188	
G01 W−12.5 F100	
X34 F30	（切入槽底）
X40	（退刀）
W2	（Z 轴正向偏移 2mm）
X34	（切入槽底）
G04 X1	（暂停 1 秒，修光槽底）
G01 W−2	（Z 轴负向偏移 2mm）
G00 X40	（退刀至下次调用子程序的起点）
M99	（子程序结束，返回主程序，共调用 4 次子程序，切 4 个槽）

习　题

1. 编写如图 7-40 所示工件加工程序，切 3 个槽采用调用子程序编程。

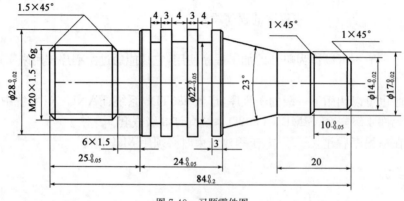

图 7-40　习题零件图

项目十 尺寸精度控制措施

一、项目任务

编写如图 7-41 所示工件加工程序,并能修调尺寸精度。

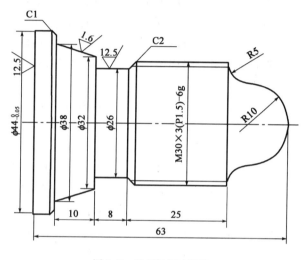

图 7-41 项目任务工件图

二、项目分析

本项目为编程综合训练,工件包含圆弧、双线螺纹、宽槽、锥体、倒角等结构,编制精度修调程序并修改刀具补偿值,确保零件尺寸精度。

三、项目要求

(1)掌握精度修调程序编制。

(2)掌握精度修调刀具补偿值修改方法。

(3)能编制数控车工中级零件的加工程序。

四、项目知识

数控机床是高精度的精密设备,是能够满足高的尺寸精度要求的,但在加工时必须有一些调整措施和手段作保障。

(1)影响数控加工尺寸精度的因素

①对刀误差:对刀时得到的刀具与工件之间的相对位置关系只有在静态下得到,对刀时刀具和工件只是轻微的接触,而在加工时则不然,刀具与工件之间因切削抗力作用,必然会产生相对位移,从而影响尺寸精度。这个位移量与工件、机床、刀具等各方面的刚性都有关联,其影响是很显著的。

②刀具磨损误差：刀具在加工中会有一定的磨损，虽然这个量是比较小的，但对于要求高的零件来说有可能直接导致尺寸超差，尤其是刀具质量不好，而这把刀具加工的量又比较大的时候，这时刀具初始加工和后期加工就会有尺寸差异。

（2）数控加工的尺寸补偿措施

根据以上分析，数控加工时如能获得动态加工的刀具偏置值（简称刀偏值或称刀具补偿值），并且刀偏值的获得尽量接近于刀具最后加工时的磨损状态，这样就能够获得更符合实际情况的刀偏。我们在生产中采用以下加工步骤，获得较好的尺寸精度。

①对刀：建立刀偏。此时只要细心完成操作即可，不必追求太精确，后面采取补偿措施。

②粗加工：粗加工，留精加工余量。考虑到前面对刀及加工过程中的动态误差，此时可取稍大余量。

③暂停并检验：让机床主轴停，暂停程序的执行，同时通过检测工件的关键尺寸来分析误差。在程序中要编制 M05 指令停主轴，再用 M00（或 M01）指令实现程序的暂停。

④修改刀补值：根据检验发现的误差，往消除误差的方向调整刀补。刀补调整一般应把尺寸往中差调整。如尺寸：$40_{-0.04}^{0}$，编程粗加工尺寸 41，暂停并检验尺寸若为 41.04，此时应在刀具补偿值显示页面中输入 U-0.06，即将刀具补偿寄存器中的 X 值减小 0.06。

⑤调用新刀补精加工：调用修改后的新刀补值，执行程序的精加工程序段并最终获得所需要的尺寸精度。精加工时按"循环启动"便可开始，但要注意，为了使新刀偏值起作用，此处应该再用调用刀补指令，以启用新刀偏值，使调整真正起作用。

对于一些要求特别严格或是比较贵重的零件，精加工还可分为两次，可先多留一点余量，按上述方法先进行一次预加工，看能不能达到所期望的尺寸精度，调整后再进行最后的精加工，这样精度的保证更为稳妥，但在加工时间会因此而增加。另外刀具安装高度不能误差很多。

五、项目实施

基本工艺，如表 7-8 所示。

工 件 加 工 工 艺　　　　　　　　　　　　　　表 7-8

工步号	工步内容	刀具号	刀具名称	刀具规格	主轴转速 （r/min）	进给速度 （mm/min）	切削深度 （mm）
1	粗车外轮廓	T01	93°外圆刀	93°	500	120	1.5
2	精车外轮廓	T01	93°外圆刀	93°	1100	80	0.25
3	切槽	T02	切槽刀	刀宽 3mm	300	30	
4	车螺纹	T03	三角螺纹刀	60°	500		

加工程序

O8888

G00 X100 Z100

M03 S500 T0101

G00 X48 Z2　　　　　　　（快速定位至 G71 循环起点）

G71 U1.5 R1

G71 P100 Q200 U0.5 W0.1 F120

N100 G00 X0　　　（工件 X 轴单调，只能出现 X 坐标，不只能出现 Z 坐标）

G01 Z0 F80

G03 X20 Z－10 R10

G02 X29.8 Z－15 R5

G01 Z－48

X32　　　　　　　　（精加工程序段）

X38 Z－58

X44 L1

N200 Z－63

G00 X100 Z200　　　（刀具快退，便于暂停后检测工件，调整尺寸精度）

M05　　　　　　　　（主轴停）

M00　　　　　　　　（暂停，检测工件尺寸，在刀具补偿值显示页面中输入 U××，即将刀具补偿寄存器中的 X 值修改，注意：往消除误差的方向调整刀补，应把尺寸往中差调整，之后按"循环启动"键继续执行）

T0101　　　　　　　（调用新刀具补偿值，使调整真正起作用，该组程序段用于精度调整）

M03 S1100　　　　　（重新设定精加工主轴转速，1100r/min）

G70 P100 Q200　　　（沿工件轮廓精加工）

G00 X100 Z100　　　（回换刀点）

S300 T0202　　　　　（主轴转，调用切槽刀）

G00 X34 Z－43　　　（快速定位至 G75 切槽循环起点）

G75 R0.2　　　　　　（切槽）

G75 X26 Z－48 P1000 Q2000 F30

G01 X30 Z－41 F30

X26 Z－43　　　　　　（切倒角 C2）

G00 X100

Z100　　　　　　　　（回换刀点，注意先退 X 轴，再退 Z 轴，避免撞刀）

T0303 S500

G00 X32 Z－10　　　（快速定位至螺纹切削循环起点，螺纹升速段 5mm）

G92 X29 Z－44 F3　　（切第一线螺纹）

X28.3

X28.05

G00 X32 Z－8.5　　　（快速定位至切第二线螺纹起点，注意：Z 轴偏移螺距 1.5mm）

G92 X29 Z－46 F3　　（切第二线螺纹）

X28.3

X28.05

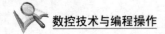

G00 X100 Z100

M30

习　题

1. 简述数控加工首件尺寸精度控制步骤方法以及其精度控制的基本原理。

2. 编写精度修调程序段。

3. 若刀具加工多个工件后刀尖磨损了,若不更换刀具应如何修调其刀尖磨损产生的误差?

第8章 数控车床操作

数控车床的操作是通过操作面板上的键盘操作实现的。数控车床编制好加工程序，录入机床控制器，主要进行对刀操作自动加工零件。数控车床的操作方式主要有手动操作方式、程序编辑方式、自动加工方式。本章以广数 GSK980TD 系统为例进行叙述。

项目一 广数 GSK980TD 模拟软件基本操作

一、项目任务

应用计算机机房模拟操作软件进行 GSK980TD 模拟软件基本操作训练。

二、项目分析

学习 GSK980TD 模拟软件设置毛坯、选择刀具、工件测量及手脉操作的方法；模拟软件编写的数控加工程序如何导出。

三、项目要求

掌握广数 GSK980TD 模拟软件基本操作，能应用模拟软件编写数控加工程序。

四、项目知识

1. 模拟操作软件工具栏

GSK980TD 模拟操作软件工具栏如图 8-1 所示。

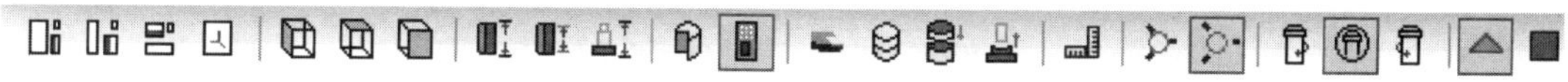

图 8-1 GSK980TD 模拟操作软件工具栏

模拟操作软件工具栏各控件功能及对应的菜单如表 8-1 所示。

2. 自定义毛坯

选择菜单栏中［工件］菜单下的［定义毛坯］菜单项或选择工具栏中的 ⚙ 设置毛坯图标进行毛坯的设置，弹出对话框如图 8-2 所示。

（1）定义实心圆柱

在设置毛坯对话框中，在类型选择处选择实心圆柱单选按钮，显示如图 8-2 所示。在此对话框中设置圆柱的长度值和直径值，设置好后按［确定］按钮完成设置，此时，设置的毛坯将被加载到三维仿真视图窗口中。

（2）定义空心圆柱

在设置毛坯对话框中，在类型选择处选择空心圆柱单选按钮，显示如图 8-3 所示。

工具栏控件功能　　　　　　　　　　　　　　　　　　表 8-1

控　件	功　能	对　应　的　菜　单
🖳	横向键盘布局	功能对应[窗口]子菜单下的[横向键盘布局]菜单项
🖳	竖向键盘布局	功能对应[窗口]子菜单下的[竖向键盘布局]菜单项
▥	水平视图布局	功能对应[窗口]子菜单下的[水平视图布局]菜单项
▱	最大视图布局	功能对应[窗口]子菜单下的[最大视图布局]菜单项
▥▥▥	俯视、右视、前视	功能分别对应[查看]子菜单下的[俯视]、[右视]、[前视]菜单项
▥▥▥	机床整体、行程极限、主轴部分	功能分别对应[查看]子菜单下的[3D 显示范围]子菜单的[机床整体]、[行程极限]、[主轴部分]3 个菜单项
▣	显示/不显示零件剖面	功能对应[查看]子菜单下的[零件剖面]菜单项
▤	显示或隐藏数控系统	功能对应[查看]子菜单下的[数控系统]菜单项
▯	选择刀具	功能对应[机床]子菜单下[选择刀具]菜单项
▨	设置毛坯	功能对应[工件]子菜单下的[定义毛坯]菜单项
▨	重置毛坯	功能对应[工件]子菜单下的[重置毛坯]菜单项
▮▭	拆除工件	功能对应[工件]子菜单下的[拆除工件]菜单项
▤	剖面测量	功能对应[工件]子菜单下的[剖面测量]菜单项
▷ ▷	卡盘夹紧、松开	功能分别对应[机床]子菜单下的[卡盘控制]子菜单的[夹紧]、[松开]菜单项
▯ ▯ ▯	主轴反转、主轴停止、主轴正转	功能分别对应[机床]子菜单下的[主轴控制]子菜单的[主轴反转]、[主轴停止]、[主轴正转]菜单项
▲ ■	电源开、关	功能对应[机床]子菜单下的[电源开]、[电源关]菜单项

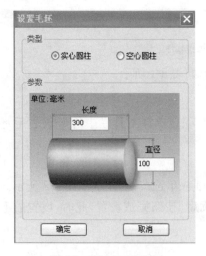

图 8-2　设置毛坯对话框

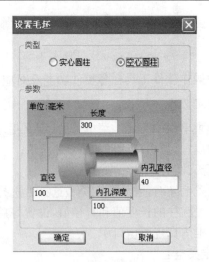

图 8-3　设置空心毛坯对话框

在此对话框中设置圆柱的长度、直径、内孔深度、内孔直径,设置好后按[确定]按钮完成设置,此时,设置的毛坯将被加载到三维仿真视图窗口中。

3. 选择刀具

选择[机床]菜单下的[选择刀具]菜单项或选择工具栏中的 选择刀具图标进行刀具的选择,弹出刀具选择对话框,如图 8-4 所示。

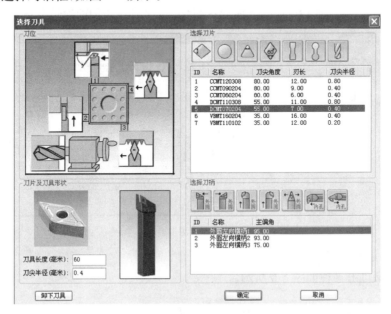

图 8-4 选择刀具对话框

(1)刀位选择

在图 8-4 中"刀位"组框中选择要设置的刀位号,用鼠标左键点击要选择的刀位即可,如图 8-4 中 1 号刀位即为被选中的刀位。

(2)选择刀片类型

在图 8-4 中"选择刀片"组框中选择要设置的刀片类型,如当选择第一个菱形刀片时,此时,在"刀片及刀具形状"组框中显示了所选择刀片的类型形状,在"选择刀片"组框中增加了该刀片类型对应的具有不同参数的刀片选择列表,可以用鼠标左键选择需要的刀片。在"选择刀柄"组框中显示了该类型刀片所对应的可选的刀柄类型。

当选择的刀位为尾座时,此时刀片只能选择钻头,否则刀具选择无效。

(3)选择刀柄类型

在图 8-4 中,在"选择刀柄"组框中选择需要设置的刀柄类型,如选择第一个外圆刀柄,点击 选择左偏外圆。此时,在"刀片及刀具形状"组框中增添了所选择刀柄类型的刀柄形状图,还可在该组框中的两个编辑框中修改要设置的刀具的长度和刀尖的半径。

在先前选择的刀位号处显示了所设置的刀具,此后,按[确定]按钮完成设置,此时,在三维仿真视图窗口刀架上对应的刀位号处增添显示了刚才设置的刀具。

(4)卸下刀具

在选择刀具对话框中,在刀位组框中选择需要卸下刀具的刀位号,按[卸下刀具]按钮卸下该刀位处的刀具,再按[确定]按钮确认卸下刀具,则在三维仿真视图窗口中对应该刀位上的刀被卸下。

4. 剖面测量

(1)剖面测量窗口

利用剖面测量可以测量工件尺寸,很好地观察零件的平面结构,选择[工件]菜单中的[剖面测量]菜单项或选择工具栏中██的剖面测量图标,显示工件的剖面测量窗口,如图 8-5 所示。

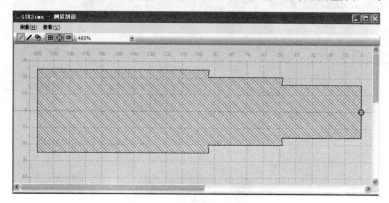

图 8-5　剖面测量窗口

(2)剖面测量窗口工具栏

剖面测量窗口工具栏如图 8-6 所示。

图 8-6　剖面测量窗口工具栏

剖面测量窗口工具栏各控件功能及对应菜单,如表 8-2 所示。

剖面测量窗口工具栏各控件功能及对应菜单　　　　　　　　　　表 8-2

控　件	功　　能	对　应　的　菜　单
✎	取点模式,测量 2 点间尺寸	对应[测量]子菜单下的[取点模式]菜单项
✎	取线模式,测量轮廓线尺寸	对应[测量]子菜单下的[取线模式]菜单项
✋	放置原点	对应[测量]子菜单下的[放置原点]菜单项
▦	显示网格	对应[查看]子菜单下的[显示网格]菜单项
◉	显示原点	对应[查看]子菜单下的[显示原点]菜单项
⬯	显示中轴线	对应[查看]子菜单下的[显示中轴线]菜单项
400% ▾	缩放比例	对应[查看]子菜单下的[缩放比例]菜单项

5. 附加面板操作

点击机床面板上的附加面板按钮██显示包含手轮、急停按钮和限位开关的附加面板,如图 8-7 所示。

(1)手轮操作

①连续旋转

当用鼠标左键在手轮上按下时,手轮发生连续旋转。当鼠标位置在手轮左半部分时,进行连续逆时针旋转,即机床在手脉方式下,刀具沿 X 轴或 Z 轴负向进给运动;鼠标位置在手轮右半部分时,进行连续顺时针旋转,即机床在手脉方式下,刀具沿 X 轴或 Z 轴正向进给运动;当鼠标松开时,停止旋转。

图 8-7 附加面板

②单步旋转

当用鼠标右键点击手轮时,手轮发生单步旋转。当鼠标位置在手轮左半部分时,鼠标右键点击手轮,进行单步逆时针旋转,鼠标位置在手轮右半部分时,鼠标右键点击手轮,进行单步顺时针旋转。每点击一次旋转 1/100 圈。

③鼠标滚轮控制

将鼠标指针置于手轮上方,鼠标滚轮前滚使手轮逆时针旋转,后滚使手轮顺时针旋转。

(2)急停操作

当机床运动过程中出现碰撞或其他紧急情况时,该面板上的急停按钮被自动按下,要取消急停,必须打开附加面板,鼠标点击急停按钮█使其处于弹起状态,取消急停。

(3)取消限位操作

当 X、Z 轴超出行程极限时,系统出现急停报警,弹出报警提示信息框,如图 8-8 所示。

图 8-8 超程位置报警对话框

此时,机床不可向行程极限方向运动,要解除报警,需按下[取消限位]按钮█,在该软件中,即用鼠标右键点击[取消限位]按钮,使[取消限位]按钮保持为按下状态后,反方向移动该轴,消除报警后左键点击[取消限位]按钮使其弹起。

6.导入、导出零件程序

(1)导入零件程序

在编辑方式下,即点击编辑按钮█选择[文件]子菜单下的[导入零件程序]菜单项,弹出导入零件程序对话框,如图 8-9 所示。

此时,从磁盘中选择要导入到系统中的零件程序(后缀为.CNC),可以选择多个 CNC 程

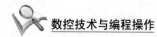

序,按打开,则可以把磁盘中的零件程序导入到系统中来。导入成功,在弹出的提示框点击[确定]。若选择的要导入的文件名在系统中已经存在,如 O0008.CNC,弹出覆盖程序提示框,按[是]按钮则覆盖系统中的文件,按[否]则退出。

图 8-9　导入零件程序对话框

(2)导出零件程序

在编辑方式下,选择[文件]子菜单下的[导出零件程序]菜单项,弹出导出零件程序对话框,如图 8-10 所示。在此对话框中选择要导出的系统中的零件程序,或按[全选]选中所有零件程序,按[清除选择]清除所有选择项。选中的要导出的零件程序前有小勾标记,按[导出]按钮,弹出浏览文件夹对话框,在此对话框中选择零件程序要保存的磁盘中的位置,再按[确定]按钮,则把系统中的零件程序导出到 U 盘中,在弹出的提示框中点击[确定]。

图 8-10　导出零件程序对话框

习　　题

1. 应用 GSK980TD 模拟软件模拟操作时,若刀具超越行程和刀具撞工件,如何解除?

2. 简述 GSK980TD 模拟软件如何选择安装刀具和剖面测量。

3. GSK980TD 模拟软件手轮旋转方式有哪些? 如何使手轮旋转及手轮顺时针和逆时针旋转, 刀具进给方向如何?

项目二 手 动 操 作

一、项目任务

手动车削如图 8-11 所示工件。

二、项目分析

采用手动功能车削如图 8-11 工件, 首先进入 MDI 方式(录入方式)输入主轴旋转指令使主轴旋转; 其次按手动方式手动进给使刀具快速靠近工件; 再按手脉方式选择进给方向, 摇手轮进刀车削端面、外圆。

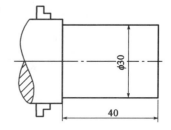

图 8-11　项目任务加工工件图

三、项目要求

(1) 了解机床控制面板中按钮功能。
(2) 掌握录入方式输入程序段方法。
(3) 能熟练地用手动、手轮方式控制机床运动。
(4) 能用手动方式车削端面、外圆。

四、项目知识

1. 数控车床操作面板

广州数控系统 GSK980TD 数控车床操作面板如图 8-12 所示。

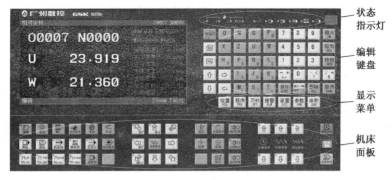

图 8-12　GSK980TDb 系统操作面板

GSK980TD 系统数控车床具有集成式的操作面板, 分为状态指示、编辑键盘、显示菜单、机床面板 4 大区域。

2. MDI 方式(录入方式)

按【录入方式】键，进入录入操作方式, 可进行参数的设置; 指令的输入以及指令的执行。

选择录入操作方式,进入程序状态页面,输入程序段 M03 S600,操作步骤如下:

(1)按【录入方式】键 🔲 。

(2)按 🔲 键,按 🔲 键或多次按 🔲 键,进入程序状态页面,如图 8-13 所示。

图 8-13 程序状态页面

(3)键入"M03 S600"。输入后被显示出来。如发现输入错误,可按 🔲 键移动光标至错误字符处,按 🔲 键或 🔲 键删除,输入正确的字符。也可按 🔲 键,清除所有内容,重新输入程序段。

(4)按 🔲 键,将程序录入系统中。

(5)按【循环起动】键 🔲 ,则开始执行所输入的程序即主轴旋转 600r/min。在执行过程中可按 🔲 键、🔲 键、急停按钮 🔲 ,停止程序段执行。

注:在 MDI 方式下,可修调主轴倍率、快速倍率、进给倍率。

3. 手动方式

按 🔲 键进入手动操作方式,手动操作方式下可进行手动进给、主轴控制、倍率修调、换刀等操作。

(1)手动返回程序起点

①按【程序回零】键 🔲 ,此时屏幕右下角显示"程序回零"。

②选择相应的移动轴,按 🔲 键以及 🔲 键,机床沿着程序起点方向移动。回到程序起点后,坐标轴停止移动,返回程序起点指示灯亮。

注:程序回零后,自动消除刀具偏置。

(2)手动进给

①按【手动方式】键 🔲 ,进入手动操作方式,这时屏幕右下角显示"手动方式"。

②按 🔲 键,刀具向 X 轴正向移动,按 🔲 键,刀具向 X 轴负方向移动,松开按键轴运动停止。同理,按 🔲 或 🔲 键,刀具在 Z 轴正向或负向移动,可以根据加工零件的需要,按 X 轴或 Z 轴进给键,移动刀具。

③进给速度倍率修调,用于调整实际进给速度。手动操作方式,调整手动进给速度;自动运行中:实际进给速度=程序中 F 值×进给倍率。

增加:按一次进给倍率增加键 🔲 (向上箭头),进给倍率从当前倍率以下面的顺序增加一档。

0%→10%→20%→30%→40%→50%→…→150%

手动进给速度由机床厂家设定好,如手动进给速度设定为 1200mm/min,按一次进给倍率增加键,手动进给速度增加 10％。

减少:按一次进给倍率减少键(向下箭头),进给倍率从当前倍率以下面的顺序递减一档。

150％→140％→130％→120％→110％→…→0％

(3)手动快速进给

①按【手动方式】键。

②按【快速进给】键,进入手动快速移动方式,位于面板上部指示灯亮。

③按 X 轴或 Z 轴进给键,快速进给。

④快速进给倍率修调,用于调整手动快速进给速度。

增加:按一次快速进给倍率增加键(向上箭头),快速进给倍率从当前倍率以下面的顺序增加一档。

0％→25％→50％→75％→100％

减少:按一次快速进给倍率减少键(向下箭头),快速进给倍率从当前倍率以下面的顺序递减一档。

100％→75％→50％→25％→0％

4. 手轮(也称手脉,即手摇脉冲发生器)进给

(1)按下【手脉】键,进入手轮方式。

(2)按【进给增量选择】键,如按键,此时相应的屏幕右下角显示"手轮增量0.01",即表示手轮转 1 格刀具移动 0.01mm。手轮刻度与机床进给增量关系如表 8-3 所示。

(3)按 X 轴进给键或 Z 轴进给键,逆时针旋转手轮,刀具向所选轴的负方向运动(即进刀),顺时针旋转手轮,刀具向所选方向轴的正方向运动(即退刀)。

手轮刻度与进给增量关系 表 8-3

进给增量	×1	×10	×100	×1000
手轮每格的进给量	0.001	0.01	0.1	1

5. 手动换刀

按下【手动方式】键或【手脉】键,进入手动方式或手轮方式,按下【手动换刀】键,手动按顺序依次换刀。

6. 主轴控制

(1)按下【手动方式】键或【手脉】键,进入手动方式或手轮方式。

(2)按【主轴旋转】键或,使主轴逆时针转(正转)或顺时针转(反转),按键,使主轴停止转动。

(3)主轴倍率修调,其作用是用于调整主轴实际转速,主轴实际转速＝主轴设定转速×主轴倍率。

增加:按一次主轴倍率增加键(向上箭头),主轴倍率从当前倍率以下面的顺序增加一档。

50％→60％→70％→80％→90％→100％→110％→120％

减少:按一次主轴倍率减少键(向下箭头),主轴倍率从当前倍率以下面的顺序递减一档。

120％→110％→100％→90％→80％→70％→60％→50％

注:相应倍率变化在屏幕左下角显示。

五、项目实施

手动车削本项目工件方法步骤如下:

1. 主轴旋转

按【录入方式】键，→按键，进入程序状态页面→键入"M03 S600"按键再按【循环起动】键。

2. 手动快速进给

按【手动方式】键→按【快速进给】键→按 X 轴或 Z 轴进给键使刀具远离工件。

3. 手动换刀

按【手动换刀】键，换 1 号刀(外圆刀)。

4. 手动快速进给刀具靠近工件

5. 手轮进给

按【手脉】键→按【进给增量选择】键选择进给倍率，→按 X 轴进给键或 Z 轴进给键→逆时针旋转手轮进刀,顺时针旋转手轮退刀,车削工件端面、外圆。

六、知识拓展

操作方式概述

GSK 980TD 有编辑、自动、机床回零、单步/手脉、手动、程序回零七种操作方式。

1. 编辑操作方式

在编辑操作方式下,可以进行加工程序的建立、删除和修改等操作。

2. 自动操作方式

在自动操作方式下,自动运行程序。

3. 录入操作方式

在录入操作方式下,可进行参数的输入以及程序段的输入和执行。

4. 机床回零操作方式

在机床回零操作方式下,可分别执行进给轴回机床零点操作。

5. 手脉/单步操作方式

在单步/手脉进给方式中,CNC 按选定的增量进行移动。

6. 手动操作方式

在手动操作方式下,可进行手动进给、进给倍率调整、快速倍率调整及主轴启停、冷却液开关、润滑液开关、主轴点动、手动换刀等。

7. 程序回零操作方式

在程序回零操作方式下,可分别执行进给轴回程序零点操作。

习 题

1. 若按"手脉"键、"Z 向进给"键、"×100 倍率"键,手轮顺时针转 10 格刀具向什么方向进给多少毫米?

2. 如何使主轴 800r/min 正转? 若使其转速降为 640r/min,如何操作?

3. 若机床当前用 1 号刀具,要手动换 3 号刀具应如何操作?

项目三 数控加工程序编辑与管理

一、项目任务

1. 输入下列程序

O1234	Z—23
G00 X100 Z100	G02 X45 Z—33 I5 D1.5 F80
M03 S500 T0101	G01 Z—45
G00 X50 Z2	G96 M03 S100
G71 U1.5 R1	G50 S1500
G71 P60 Q120 U0.5 W0.1 F120	G70 P60 Q120
G01 X0 F200	G97 M03 S400
Z0	G00 X100 Z100
G03 X26 Z—13 R13 F80	M30
G01 X35 L1	

2. 修改程序

(1)M03 S500 T0101 程序段改为:M03 S400 T0101;

(2)N60 G01 X0 F200 程序段改为:N60 G01 X0.5 F250;

(3)M03 S100 程序段前加 G96,程序段为:G96 M03 S100;

(4)在 G00 X100 Z100 与 M30 程序段之间加上一程序段 M05。

3. 删除程序

删除 O1234 程序。

二、项目分析

通过控制面板输入程序;编辑修改程序;删除程序操作熟悉数控加工程序编辑。要善于利用一些快捷手段定位程序要修改处。

三、项目要求

(1)掌握数控车床控制面板中程序编辑的各按钮作用。

(2)能熟练地运用控制面板输入程序和编辑程序。

(3)掌握 U 盘操作。

四、项目知识

在编辑方式下,可新建、选择、修改、复制、删除程序,也可实现通信功能。

(一)新建数控程序及自动执行

1. 程序段号生成

按【设置】键 设置SET,进入开关设置页面,当"自动段号"处于开状态时如图 8-14 所示,系统自动生成程序段号,编辑时,按 换行EOB 键自动生成下一程序段的程序段号;当"自动段号"处于关状态时,系统不生成程序段号,需按光标移动键将光标移至"自动段号",再按"L"键,使自动段号开。

图 8-14 开关设置页面

2. 程序内容输入

(1)按【编辑方式】 键,进入编辑操作方式,这时屏幕右下角显示"编辑方式"。

(2)按【程序】程序PRG键,再按 键或多次按 程序PRG 键,进入程序内容页面,如图 8-15 所示。

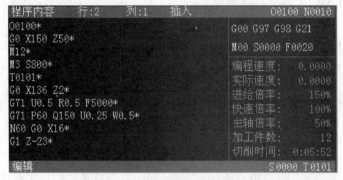

图 8-15 程序内容显示页面

(3)输入地址键 O,然后输入程序号,如 O0100,按 换行EOB 键,自动产生了一个名为 O0100 的程序。

(4)输入程序,一个程序段输入完毕,按 换行EOB 键结束并换行。注:复合键如 P∘ 键,反复按此复合键,实现交替输入。

3.程序自动执行

程序输入完毕,检查确认无误,按【自动方式】键及【循环启动】键,自动执行程序。

注:执行程序之前,要按【向上翻页】键或【复位】RESET 键,将光标移至程序头执行程序。对于 FANUC 系统无需此操作。

(二)字符的插入、修改、删除

当程序输入有误,可应用字符的插入、修改、删除修改程序。

1.字符的插入

(1)选择编辑方式,进入程序内容页面。

(2)按【插入修改】键,进入插入状态页面,如图 8-16 所示。

(3)按光标移动键,将光标移至需插入的字符处,输入插入的字符。

2.字符的删除

(1)选择编辑方式,进入程序内容页面。

(2)按【取消】CAN 键,删除光标处的前一字符;按【删除】DEL 键,删除光标所在处的字符。

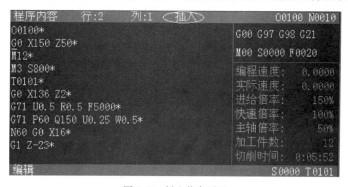

图 8-16 插入状态页面

3.字符的修改

(1)插入修改法:删除修改的字符,再插入要修改的字符。

(2)直接修改法:

①选择编辑方式。

②按【插入修改】键,进入修改状态,页面如图 8-17 所示。

③按光标移动键,将光标移至需修改的字符处,输入修改的字符,即将原字符替换。

(三)程序的删除

1.单个程序的删除

(1)选择编辑方式,进入程序内容页面。

图 8-17　修改状态页面

(2)输入程序名,如 O1000。

(3)按 [DEL]键,O1000 程序被删除。

2.全部程序的删除

(1)选择编辑方式,进入程序内容页面。

(2)依次输入字母 O、符号键 ⌐⁺、数字键 999。

(3)按 [DEL]键,全部程序被删除。

(四)程序的选择

1.检索法

(1)选择编辑方式,进入程序内容页面。

(2)输入程序名,如 O1000。

(3)按 ⇩键或 [EOB]键,在程序内容页面上显示出程序。若该程序不存在,按 [EOB]键,系统新建一个程序。

2.光标确认法

(1)按【自动方式】[ ]键。注:机床必须处于非运行状态。

(2)按【程序】[PRG]键,进入程序目录页面,如图 8-18 所示。

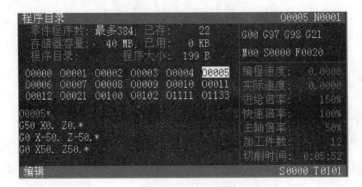

图 8-18　程序目录显示页面

(3)按光标移动键将光标移动到待选择的程序名上（光标移动的同时,程序内容也随之改变）。

(4)按【换行EOB】键,再按 2 次【程序PRO】键,程序将显示在程序内容页面中。

五、项目实施

1.输入项目任务程序

按【编辑方式】键→按【程序PRO】键,再按键或多次按【PRO】键,进入程序内容页面→输入 O1234,按【换行EOB】键→输入程序,一个程序段输入完毕,按【换行EOB】键结束并换行。

2.修改程序

按【翻页】键或【光标移动键】↓键,光标移至删除修改的字符,再插入要修改的字符。

3.删除 O1234 程序

按【编辑方式】键→输入 O1234→按【删除DEL】键,O1234 程序被删除。

六、知识拓展

1.U 盘识别

(1)按【编辑方式】键,进入编辑操作方式。

(2)按【程序PRO】键,再按键或多次按【PRO】键,进入文件目录页面,如图 8-19 所示。

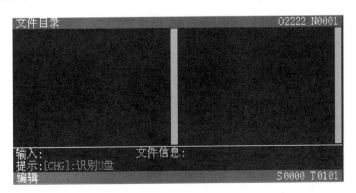

图 8-19 文件目录页面

(3)将 U 盘插入控制面板右上角 USB 接口,按【转换CHG】键,识别 U 盘文件。

页面左边显示系统盘目录文件,右边显示 U 盘目录文件,若检测不到 U 盘,右边显示栏不显示内容。

(4)按【转换CHG】键,光标可在系统盘与 U 盘之间切换,按【光标移动】⇧ 或 ⇩ 键,可移动光标选择程序文件。

2.文件夹的展开和返回

按【右方向】⇨ 键,展开光标所在文件夹,按【左方向】⇦ 键,返回当前文件夹的上一层目录。

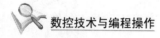

3.文件复制

按^{转换}键,切换至 U 盘,按方向键,将光标移至要复制的文件上(扩展名为".CNC"的文件),按^{删除}键,将 U 盘中所选择的文件复制到 CNC 系统盘。将 CNC 系统盘中的文件复制到 U 盘,方法相同。

4.打开 U 盘程序文件

(1)按^{转换}键,光标移至 U 盘。

(2)按方向键选择打开的程序文件。

(3)按^{换行}键打开文件,再按^{程序}键将页面切换至【程序内容】页面,即可编辑或执行 U 盘中的数控程序。

注:不能在文件目录下打开 CNC 系统盘程序文件,只能在编辑方式下进行文件打开操作。

习　题

1.广数 980TDb 数控系统有哪些程序编辑功能键?各自的作用是什么?

2.如何建立程序及选择程序?

3.如何将 U 盘程序输入系统?

项目四　对刀操作与自动加工

一、项目任务

应用 $\phi40\times100$ 圆钢对刀操作练习。

二、项目分析

编写程序使用的是编程坐标系(或称工件坐标系),而在加工时,系统计算分析刀具运动时是按机床坐标系进行的,所以系统先将编程坐标处理为机床坐标,再进行运算控制。它们只存在一个固定的偏差值,用对刀方法获取这个偏差值,并输入机床给数控系统调用,因此,对刀操作是数控机床一个关键的操作。

三、项目要求

(1)理解数控机床对刀的原理目的。

(2)能熟练地进行对刀操作,正确输入刀具偏置值。

(3)掌握自动加工操作方法。

四、项目知识

(一)机床回零

机床坐标系的原点称为机床零点(或参考点),一般位于 X 轴和 Z 轴正向最大行程处。机床回零即是刀具回机床零点的操作。机床回零用于将所有刀具刀补值清零。

170

机床回零操作步骤：

(1)按 █ 键，进入机床回零操作方式，显示页面的最下行显示"机械回零"字样，页面如图 8-20 所示。

图 8-20　机床回零页面

(2)按各轴进给方向键，即可回 X、Z 轴机床零点。

注：机床回零操作后，系统取消刀具长度补偿。

机床回零操作后，原工件坐标系被重置，需要重新对刀设置工件坐标系。

(二)对刀操作

数控加工是按既定程序进行的，编写程序使用的是编程坐标系(或称工件坐标系)，而在加工时，系统计算分析刀具运动是按机床坐标系进行的，所以系统先将编程坐标处理为机床坐标，再进行运算控制。在加工时，工件装夹的位置不同，编程坐标系处于机床坐标系中的位置也不同，但是两者方向是一致的，都满足坐标系设置的基本原则，装夹完成后，它们只存在一个固定的偏差值，所以在加工前，用对刀方法获取这个偏差值，并输入机床给数控系统调用。

1. 数控车床对刀方法

(1)机外对刀仪对刀

机外对刀仪对刀本质是测量出刀具假想刀尖点到刀具台基准之间 X 轴、Z 轴的距离。利用机外对刀仪可将刀具预先在机床外校对好，以便装上机床后将对刀长度输入到相应刀具补偿号即可使用。

(2)自动对刀

自动对刀是通过刀尖检测系统实现的，刀尖以设定的速度向接触式传感器接近，当刀尖与传感器接触并发出信号，数控系统立即记下该瞬间的坐标值，并自动修正刀具补偿值。

(3)手动对刀

手动对刀是通过试切工件→测量→输入刀补值的对刀方法。该方法机床占用时间较长，但目前应用较普遍，本节只叙述试切对刀与定点对刀方法。

2. 试切对刀

对基准刀：

(1)主轴旋转

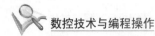

按图键→按图键,将页面切换至【程序状态】页面如图 8-21 所示→输入主轴旋转指令,如M03 S700→按图键→按图键,主轴旋转。

(2)切削端面

按图键→按进给键刀具移至安全换刀位置→按图键换基准刀(一般 1 号刀)按进给键刀具靠近工件端面→按【手脉方式】图键,并选适当的进给倍率→刀具切削端面,X 向退出 Z 向不动。

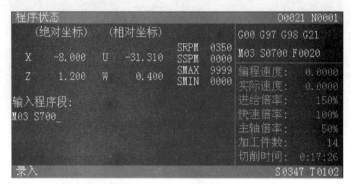

图 8-21　程序状态页面

(3)输入 G50 Z0

按图键→输入 G50 Z0→按图键→按图键。

(4)输入 Z 向刀偏值

按图键,进入刀具偏置磨损页面(图 8-22)→按光标移动键选择序号 01 输入 Z0→按图键。

(5)车削外圆

手动车削外圆,X 方向不动,Z 方向退出→按图键,停转主轴→测量工件直径。

(6)输入 G50 X(测量的工件直径值)

按图键,将页面切换至【程序状态】页面→按图键→输入 G50 X(测量的工件直径值)→按图键→按图键。

刀具偏置磨损页面

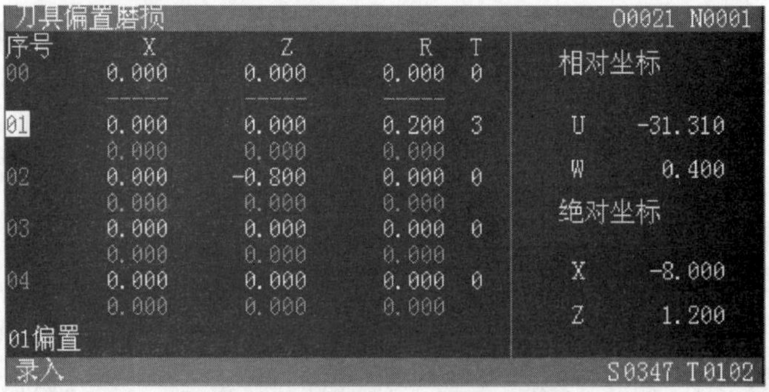

图 8-22　刀具偏置磨损页面

(7)输入 X 向刀偏值

按图键,进入刀具偏置磨损页面→按光标移动键选择序号 01 →输入 X(测量的工件直径值)→按图键。

对非基准刀：

(1)2号刀尖轻触工件端面

按进给键刀具移至安全换刀位置→按▨键换2号刀→按▨键主轴正转→按进给键将2号刀尖轻触工件端面，如图8-23所示。

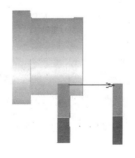

图8-23　切断刀轻触工件端面　　　　图8-24　切断刀轻触工件外圆

(2)输入Z向刀偏值

按▨键，进入刀具偏置磨损页面→按【光标移动】↓键选择序号02→输入Z0→按▨键。

(3)切削外圆

切削外圆，X向不动，Z向退出→按▨键主轴停→测量工件直径(注：若2号切断刀可轻触工件外圆，Z向退出，不必测量工件直径，如图8-24所示)。

(4)输入X向刀偏值

输入X(工件直径值)→按▨键。

3.定点对刀

基准刀设置

(1)所有刀具刀补值清零：方法为：①执行机床回零，回到机床零点自动清除刀偏值；②在T0100状态下执行一个移动代码，如G00 U0 W0 T0100。

(2)**按进给键刀具移至安全换刀位置**，换基准刀，用手动方式车端面，Z轴不动，X轴退出，如图8-25所示。

(3)**按录入键，按程序键，选择程序状态页面，使主轴旋转，输入G50 W−10(数值可任意)F80**，车外圆，刀回基准点位置(即端面与外圆交线处)，如图8-26所示。

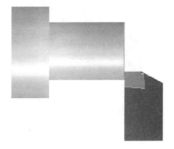

图8-25　车端面退刀　　　　　　图8-26　车外圆回基准点

(4)**按位置键，选择相对坐标页面，按W键，闪烁后按取消键，W显示为0。按U键，闪烁后按取消键，U显示为0**，如图8-27所示。

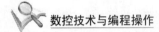

(5)按刀补键,把光标移到 01 号位置,按 X 再按输入键,按 Z 再按输入键,即 X、Z 清零。

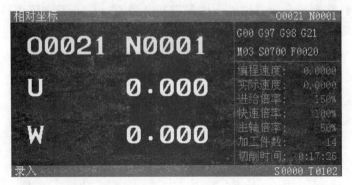

图 8-27　相对坐标页面 U、W 清零

非基准刀设置:

(1)移动刀具到安全换刀位置,换 2 号刀,并移动到对刀点(即端面与外圆交线,会有一定误差,若精度要求高,可在加工中精度修调)。

(2)按刀补键,按光标移动键,把光标移到 02 号位置。

(3)按地址键 U,再按输入键,X 向刀具偏置被设置到相应的偏置号中。按地址键 W,再按输入键,W 向刀具偏置被设置到相应的偏置号中。

重复(1)~(3),可对其他刀具进行对刀。

4.刀具偏置值的设置与修改

按刀补键进入刀具偏置磨损页面,如图 8-28 所示,页面参数为:

X:X 轴刀具偏置　Z:Z 轴刀具偏置　R:刀尖圆弧半径　T:假想刀尖号

(1)刀具偏置值的修改

①按光标移动键,将光标移到要变更的刀具偏置号的位置。

②要改变 X 轴的刀具偏置值,输入 U(增量值);对于 Z 轴,输入 W(增量值)。

③按输入键,把当前的刀具偏置值与输入的增量值相加,作为新的刀具偏置值。

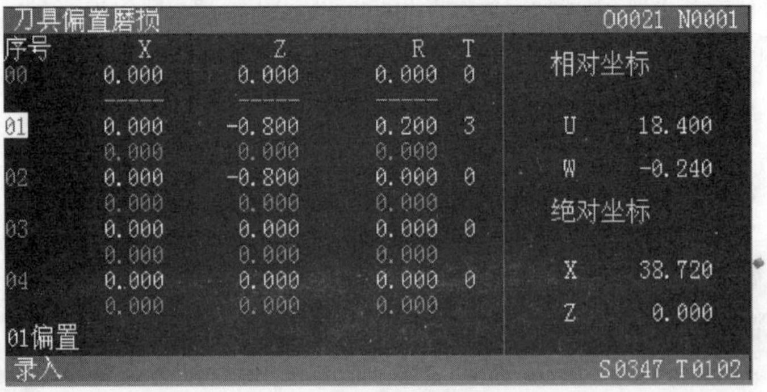

图 8-28　刀具偏置磨损页面

刀具偏置值的修改一般应用于工件尺寸精度修调,如:工件尺寸:$50_{-0.04}^{0}$,编程粗加工尺寸 51,暂停并检验尺寸为 51.06,此时应在刀具补偿值显示页面中输入 U−0.08(往

174

消除误差的方向调整刀补,一般应把尺寸往中差调整)。即将刀具补偿寄存器中的 X 值减小0.08。

(2)刀尖圆弧半径及假想刀尖号的设置

①按光标移动键,将光标移到要变更的刀具偏置号的位置。

②输入 R(刀尖半径值);T(假想刀尖号)。

③按 键,被系统接受。

注:只有设置 R、T 值在程序中的刀尖半径补偿指令(G41、G42)才能生效。

广数 GSK980TD 系统前置刀架数控车床假想刀尖号 3,后置刀架数控车床假想刀尖号 2。

(3)刀具磨损值的设置

当由于刀具磨损等原因引起加工尺寸不准许修改刀补值时,可在刀具磨损量中设置或修改,按光标移动键将光标移至刀具磨损设置行,即刀偏值序号如 01 号的下一行。刀具磨损值的设置方法与刀具偏置值的修改方法相同,用 U(X 轴)、W(Z)进行磨损量输入。

(三)自动操作

1.自动运行的启动

(1)程序编辑好检查无误,按 键选择自动操作方式。

(2)按 键自动运行程序。

注:广数 GSK980TD 系统程序运行是从光标所在行开始的,应按 键使光标位于程序头。

2.自动运行的停止

(1)自动运行中按 键,机床运行停止状态为:①机床进给减速停止;②模态功能、状态被保存;③按 键,程序继续执行。

(2)自动运行中按 键,机床进给停止,自动运行结束。

(3)按急停按钮 机床急停。机床危险或紧急情况下按急停按钮,数控系统进入急停状态,机床进给立即停止,所有输出(如主轴转动、冷却液)全部关闭。松开急停按钮解除急停报警,数控系统进入复位状态。

3.单段运行

首次执行程序时,为防止编程错误出现意外,可选择单段运行。

单段运行方法:按 键,选择单段运行功能,执行完当前程序段后,CNC 停止运行,按 键执行下一程序段,如此反复直至程序运行完毕。

4.程序空运行效验

按 2 次 键进入图形显示页面,按 键进入自动操作方式,按 、 、 键,进入辅助功能锁、机床锁即空运行状态。按 键,再按 键自动空运行程序并开始作图,可通过显示刀具运动轨迹,检验程序的正确性,页面显示如图 8-29 所示。

五、项目实施

应用 φ40×100 圆钢进行试切对刀、定点对刀操作练习,方法步骤如本项目(二)对刀

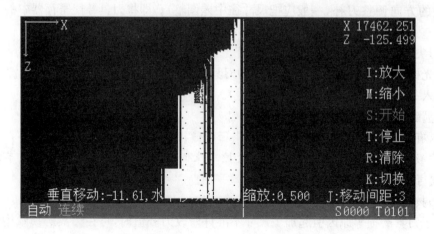

图 8-29　空运行程序页面

操作。

六、知识拓展

程序回零:

当零件装夹到机床上后,根据刀具与工件的相对位置用 G50 代码设置刀具当前位置的绝对坐标,就在数控系统中建立了工件坐标系。刀具当前位置称为程序零点,执行程序回零操作后就回到该点。

程序回零操作步骤:

(1)按 🔳 键进入程序回零操作方式,程序状态页面的最下行显示"程序回零"字样。

(2)按各轴进给方向键,即可回 X、Z 轴程序零点。

注:回程序零点,不改变当前刀具的刀具偏置值。

习　　题

1.采用试切对刀、定点对刀 X 向对刀时,为何要试切工件外圆?

2.对刀试切工件外圆,测量直径,输入刀偏值,若测得直径误差,加工尺寸精度如何?

3.刀具偏置值的修改一般应用于工件尺寸精度修调,若加工尺寸有误差如何修改刀偏值?

综合训练一

1.实践内容

完成数控车工中级零件的编程与加工(图 8-30)。

工件材料:45 钢　毛坯:ϕ36×82　考核时间:150 分钟

2.制订工艺

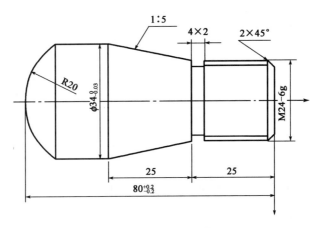

图 8-30　综合训练一工件图

职业	数控车工	考核等级	中级	姓名：		得分	
数控车床工艺简卡				机床编号			
				准考证号			
工序名称及加工程序号	工艺简图 （标明定位、装夹位置） （标明程序原点和对刀点位置）			工步序号及内容		选用 刀具	
工序名称：车削工件左端 30 长轴程序号：O0001				1.粗车左外轮廓		T01	
				2.精车左外轮廓		T01	
工序名称：车削工件右端 50 长轴程序号：O0002				3.调头装夹 φ34 外圆，用铜皮垫			
				4.车右端面		T01	
				5.粗车右外轮廓		T01	
				6.精车右外轮廓		T01	
				7.切槽		T02	
				8.车削螺纹		T03	
监考人		检验员		考评人：			

177

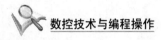
3. 刀具选择和工艺参数

工步号	工步内容	刀具号	刀具名称	刀具规格	主轴转速（r/min）	进给速度（mm/min）	切削深度（mm）
1	粗车左外轮廓	T01	93°硬质合金外圆刀	93°	500	120	1.5
2	精车左外轮廓	T01	93°硬质合金外圆刀	93°	100m/min 线速	80	0.25
3	车右端面	T01	93°硬质合金外圆刀	93°	600	40	
4	粗车右外轮廓	T01	93°硬质合金外圆刀	93°	500	120	1.5
5	精车右外轮廓	T01	93°硬质合金外圆刀	93°	1000	80	0.25
6	切槽	T02	硬质合金切槽刀	刀宽 3mm	400	30	
7	车削螺纹	T03	60°硬质合金三角螺纹刀	60°	500	3000	

4. 圆弧切点坐标：X34 Z−9.46

5. 加工程序

O0001(加工左端程序)	N10 G00 X20
G00 X100 Z100	G01 Z0 F200
M03 S500 T0101	G01 X23.75 Z−2 F80
G00 X38 Z2	Z−25
G71 U1.5 R1	X34 Z50
G71 P10 Q20 U0.5 W0.1 F120	N20 X36
N10 G00 X0	G00 X100 Z100
G01 Z0 F200	M05
G03 X34 Z−9.46 R20 F80	M00
Z−31	G00 X100 Z100 T0101
N20 X36	M03 S1000
G00 X100 Z100	G00 X36 Z2
M05	G70 P10 Q20
M00	G00 X100 Z100
G00 X100 Z100 T0101	M03 S400 T0202
G96 M03 S120	G00 X26 Z−24
G50 S1500	G75 R0.5 F30
G00 X38 Z2	G75 X20 Z−25 P1000 Q1000
G70 P10 Q20	G00 X100 Z100
G00 X100 Z100	M03 S400 T0303

续上表

M05	G00 X26 Z5
M30	G92 X22.8 Z−22 F3
调头装夹,手动车端面总长余量 0.3mm	X22.1
O0002	X21.5
G00 X100 Z100	X21.1
M03 S600 T0101	X20.7
G00 X38 Z0	X20.3
G01 X−0.5 F40	X20.1
G00 X38 Z2	G00 X100 Z100
G71 U1.5 R1	M05
G71 P10 Q20 U0.5 W0.1 F120	M30

6. 程序输入

在编辑操作方式下,按 键,进入程序内容页面,输入程序名,按 键,建立新程序,按编写的程序逐字符输入,可完成程序的编辑。

若应用模拟操作软件编辑好程序,可应用 U 盘操作功能将编辑好的程序输入机床。

7. 程序空运行效验

按 2 次 键进入图形显示页面,按 键进入自动操作方式,按 、 、 键,进入辅助功能锁、机床锁即空运行状态。按 键,再按 键自动空运行程序并开始作图,可通过显示刀具运动轨迹,检验程序的正确性,页面显示如图 8-31 所示。分析程序中的错误并修改零件程序,直至无误为止。

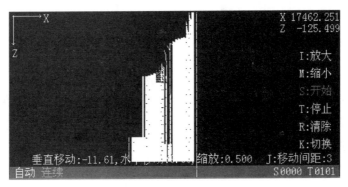

图 8-31　空运行程序页面

8. 对刀

(1)手动移动刀具至安全位置(换刀不会撞工件位置),在录入操作方式下,程序状态页面输入 T0100 U0 W0,按"输入"、"循环启动"键执行,换刀并取消刀具偏置。

(2)主轴旋转。

(3)手动、手脉移动刀具车削端面,X 向退,如图 8-32 所示。

图 8-32 车削端面

图 8-33 车削外圆

(4)在录入操作方式下，程序状态页面输入 G50 Z0，按"输入"、"循环启动"键执行。

(5)按"刀补"键，切换至刀具偏置磨损页面，在序号 01 号输入 Z0。

(6)手动、手脉移动刀具车削外圆，Z 向退，如图 8-33 所示。

(7)停止主轴旋转，测量工件直径。

(8)在录入操作方式下，程序状态页面输入 G50 X(直径值)，按"输入"、"循环启动"键执行。

(9)按"刀补"键，切换至刀具偏置页面，在序号 01 号输入 X(直径值)。

2 号刀对刀：

(1)手动移动刀具至安全位置(换刀不会撞工件位置)，换 2 号刀，启动主轴。

(2)2 号刀尖轻触工件端面，如图 8-34 所示。

(3)按"刀补"键，切换至刀具偏置页面，在序号 02 号输入 Z0。

(4)2 号切断刀轻接触工件外圆，Z 向退出，如图 8-35 所示。

图 8-34 切断刀轻触工件端面

图 8-35 切断刀轻触工件外圆

(5)在序号 02 号输入 X(直径值)。

3 号刀对刀方法同 2 号刀。

9. 自动加工

在自动操作方式下，按"循环启动"键自动加工。程序暂停可测量工件尺寸，如有误差，可修改刀具偏置值，使零件尺寸在公差范围内。

综合训练二

1. 实践内容

完成数控车工中级零件的编程与加工(图 8-36)。

工件材料:45钢　毛坯:φ40×100　考核时间:180分钟

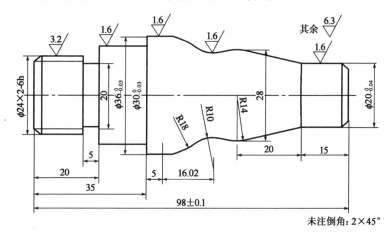

图8-36　综合训练二工件图

2.制订工艺

职业	数控车工	考核等级	中级	姓名:		得分	
		数控车床工艺简卡			机床编号		
					准考证号		
工序名称及加工程序号	工艺简图 (标明定位、装夹位置) (标明程序原点和对刀点位置)			工步序号及内容		选用刀具	
工序名称:车削工件左端40长轴程序号:O0003				1.车削左端面		T01	
				2.粗车左外轮廓		T01	
				3.精车左外轮廓		T01	
				4.切槽		T02	
				5.车削螺纹		T03	
工序名称:车削工件右端58长轴程序号:O0004				6.调头装夹φ30外圆,用铜皮垫			
				7.车右端面		T04	
				8.粗车右外轮廓		T04	
				9.精车右外轮廓		T04	
监考人		检验员		考评人:			

181

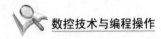

3. 刀具选择和工艺参数

工步号	工步内容	刀具号	刀具名称	刀具规格	主轴转速 （r/min）	进给速度 （mm/min）	切削深度 （mm）
1	车左端面	T01	93°硬质合金外圆刀	93°	600	40	
2	粗车左外轮廓	T01	93°硬质合金外圆刀	93°	500	120	1.5
3	精车左外轮廓	T01	93°硬质合金外圆刀	93°	1000	80	0.25
4	切槽	T02	硬质合金切槽刀	刀宽3mm	400	30	
5	车削螺纹	T03	60°硬质合金三角螺纹刀	60°	500	1200	
6	车右端面	T04	93°硬质合金外圆刀	刀尖角35°	500	40	
7	粗车右外轮廓	T04	93°硬质合金外圆刀	刀尖角35°	500	120	1.5
8	精车右外轮廓	T04	93°硬质合金外圆刀	刀尖角35°	1000	80	0.25

4. 三段圆弧切点坐标

序　号	X 坐 标	Z 坐 标
1	27.37	−32.04
2	26.79	−39.07
3	29.53	−47.7

5. 参考程序

O0003（加工左端程序）	调头装夹，手动车端面总长余量0.3mm
G00 X100 Z100	O0004（加工右端程序）
M03 S600 T0101	G00 X100 Z100
G00 X42 Z0	M03 S500 T0404
G01 X−0.5 F40	G00 X42 Z0
G00 X42 Z2	G01 X−0.5 F40
G71 U1.5 R1	G00 X42 Z2
G71 P10 Q20 U0.5 W0.1 F120	G71 U1.5 R1
N10 G00 X20	G71 P10 Q20 U0.5 W0.1 K1 F120
G01 Z0 F200	N10 G00 X16 Z0 F200
X23.75 Z−2 F80	G01 X20 Z−2 F80
Z−20	Z−15
X30	X27.37 Z32.04
Z−35	G03 X26.79 Z−39.07 R14

X36	G02 X29.53 Z47.7 R10
Z−41	G03 X36 Z−58 R18
N20 X40	N20 G01 X38
G00 X100 Z100	G00 X100 Z100
M05	M05
M00	M00
G00 X100 Z100 T0101	G00 X100 Z100 T0404
M03 S1000	G00 X100 Z100
G00 X40 Z2	M05
G70 P10 Q20	M30
G00 X100 Z100	
T0202 S400	
G00 X26 Z−18	
G75 R0.5 F30	
G75 X20 Z−20 P1000 Q2000	
G00 X100 Z100	
M03 S400 T0303	
G00 X26 Z5	
G92 X23 Z−17 F2	
X22.2	
X21.6	
X21.4	
G00 X100 Z100	
M05	
M30	

综合训练三

1. 实践内容

完成数控车工中级零件的编程与加工(图 8-37)。

工件材料:45 钢　毛坯:$\phi45 \times 94$　考核时间:210 分钟

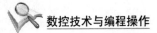

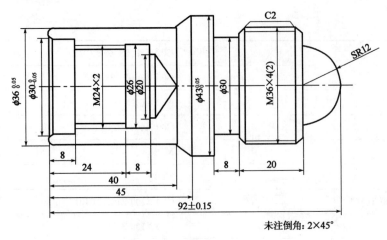

图 8-37　综合训练三工件图

2.制订工艺

职业	数控车工	考核等级	中级	姓名：		得分	
					机床编号		
	数控车床工艺简卡				准考证号		
工序名称及加工程序号	工艺简图（标明定位、装夹位置）（标明程序原点和对刀点位置）				工步序号及内容	选用刀具	
工序名称:车削工件左端52长轴程序号:O0005					1.手动钻孔	ϕ20 钻头	
					2.车削左端面	T01	
					3.粗车左外轮廓	T01	
					4.精车左外轮廓	T01	
					5.切内槽	T02	
					6.粗车内轮廓	T03	
					7.精车内轮廓	T03	
					8.车削内螺纹	T04	
工序名称:车削工件左端40长轴程序号:O0006					1.调头装夹 ϕ36 外圆，用铜皮垫		
					2.手动车右端面	T01	
					3.粗车右外轮廓	T01	
					4.精车右外轮廓	T01	
					5.切槽	T05	
					6.车削外螺纹	T06	
监考人		检验员			考评人：		

3. 刀具选择和工艺参数

工步号	工步内容	刀具号	刀具名称	刀具规格	主轴转速 (r/min)	进给速度 (mm/min)	切削深度 (mm)
1	手动钻孔		$\phi20$ 钻头	$\phi20$	300		10
2	车削左端面	T01	93°硬质合金外圆刀	93°	500	40	0.3
3	粗车左外轮廓	T01	93°硬质合金外圆刀	93°	500	120	1.5
4	精车左外轮廓	T01	93°硬质合金外圆刀	93°	1000	80	0.25
5	切内槽	T02	硬质合金内切槽刀	刀宽3mm	400	30	
6	粗车内孔轮廓	T03	93°硬质合金内孔镗刀	93°	500	120	1.5
7	精车内孔轮廓	T03	93°硬质合金镗孔刀	93°	1000	80	0.25
8	车削内螺纹	T03	60°硬质合金内螺纹刀	60°	500		
9	调头手动车右端面	T01	93°硬质合金外圆刀	93°	500		
10	粗车右外轮廓	T01	93°硬质合金外圆刀	93°	500	120	1.5
11	精车右外轮廓	T01	93°硬质合金外圆刀	93°	100m/min	80	0.25
12	切槽	T05	切槽刀	刀宽3mm	400	30	
13	车削外螺纹	T06	60°硬质合金三角螺纹刀	60°	500		

4. 加工程序

先 手 动 钻 孔	加 工 右 端
O0005（加工左端程序）	O0006
G00 X100 Z100	M03 S500 T0101
M03 S500 T0101	G00 X100 Z100
G00 X47 Z0	G00 X47 Z2
G01 X−0.5 F40	G71 U1.5 R2
G00 X47 Z2	G71 P100 Q200 U0.5 W0.1 F120
G71 U1.5 R1	N100 G00 X0
G71 P100 Q200 U0.5 W0.1 F120	G01 Z0 F80
N100 G00 X32	G03 X24 Z−12 R12
G01 Z0 F200	G01 X35.75 L2
X36 Z−2 F80	Z−40
Z−40	N200 X45
X43 Z−45	G00 X100 Z100
N200 Z−53	M05
G00 X100 Z100	M00

M05	G96 M03 S100 T0101
M00	G50 S1500
G00 X100 Z100 T0101	G70 P100 Q200
M03 S1000	G00 X100 Z100
G00 X47 Z2	T0202（切槽刀）
G70 P100 Q200	G97 M03 S400
G00 X100 Z100	G00 X38 Z−35
M03 S400 T0202	G75 R0.2
G00 X15 Z10	G75 X30 Z−40 P1000 Q2000 F30
Z−32	G01 X36 Z−33 F40
G01 X25.8 F30	X31 Z−35.5
G00 X18	G00 X100
W2.5	Z100
G01 X25.8 F30	T0303（外螺纹刀）
G00 X18	G00 X38 Z−5
W2.5	G92 X35 Z−34 F4
G01 X26 F30	X34
W−5	X33.7
G00 X15	X33.4
Z100	G01 Z−7 F200
X100	G92 X35 Z−34 F4
M03 S500 T0303	X34
X10 Z2	X33.7
G71 U1 R1 F120	X33.4
G71 P300 Q400 U−0.5 W0.1	G00 X100 Z100
N300 G00 X34	M05
G01 Z0 F200	M30
X30 Z−2 F80	
Z−8	
X21.4	
N400 Z−25	
G00 X100 Z100	
M05	
M00	
M03 S1000 T0303	

G00 X47 Z2	
G70 P300 Q400	
G00 X100 Z100	
M03 S500 T0404	
G00 X20	
Z−4	
G92 X22.4 Z−28 F2	
X23.4	
X23.7	
X24	
G00 Z100	
X100	
M30	

第9章 数控铣床程序编制

数控铣床是主要以铣削方式来加工零件的数控机床,它能够进行内、外形轮廓铣削,平面或三维复杂曲面铣削,如凸轮、模具、叶片加工等。数控铣床还具有孔加工功能,可以进行钻孔、扩孔、铰孔和螺纹加工。加工中心具有与数控铣床类似的结构特点,是具有刀库和自动换刀机构,能对工件进行一次装夹后多工序的数控机床。

项目一 数控铣/加工中心的面板操作

一、项目任务

熟悉 FANUC 0i 系统数控铣床面板(图 9-1)。

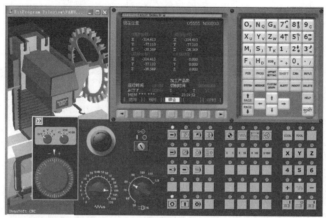

图 9-1

二、项目分析

首先理论教学(仿真软件),掌握数控铣床操作过程,再到现场教学,巩固数控铣床操作并熟练掌握。

三、项目要求

(1)了解数控铣/加工中心面板。
(2)熟练掌握数控铣/加工中心操作。

四、项目实施

(一)数控铣床操作加工零件

1.数控铣床操作加工零件

(1)机床初始化

打开操作机床的空气开关,打开机床的总电源。机床处于锁定状态,即接触锁定状态。操作方法:在面板上按急停按钮。

(2)机床回零

机床回零是建立机床坐标系的过程。

(3)操作方法

①置模式旋钮在 ⟳ 位置。

②选择各轴 X Y Z ,按住按钮,即回参考点。

2.对刀

(1)对 Z 轴

WW 手动模式→使刀具沿 Z 方向与工件上表面接触→按 OFFSET SET 进入参数输入界面(图 9-2)

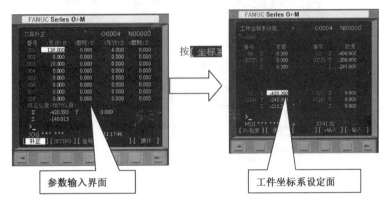

参数输入界面　　　　　工件坐标系设定面

图　9-2

移动光标至 G54 坐标系处→输入 Z120→ 测量 →此时,Z 轴即对刀完毕。

(2)对 X 轴

移动刀具,使刀具在 X 轴的正方向与工件相切→按 OFFSET SET 进入参数输入界面→按 坐标系 →移动光标至 G54 坐标系处→输入主轴中心到所要设定的工件坐标系原点之间的距离值(本例题的值为 X125)→此时,X 轴即对刀完毕。

(3)对 Y 轴

用同样的方法给 Y 轴对刀:移动刀具,使刀具在 Y 的正方向与工件相切→按 OFFSET SET 进入参数输入界面→按 坐标系 →移动光标至 G54 坐标系处→输入主轴中心到所要设定的工件坐标系原点之间的距离值(本例题的值为 Y125)→此时,Y 轴即对刀完毕,对完刀后如图 9-3 所示。

3.录入程序(图 9-4)

4.自动加工

模式置于"AUTO" ⟷ →按循环启动 Ⅱ →至工件加工完毕。

(二)开机和关机及原点复归

1.开机步骤

开机:气泵开关(稍等 10 分钟)→(检查电源、机床当前状态,若无异常才可进行以下开机步骤)电源总闸→机床开关→控制面板电源开→旋开急停开关→回参考点。

注意：开机成功，无报警，显示屏正常。

2. 关机步骤

关机：将工作台移至中间位置→按下急停开关→控制面板电源关→机床开关→电源总闸
→气泵开关。

图 9-3　对刀坐标输入面板

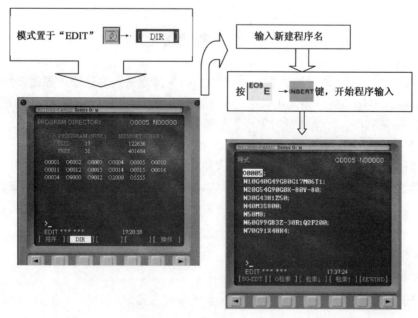

图　9-4

3. 原点复归

操作方法为：

(1)将操作旋钮旋至"原点复归"方式◈。

(2)按机台运动方向控制键 X、Y、Z。

(3)CNC 机械开始复归至原点。

注意：

①复归方向内定在 CNC 控制器的参数中；

②能同时执行三轴复归；

③复归后机械坐标都为零；

④复归完成后，软件行程限制保护始有效，故复归前，不要过快移动机台。

(三)手动操作机床

1. 主轴控制

(1)置模式旋钮在"JOG"位置 。

(2)按 机床主轴正反转，按 主轴停转 。

2. 手动移动机床轴连续进给

(1)置"JOG"模式位置。

(2)选择各轴 X Y Z 点击方向键 + − ，机床各轴移动，松开后停止移动。

3. 快速移动

(1)置"JOG"模式位置。

(2)按下快速移动 。

(3)选择各轴 X Y Z 点击方向键 + − ，机床各轴移动，松开后停止移动。

4. 微调操作

(1)增量移动

①置模式在 位置：选择 步进量。

②选择各轴，每按一次，机床各轴移动一步。

(2)手摇脉冲

置模式在 位置：操纵"手轮"。这种方法用于微量调整。在实际生产中，使用手轮可以让操作者容易控制和观察机床移动。

项目二　平面铣削加工

一、项目任务

将如图 9-5 所示的毛坯加工成长 100mm，宽 80mm，高 20mm 的工件。

二、项目分析

编写如图 9-5 所示工件精加工程序，应用 N、F、S、T、M、G 等程序字功能；合理使用 G94、G95 指令；合理选择顺铣和逆铣加工平面并完成。

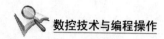
三、项目要求

（1）掌握数控铣/加工中心平面铣削的加工结构的工艺特点。

（2）掌握平面铣削加工的坐标建立及编程方法。

（3）学会平面铣削加工操作方法。

四、项目知识

1.平面类零件

平面类零件：加工面平行、垂直于水平面或与水平面夹角为定角的零件。如图9-6所示。

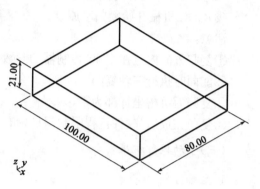

图9-5 项目任务工件图

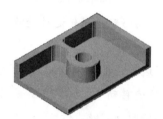

图9-6 平面类零件

2.平面铣削的方法

用分布在铣刀圆柱面上的刀齿进行的铣削（铣垂直面）称为周铣，如图9-7所示。

用分布在铣刀端面的刀齿进行铣削称为端铣，如图9-8所示。

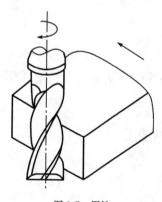

图9-7 周铣

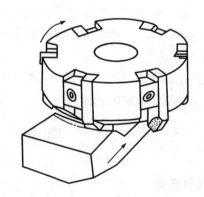

图9-8 端铣

3.平面铣削相关工艺路线

（1）行切进给路线，如图9-9所示。

刀具沿某一方向（如X）进行切削，沿另一方向进给，来回往复切削去除加工余量。

适用于端铣平面、台阶面、矩形下陷或曲面铣削。一般应选择切削路线较长的方向作为主切削方向,此时进给路线较短。可用子程序实现。

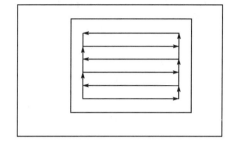

图 9-9　行切进给路线

(2)环切进给路线,如图 9-10 所示。

刀具沿与精加工轮廓平行的路线进行切削,从外向内或从内向外,呈环状逐步去除加工余量。

适用于圆形或不规则内、外形的加工。计算复杂,手工编程实现较困难,程序较长。

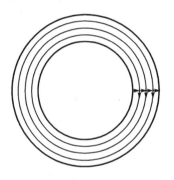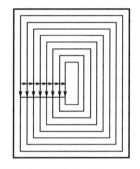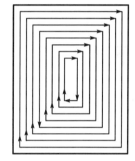

图 9-10　环切进给路线

4. 顺铣和逆铣

(1)顺铣和逆铣的定义和判断

顺铣:刀具的旋转方向和工件的相对移动方向相同,如图 9-11 所示。

逆铣:刀具的旋转方向和工件的相对移动方向相反,如图 9-12 所示。

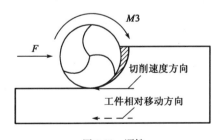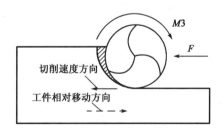

图 9-11　顺铣　　　　　　　　图 9-12　逆铣

(2)判断

刀具顺时针转顺时针走刀,如图 9-13a)所示。

刀具顺时针转逆时针走刀,如图 9-13b)所示。

（3）顺铣和逆铣的影响

顺铣：刀具切削时会产生让刀现象，会出现"欠切"，如图 9-14 所示。

逆铣：刀具切削时会产生啃刀现象，会出现"过切"，如图 9-15 所示。

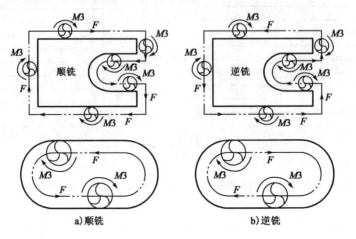

a）顺铣　　　　　　　　　　　b）逆铣

图 9-13　判断顺时针与逆时针走刀

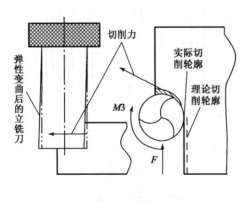

图 9-14　顺铣

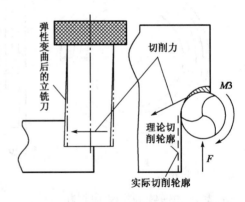

图 9-15　逆铣

注意：

①当工件表面无硬皮，机床进给机构无间隙时，应选用顺铣，按顺铣安排走刀路线，此时，零件已加工表面质量好，刀齿磨损小。精铣时，尤其是零件材料为铝镁合金、钛铁合金或耐热合金时，应尽量采用顺铣。

②当工件表面有硬皮，机床进给机构有间隙时，应按逆铣安排进给路线。此时，刀齿是从已加工表面切入，不会崩刃，同时机床进给机构的间隙不会引起振动和爬行。

5.加工坐标系的建立

（1）G92—设置加工坐标系

指令格式：G92 X ＿＿＿ Y ＿＿＿ Z ＿＿＿；

指令功能：G92 指令是将加工原点设定在相对于刀具起始点的某一空间点上。

若程序格式为：

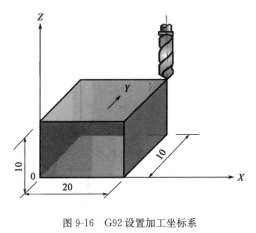

图 9-16　G92 设置加工坐标系

G92 X a Y b Z c;

则将加工原点设定到距刀具起始点距离为 X = -a，Y = -b，Z = -c 的位置上。

例：G92 X20. Y10. Z10. ;

其确立的加工原点在距离刀具起始点 X = -20，Y = -10，Z = -10 的位置上，如图 9-16 所示。

指令说明：

①程序中如使用 G92 指令，则该指令应位于程序的第一句；

②通常将坐标原点设于主轴轴线上，以便于编程；

③程序启动时，如果第一条程序是 G92 指令，那么执行后，刀具并不运动，只是当前点被置为 X、Y、Z 的设定值；

④G92 要求坐标值 X、Y、Z 必须齐全，不可缺省，并且不能使用 U、V、W 编程。

如：G92 X10. Y10. ;含义为刀具并不产生任何动作，只是将刀具所在的位置设为 X10. Y10. 。即相当于确定了坐标系。

注意：这种方式设置的加工原点是随刀具当前位置（起始位置）的变化而变化的。

(2)坐标系设定，G54～G59

指令功能：用来设定坐标系

指令说明：

①加工前，将测得的工件编程原点坐标值预存入数控系统对应的 G54～G59 中，编程时，指令行里写入 G54～G59 即可。

②比 G92 稍麻烦些，但不易出错。所谓零点偏置就是在编程过程中进行编程坐标系(工件坐标系)的平移变换，使编程坐标系的零点偏移到新的位置。

③G54～G59 为模态功能，可相互注销，G54 为缺省值。

④使用 G54～G59 时，不用 G92 设定坐标系。G54～G59 和 G92 不能混用。

如图 9-17 所示，可建立 G54～G59 共 6 个加工坐标系。其中：G54—加工坐标系 1，G55—加工坐标系 2，G56—加工坐标系 3，G57—加工坐标系 4，G58—加工坐标系 5，G59—加工坐标系 6。

例　图 9-18 使用工件坐标系编程：要求刀具从当前点移动到 A 点，再从 A 点移动到 B 点。

O0001

N10 G54 G00 G90 X40. Z30. ;

N20 G59;

N30 G00 X30. Z30. ;

N40 M30;

G54 的确定：首先回参考点，移动刀具至某一点 A，将此时屏幕上显示的机床坐标值输入到数控系统 G54 的参数表中，编程序时如 G54 G00 G90 X40. Y30. ，则刀具在以 A 点为原点的坐标系内移至(40,30)点。这就是操作时 G54 与编程时 G54 的关系。

6.进给速度单位设定 G94、G95 指令

指令格式:G98/G99 G01 X＿＿＿ Z＿＿＿ F＿＿＿;

指令功能:

(1)G98 表示每分钟进给,即进给速度 F 后数值单位为 mm/min。

(2)G99 表示每转进给,即进给速度 F 后数值单位为 mm/r。

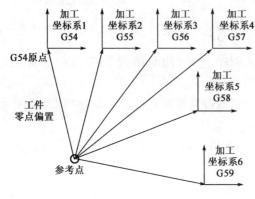

图 9-17 刀心运动轨迹

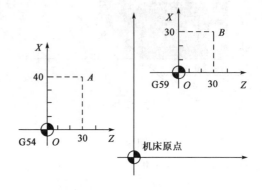

图 9-18 工件坐标系的设定

指令说明:

G94、G95 指令用来设定刀具相对于工件运动速度 F 指令的单位。G94、G95 属于模态指令。

(1)每分钟进给设定指令 G94。进给运动为直线运动的单位为毫米/分钟(mm/min);如果是回转运动,则其单位为度/分钟(°/min)。通过准备功能指令 G94 来设定。

例 G94 G01 X40.F100;(进给速度为 100 mm/min)

(2)每转进给设定指令 G95。在加工螺纹、镗孔过程中,常使用每转进给来指定进给运动速度,其单位为毫米/转(mm/r)。通过准备功能指令 G95 来设定。

例 G95 G01 X40.F0.2;(进给速度为 0.2 mm/r)

在程序的实际调试加工中,进给速度实际大小可通过进给速度倍率旋钮来调节。

7.冷却液开关 M08、M09 指令

冷却液开用 M08 指令表示;冷却液关用 M09 指令表示。

五、项目实施

1.加工前准备

(1)检查毛坯尺寸。

(2)开机、回参考点:先开电源总开关,再开系统电源开关;为确保安全,应先回 Z 轴参考点,再回 X、Y 等其他轴参考点。

(3)程序输入:通过数控面板将编写好的加工程序输入到数控机床。

(4)工件装夹:用百分表校正钳口,在工作台上固定好平口钳。为预防切削力使工件移动位置,工件装夹时,下方要用垫铁支撑。装夹工件时,要保证工件基准面与支撑面可靠接触,清

理钳口夹紧面间无切屑等异物。工件放平并高出钳口 5～10mm,夹紧工件。

(5)刀具装夹:选用 ϕ40mm 面铣刀,安装在面铣刀刀柄上;选 18～20mm 弹簧夹头,将弹簧夹头装入铣刀刀柄中,再装入 ϕ20 立铣刀,在卸刀器上可靠夹紧。按照先后顺序把刀柄装入铣床主轴或加工中心刀库中。

2. 对刀

X、Y、Z 轴均采用试切法对刀,并把有关轴向零偏值输入到 G54 等偏置寄存器对应位置中,并在 MDI 方式下编程验证对刀正确性,确保对刀操作无误。

对刀操作时,要确保主轴已经启动,并密切注意刀具的移动方向,在接近工件时要调低进给倍率,防止移动方向错误或倍率过大而发生撞刀现象。

3. 空运行

操作机床校验程序是否符合图纸。

4. 零件单段运行加工

操作注意事项如下:

(1)要注意使用好进给倍率旋钮和主轴转速倍率,以便调节切削用量到合适状态;在发现问题时可迅速停止进给,检查和排除问题后再继续执行程序。

(2)面铣刀质量较大,加工时主轴转速不能太高。如使用冷却液,必须在刀具切入工件前开启,切出工件后才能关闭,避免急冷急热,以提高刀具使用寿命。

(3)加工时要关好防护门。

(4)单段运行中,重点检查有 G00 指令程序段中,Z 坐标是否已经下到切削深度、一个轮廓加工完毕是否设置抬刀指令,避免撞刀现象的发生。

(5)如发生意外事故,应迅速按复位键或紧急停止按钮,查找原因。

(6)首次切削运行的程序禁止采用自动方式连续执行,防止意外事故发生。

(7)工件装夹时,伸出钳口高度不宜过大,否则加工时易引起震动。

5. 采用行切进给路线进行编程

6. 参考程序(表 9-1)

表 9-1

程 序 内 容	说 明
O0002	程序名
G17 G90 G94 G40 G21;	设定加工环境
G54;	设立工件坐标系
M03 S500;	主轴正转、转速 500r/min
G00 X−80. Y 40. ;	快速运动到工件的左上角
M08;	开冷却液
G01 Z−1. F300;	下刀
X50. F150;	沿＋X轴切削,进给速度为 F＝150mm/min

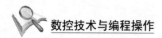

续上表

程 序 内 容	说 明
Y5. ;	沿−Y轴切削至下一行
X−50. ;	沿−X轴切削,进给速度为 F=150mm/min
Y−30. ;	沿−Y轴切削至下一行
X80. ;	沿+X轴切削,进给速度为 F=150mm/min
G00 Z50. ;	刀具快速退回安全平面
M09 ;	关闭冷却液
M05 ;	主轴停止
M30 ;	程序结束

习 题

1. 结合上述所学的项目知识,加工零件如图 9-19 所示,编写零件加工程序。

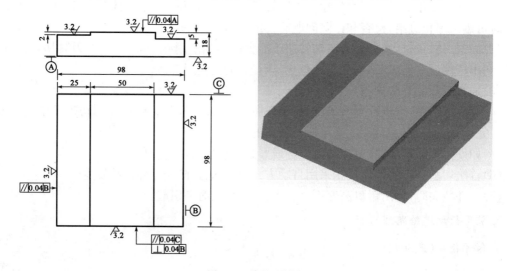

图 9-19　编程习题图

项目三　沟槽铣削加工

一、项目任务

完成如图 9-20 所示的零件,试用子程序编程。

二、项目分析

应用子程序编程与调用方法(M98、M99)、利用改变半径补偿值的大小(G41、G42)、合理选择下刀点的位置,避免干涉过切;进行图 9-20 所示的零件加工。

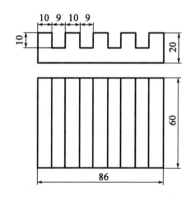
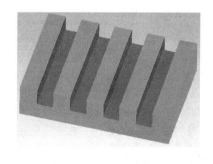

图 9-20　项目任务工件图

三、项目要求

(1)掌握数控铣/加工中心沟槽铣削加工结构的工艺特点。

(2)合理采用刀具半径补偿功能、子程序编程与调用方法。

(3)合理选择下刀位置及加工操作方法。

四、项目知识

1. 刀具半径补偿指令 G40、G41、G42

G40——取消刀具半径补偿

G41——左偏刀具半径补偿

G42——右偏刀具半径补偿

G41 为左偏刀具半径补偿,定义为假设工件不动,沿刀具运动方向向前看,刀具在零件左侧的刀具半径补偿,如图 9-21 所示。

(1)G41 指令格式

G17 G41 X ＿＿＿ Y ＿＿＿ D ＿＿＿;

G18 G41 X ＿＿＿ Y ＿＿＿ D ＿＿＿;

G19 G41 X ＿＿＿ Y ＿＿＿ D ＿＿＿;

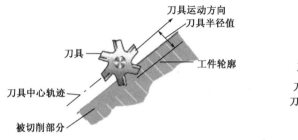
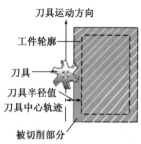

图 9-21　G41 左刀补

G42 为右偏刀具半径补偿,定义为假设工件不动,沿刀具运动方向向前看,刀具在零件右侧的刀具半径补偿,如图 9-22 所示。

(2)G42 指令格式

G17 G42 X ＿＿ Y ＿＿ D ＿＿；

G18 G42 X ＿＿ Y ＿＿ D ＿＿；

G19 G42 X ＿＿ Y ＿＿ D ＿＿；

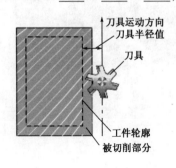
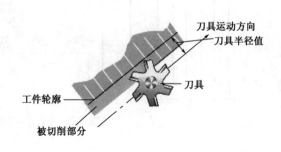

图 9-22　G42 右刀补

(3)指令说明

①G41、G42 的切削方向是沿着刀具前进方向观察,刀具偏在工件的左边(假定工件不动)。

②G41、G42 发生前,刀具参数(D＿)必须在主功能 PARAM 中刀具参数内设置完成。

③G41、G42 本段程序,必须有 G01 或 G00 功能及对应的坐标参数才有效,以建立刀补。

④G41、G42 与 G40 之间不得出现任何转移、更换平面的加工指令,如镜像、子程序等。

⑤由于当前段加工的刀补方式与下一加工段的数据有关,因此,下一段加工轨迹的数据说明,必须在 10 段(甚至 2 段)程序之内出现。

⑥当改变刀具补偿号时,必须先用 G40 取消当前的刀补。

⑦必须在远离工件的地方建立、取消刀补;且应与选定好的切入点和进刀方式协调,保证刀具半径补偿的有效性;如果建立刀补后需切削的第一段轨迹为直线,则建立刀补的轨迹应在其延长线 S 上;若为圆弧,则建立刀补的轨迹应在圆弧的切线上。如果撤消刀补前的切削轨迹为直线,则刀具在移至目标点后应继续沿其延长线移动至少一个刀具半径后,再撤消刀补;若为圆弧,则刀具在移至目标点后应沿圆弧的切线方向移动至少一个刀具半径后,再撤消刀补。

⑧G41、G42 是模态指令。

(4)注意事项

①建立补偿的程序段,必须是在补偿平面内不为零的直线移动。不能和 G02、G03 一起使用,只能与 G00 或 G01 一起使用,且刀具必须要移动。

②建立补偿的程序段,一般应在切入工件之前完成。

③撤销补偿的程序段,一般应在切出工件之后完成。

④切入、切出的距离必须大于刀具半径。

例　编写如图 9-23 所示零件的加工程序,见表 9-2。

表 9-2

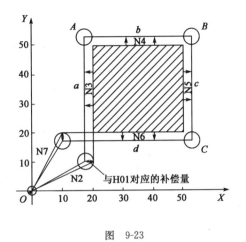

图 9-23

程 序 内 容	说　明
O0003	程序名
N10 G54 G91 G17 G00 M03 S800	指定平面
N20 G41 X20.0 Y10.0 D01；	建立刀补
N30 G01 Y40.0 F200；	刀补状态
N40 X30.0；	
N50 Y－30.0；	
N60 X－40.0；	
N70 G00 G40 X－10.0 Y－20.0M05；	取消刀补
N80 M30；	程序结束

2. 对刀点与刀位点之间的概念

对刀点就是刀具相对工件运动的起点,也称程序起点。其作用是确定编程原点在工件上的位置,因此其位置必须与工件的定位基准有固定尺寸关联。

选择原则:便于数学处理和程序编制;找正容易;对刀误差小;退回对刀点便于检测;工件装夹方便。

在使用对刀点确定加工原点时,就需要进行"对刀"。所谓对刀是指使"刀位点"(图 9-24)与"对刀点"重合的操作。每把刀具的半径与长度尺寸都是不同的,刀具装在机床上后,应在控制系统中设置刀具的基本位置。"刀位点"是指刀具的定位基准点。圆柱铣刀的刀位点是刀具中心线与刀具底面的交点;球头铣刀的刀位点是球头的球心点或球头顶点;车刀的刀位点是刀尖或刀尖圆弧中心;钻头的刀位点是钻头顶点。

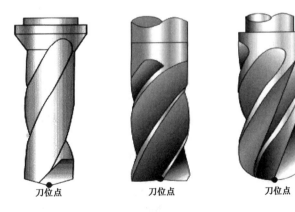

图 9-24 数控刀具的刀位点

3. Z轴移动

在实际加工中,刀具不能只在 XOY 平面内移动,否则刀具平行移动时将与工件、夹具发生干涉,另外在切削型腔时刀具也不能直接快速运动到所需切深,所以必须对 Z 轴移动有所控制。

例 从原点上方100mm开始,切深－10mm(图9-25)。

加工程序如下:

O0004(Z轴移动例题,G90)

G90 G54 G00 X0 Y0 S800 M03;

Z100. M08;

X30. Y10. ;

Z5. ;

G01 Z－10. F50;(若切深为10mm),(Z向进给
应慢些,平面进给时可提速)

Y30. F100;

X20. ;

X30. Y60. ;

Y70. ;

X80. Y30. ;

X70. ;

Y10. ;

X30. ;

G00 Z100. M05;

X0 Y0;

M30;

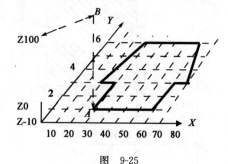

图 9-25

注意:在起刀点和退刀点时应注意,尽量避免三轴联动,要将Z轴的运动和XOY平面内的运动分成两行写,以避免三轴联动引起的不必要的碰撞。

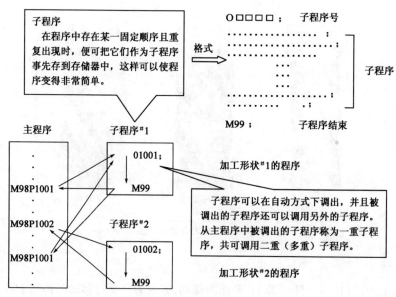

图 9-26

4.子程序调用指令——M98、M99(图 9-26)

调用子程序的指令格式：

$$\text{M98 \quad P0000 \quad L} \; \square\square\square\square$$

调用次数

调用的子程序

说明：

(1)子程序是以 O 开始,以 M99 结尾的,子程序是相对于主程序而言的;

(2)M98 置于主程序中,表示开始调用子程序;

(3)M99 置于子程序中,表示子程序结束,返回主程序;

(4)主程序与子程序间的模态代码互相有效;

如主程序中使用 G90 模式,调用子程序,子程序中使用 G91 模式,则返回主程序时,在主程序里 G91 模式继续有效。

(5)在子程序中多使用 G91 模式编程;

(6)在半径补偿模式下,如无特殊考虑,则应避免主子程序切换;

(7)子程序可多重调用,最多可达四重;

(8)每次调用子程序时的坐标系,刀具半径补偿值、坐标位置、切削用量等可根据情况改变。

例　加工两个工件,编制程序。Z 轴开始点为工件上方 100mm 处,切深 10mm (图 9-27)。

主程序：

O0005

G17 G90 G54 G00 X0 Y0 S800 M03;

Z100. M08;

M98 P0006;

G90 G00 X80. ;

M98 P0006;

G90 G00 X0 Y0 M05;

M30;

子程序：

O0006

G91 G00 Z−95. ;

G41 X40. Y20. D01;

G01 Z−15. F20;

Y30. F100;

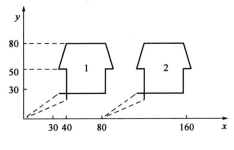

图　9-27

203

X－10.；

X10. Y30.；

X40.；

X10. Y－30.；

X－10.；

Y－20.；

X－50.；

G00 Z110.；

G40 X－30. Y－30.；

M99；

五、项目实施

1.加工前准备

（1）根据要求选择刀具和相关切削参数

采用 ϕ8mm 的键槽刀具，主轴转速为 500r/min，进给速度为 F＝150mm/min，使用半径补偿编程，每次 Z 轴下刀 2.5mm。

（2）夹具选择和装夹

根据工件特点和加工部位，选择平口虎钳装夹工件，伸出钳口 12～14mm 左右，并用百分表找正。

（3）选择编程原点编程

根据工件特点，确定工件上表面的中心为编程原点，采用 G92 设定工件坐标系，主程序绝对编程，子程序相对编程。

2.参考程序（表 9-3）

表 9-3

程 序 内 容	说　　明
O0007	程序名
G92 X0 Y0 Z20.0；	设立工件坐标系
M03 S500；	主轴正转、转速 500r/min
G90 G00 X－4.5Y－10.0 M08；	绝对编程，快速运动到工件的左下角
Z0；	沿 Z 轴下到工件表面
M98 P1100 L4；	调用 4 次子程序 O1100
G90 G00 Z20.0；	快速提刀
X0 Y0 M05；	回到起刀点，主轴停止
M30；	程序结束

子程序内容	说　明
O1100	控制下刀的子程序名
G91 G00 Z－2.5；	相对编程,快速下到工件表面下 2.5mm 处
M98 P1200 L4；	调用 4 次子程序 O1200
G00 X－76.0；	快速运动到工件的左下角(X－4.5,Y－10.0)处
M99；	子程序结束,返回主程序
O1200	铣槽子程序名
G91 G00 X19.0；	快速沿 X 轴正方向移动19mm
G41 X4.5 D01；	建立左刀补,移动到第一个槽的右表面
G01 Y75.0 F150；	以 F=150mm/min 沿 Y 的正方向铣削 75mm
X－9.0；	快速沿 X 轴负方向移动9mm
Y－75.0；	沿 Y 的负方向铣削 75mm
G40 G00 X4.5；	取消刀补,快速沿 X 轴正方向移动9mm
M99；	子程序结束,返回子程序 O1100

六、知识拓展

坐标系旋转：

对于某些围绕中心旋转得到的特殊的轮廓加工,如果根据旋转后的实际加工轨迹进行编程,就可能使坐标计算的工作量大大增加,而通过图形旋转功能,可以大大简化编程的工作量。

（1）指令格式

$$G17 \begin{Bmatrix} G68 \\ G69 \end{Bmatrix} X \_\_\_ Y \_\_\_ R \_\_\_ ;$$

G68:坐标系旋转生效指令。

G69:坐标系旋转取消指令。

X ____ Y ____用于指定坐标系旋转的中心。

R 用于指定坐标系旋转的角度,该角度一般取 0°～360°的正值。旋转角度的零度方向为第一坐标轴的正方向,逆时针方向为角度方向的正方向。不足 1°的角度以小数点表示,如 10°54′用 10.9°表示。

例　G68 X30.0 Y50.0 R45.0；

该指令表示坐标系以坐标点(30,50)作为旋转中心,逆时针旋转 45°。

（2）坐标系旋转编程实例

例　如图 9-28 所示的外形轮廓 B,是由外形轮廓 A 绕坐标点 M(－30,0)旋转 100°所得,试编写轮廓 B 加工程序。

O0008；

G17 G21 G54 G49 G40 G80 G90；

M3 S800；

G68 X－30. Y0 R100. ；　（绕坐标点 M 进行
坐标系旋转，旋转
角度为 100°）

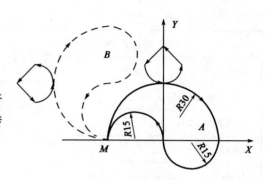

图 9-28　坐标系旋转

G0 Z100. ；

X0 Y50. ；

Z0；

G1 Z－2. F50；

G41 G1 X－10. Y40. D01 F200；

G3 X0 Y30. R10. ；

G2 X30. Y0 R30. ；

G3 X－30. Y0 R15. ；

G02 X0 Y30. R30. ；

G03 X10. Y40. R10. ；　　　　　　　　（圆弧切出）

G40 G1 X0 Y50. ；　　　　　　　　　　（取消刀补）

G0 Z100. ；

G69；　　　　　　　　　　　　　　　　（取消坐标系旋转）

M05；

（3）坐标系旋转编程说明

①在坐标系旋转取消指令（G69）以后第一个移动指令必须用绝对值指定，如果采用增量值指令，则不执行正确的移动。

②CNC 数据处理的顺序是从程序镜像到比例缩放到坐标系旋转到刀具半径补偿 C 方式，所以在指定这些指令时，应按顺序指定，取消时，按相反顺序。在旋转方式或比例缩放方式不能指定镜像指令，但在镜像指令中可以指定比例缩放指令或坐标系旋转指令。

③在指定平面内执行镜像指令时，如果在镜像指令中有坐标系旋转指令，则坐标系旋转方向相反，即顺时针变成逆时针，相应地，逆时针变成顺时针。

④如果坐标系指令旋转前有比例缩放指令，则坐标系旋转中心也被缩放，但旋转角度不被比例缩放。

⑤在坐标系旋转方式中，与返回参考点指令（G27、G28、G29、G30）和改变坐标系指令（G54～G59，G92）不能指定。如果要指定其中的某一个，则必须在取消坐标系旋转指令后指定。

习　　题

1.结合上述所学的项目知识，加工零件如图 9-29 所示，编写零件加工程序。

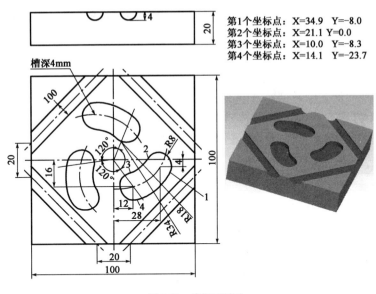

第1个坐标点：X=34.9 Y=-8.0
第2个坐标点：X=21.1 Y=0.0
第3个坐标点：X=10.0 Y=-8.3
第4个坐标点：X=14.1 Y=-23.7

图 9-29 编程习题图

项目四 型腔铣削加工

一、项目任务

完成如图 9-30 所示的零件编程加工。

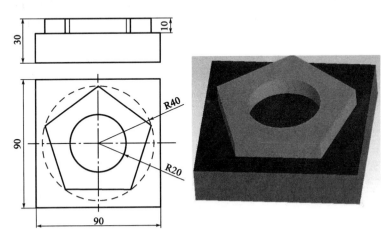

图 9-30 项目任务工件图

二、项目分析

在数控铣/加工中心加工中,箱体类零件内壁铣削加工、模具型腔铣削加工,应用非常普遍,由于型腔的内轮廓加工深度较大,切削余量较多,为保证加工质量和加工效率,一般采用刚性好、切削效率高的刀具进行分层粗加工,再采用精加工刀具进行精加工。在分层切削时可以采用编写子程序来简化编程,通过改变刀具半径补偿值的大小,来完成工件的粗、精加工,并加工完成图 9-30 零件。

三、项目要求

(1)掌握数控铣/加工中心型腔铣削加工结构的工艺特点。

(2)合理采用刀具长度补偿,进一步掌握半径补偿功能、子程序编程与调用方法。

(3)掌握加工工艺路线及合理选择下刀位置及加工操作方法。

四、项目知识

1. 刀具长度补偿指令 G49、G43、G44

使用刀具长度补偿指令,在编程时就不必考虑刀具的实际长度及各把刀具不同的长度尺寸。加工时,用 MDI 方式输入刀具的长度尺寸 a,即可正确加工。当由于刀具磨损、更换刀具等原因引起刀具长度尺寸变化时,只要修正刀具长度补偿量,而不必调整程序或刀具。

G49 为撤消刀具长度补偿;G43 为正刀具长度补偿;G44 为刀具长度负补偿。

格式 G43Z＿＿＿ H ＿＿＿;

G43 为正补偿,即将 Z 坐标尺寸字与 H 代码中长度补偿的量相加,按其结果进行 Z 轴运动。执行 G43Z＿＿＿ H ＿＿＿时,Z 的实际值＝Z 的指令值＋补偿量,如图 9-31 所示。

格式 G44Z＿＿＿ H ＿＿＿;

G44 为负补偿,即将 Z 坐标尺寸字与 H 中代码长度补偿的量相减,按其结果进行 Z 轴运动。执行 G44Z＿＿＿ H ＿＿＿时,Z 的实际值＝Z 的指令值－补偿量,如图 9-32 所示。

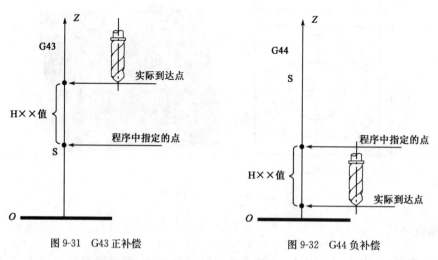

图 9-31　G43 正补偿　　　　　　　　图 9-32　G44 负补偿

例　按理想的刀具进行编程,现测得实际刀具比理想刀具短 8mm,将用 MDI 在机床中设定 H01＝8mm,H02＝－8mm。如图 9-33 的加工程序见表 9-4。

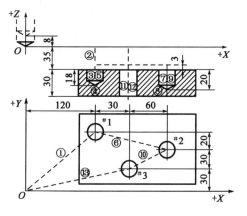

图 9-33　零件图

表 9-4

程 序 内 容	说　　　明
O0009	程序名
N5 G54 G90 G00 G40 G49 M03 S600;	绝对编程,主轴正转,转速为600r/min
N10 G00 X120. Y80. Z35. ;	快速点定位到#1孔的上方
N20 G43 Z3. H02;	刀具理想下移—32mm,实际刀具下移值为—32+(—8)=
(N20 G44 Z3. H01;)	—40mm下移到工件距离上表面3mm
N30 G01 Z—18. F80;	加工#1孔,进给速度100mm/min
N40 G04 P2000;	孔底暂停2s
N50 G00 Z3. ;	快速提刀至安全高度平面
N60 X210. Y60. ;	定位到#2孔
N70 G01 Z—20. F80;	加工#2孔,进给速度80mm/min
N80 G04 P2000;	孔底暂停2s
N90 G00 Z3. ;	快速提刀至安全高度平面
N100 X150. Y30. ;	定位到#3孔
N110 G01 Z—40. F80;	加工#3孔,进给速度80mm/min
N120 G49 G00 Z35. ;	回到初始平面,取消刀具长度补偿
N130 X0 Y0 M05;	回到初始位置
N140 M30;	程序结束

2. 切入、切出路线(图 9-34)

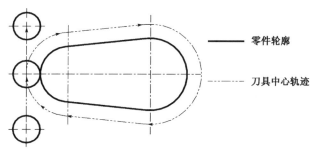

图　9-34

刀具切入、切出工件时最好沿切线方向进行,以避免在工件表面形成接刀痕。考虑刀具的进、退刀(切入、切出)路线时,刀具的切出或切入点应在沿零件轮廓的切线上,以保证工件轮廓光滑;应避免在工件轮廓面上垂直上、下刀而划伤工件表面;尽量减少在轮廓加工切削过程中的暂停(切削力突然变化造成弹性变形),以免留下刀痕。

(1)外轮廓的切入和切出路线

例 铣外轮廓。切削深度 10mm,刀具半径 20mm,材料 45 钢(图 9-35)。

O0010(G41)

G17 G90 G54 G00 X0 Y0 S800 M03;

Z100. M08;

Z5. ;

G41 X40. Y20. D01;

G01 Z－10. F50;

Y190. F100;

X190. ;

Y40. ;

X20. ;

G00 Z100. ;

G40 X0 Y0;

M30;

注意:

①远离工件的地方进退刀,刀具 Z 向进给时速度应慢,因为侧刃与底刃同时切削。

②进退刀时(X、Y)与 Z 应分为两行书写,避免三轴联动走空间斜线而引起的刀具与夹具的干涉。

例 切削深度 10mm,刀具半径 20mm,材料 45 钢(图 9-36)。

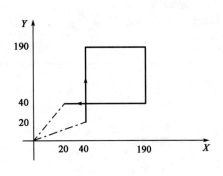

图 9-35

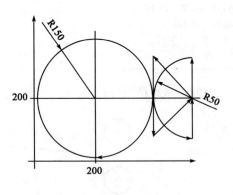

图 9-36

直线切线切入

N10 G90 G54 G00 Z100. ;

N12 S1000 M03;

圆弧切入

N10 G90 G54 G00 Z100. ;

N12 S1000 M03;

N14 X400. Y200. Z100. ;

N16 Z5. ;

N18 G01 Z－2. F500；

N20 G41 D01 X350. Y250. F200；

N22 Y200. ;

N24 G02 X350. Y200. I－150. J0；

N26 G01 Y150. ;；

N28 G40 X400. Y200. ；

N30 G00 Z100. ；

N32 M05；

N34 M30；

N14 X64. 991 Y2. 257 Z100. ；

N16 Z5. ；

N18 G01 Z－2. F200；

N20 G41 D01 X61. 456；

Y5. 792 F200；

N22 X－3. 800 Y－59. 463；

N24 X3. 271 Y－66. 534；

N26 X68. 527 Y－1. 279；

N28 G40 X64. 991 Y2. 257；

N30 G00 Z100. ；

N32 M05；

N34 M30；

（2）内轮廓的切入和切出路线

例　切削深度 10mm，刀具半径 20mm，材料 45 钢（图 9-37）。

O0011

G17 G90 G54 G00 X0 Y0 S800 M03；

Z100. M08；

Z5. ；

G41 X－100. Y100. D01；

G01 Z－10. F50；

G03 X－200. Y0 R100. F100. ；

G03 I200. ；

G03 X－100. Y－100. R100. ；

G00 Z100. ；

G40 X0 Y0；

M30；

例　切削深度 10mm，刀具半径 20mm，材料 45 钢（图 9-38）。

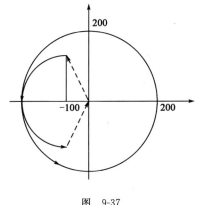

图　9-37

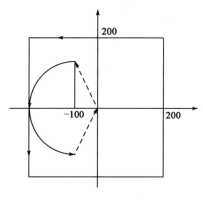

图　9-38

O0012

N10 G17 G90 G54 G00 X0；

Y0 S800 M03；

N20 Z100. M08；

N30 Z5. ；

N40 G41 X−100. Y100. D01；

N50 G01 Z−10. F50；

N60 G03 X−200. Y0 R100. F100. ；

N70 Y−200. ；

N80 X200. ；

N90 Y200. ；

N100 X−200. ；

N110 Y0；

N120 G03 X−100. Y−100. R100. ；

N130 G00 Z100. ；

N140 G40 X0 Y0；

N150 M30；

3. Z 轴下刀方式（图 9-39）

注意：

常用的铣刀（两刃以上的刀，或装刀片的方肩台阶铣刀，包括所有中心无切削刃的铣刀）本身的结构问题，因为铣刀中心无切削能力，如果你在加工时使用垂直下刀的方法将导致刀具中心部分的余量无法被切削掉而顶住刀具，这样强行下刀的结果（如果下刀深度较深）将有导致断刀的危险。解决方法见图 9-40。

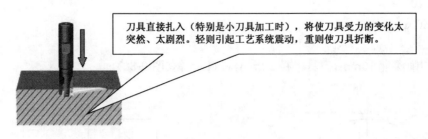

刀具直接扎入（特别是小刀具加工时），将使刀具受力的变化太突然、太剧烈。轻则引起工艺系统震动，重则使刀具折断。

图 9-39

（1）单向斜插式下刀和双向斜插式下刀

指令格式：

$$G01 \begin{cases} X\underline{\quad} \\ Y\underline{\quad} \\ X\underline{\quad} \quad Y\underline{\quad} \end{cases} Z\underline{\quad} \quad F\underline{\quad} ;$$

例 根据图形要求，选择工件尺寸为 120×100，刀具选 φ8 的端铣刀，设置工件零点如图 9-41 所示，进给速度设为 F=100mm/min，主轴转速 S=800r/min。

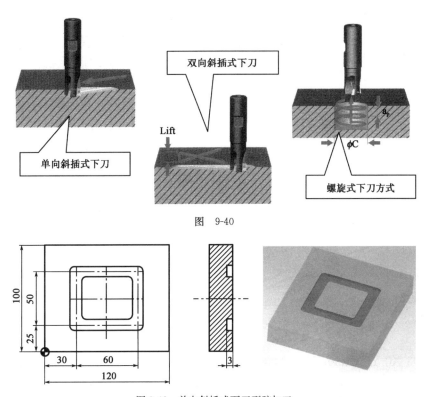

图 9-40

图 9-41 单向斜插式下刀型腔加工

其程序见表 9-5。

表 9-5

程 序	说 明
O0013	序名
N1 G90 G54 G00 X0 Y0 ;	设置工件零件于 O 点
N2 M6 T01;	选择刀具
N3 M03 S1000;	主轴正转,转速为 1000 r/min
N4 G43 Z50. H01	刀具长度正补偿
N5 G00 X30. Y25. Z2. ;	刀具快速移至(X30,Y25,Z2)
N6 G01 Y50. Z−3. F50;	刀具斜线进刀至深 3mm 处
N7 X90. F100;	直线插补
N8 Y25. ;	直线插补
N9 X30. ;	直线插补
N10 G00 Z200. G49;	刀具 Z 向快退,取消刀具长度补偿
N11 X0 Y0 M05;	刀具回起刀点,主轴停转
N12 M30;	程序结束

(2)螺旋式下刀方式

指令:螺旋线插补 G02、G03。

功能:在圆弧插补时,垂直插补平面的直线轴同步运动,构成螺旋线插补运动,如图 9-42 所示。G02、G03 分别表示顺时针、逆时针螺旋线插补,判断方向的方法同圆弧插补。

指令格式:

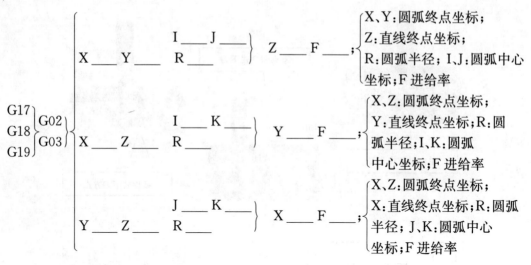

$$G17\begin{matrix}G02\\G18\\G03\end{matrix}\begin{cases}X\_\_\_Y\_\_\_R\_\_\_\begin{Bmatrix}I\_\_\_J\_\_\_\end{Bmatrix}Z\_\_\_F\_\_\_;\end{cases}$$

图 9-42 中,在 X、Y 平面为:

$$G17\begin{Bmatrix}G02\\G03\end{Bmatrix}X\_\_\_Y\_\_\_\begin{Bmatrix}I\_\_\_J\_\_\_\\R\_\_\_\end{Bmatrix}Z\_\_\_$$

F___;

G17 G03 X0 Y60. R60. Z50. F300;

或者:G17 G03 X0 Y60. I−60. J0 Z50. F300;

例 工件零点选择在毛坯左上角,选用 φ6 的立铣刀,采用逆铣。考虑到立铣刀不能垂直切入工件,下刀点选择在 S 图形的左下角,采用螺旋线切入工件,如图 9-43 所示。

其程序如下:

O0014

N1 G90 G54 G00 X0 Y0 ;

N2 M6 T01;

N3 M03 S800;

N4 G43 H01 Z10. ;

N5 M08;

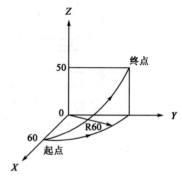

图 9-42 圆弧逆方向

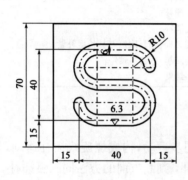

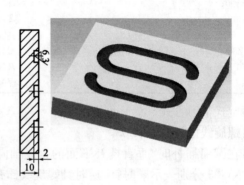

图 9-43 螺旋式下刀型腔加工

N6 G00 X15. Y25. Z1. ;（快速移动到下刀点的上方）

N7 G03 X25. Y15. Z－2. R10. F50；（螺旋线切入工件）

N8 G02 X15. Y25. R10. ;

N9 G03 X15. Y15. R10. ;

N10 G01 X45. F100；

N11 G03 X45. Y35. R10. ;

N12 G01 X25. ;

N13 G02 X25. Y55. R10.

N14 G01 X45. ;

N15 G02 X55. Y45. R10. ;

N16 G00 Z100. ;

N17 X0 Y0 G49

N18 M05；

N19 M30；

五、项目实施

1.加工前准备

（1）根据要求选择刀具和相关切削参数

采用 ϕ20mm 的两刃立铣刀具，主轴转速为 800r/min，进给速度为 F＝318mm/min，使用半径补偿编程，每次 Z 轴下刀 5mm。刀具号和刀补值见表 9-6。

表 9-6

刀 具 号	D01	D02
刀补值	10	22

（2）夹具选择和装夹

根据工件特点和加工部位，选择平口虎钳装夹工件，伸出钳口 12～14mm 左右，并用百分表找正。

（3）选择编程原点编程

根据工件特点，确定工件上表面的中心为编程原点，采用 G92 设定工件坐标系，绝对编程。

2.参考程序（表 9-7）

表 9-7

O0015（主程序）	主 程 序 名
N10 G90 G54 G00 G40；	绝对编程，读取加工坐标系
N20 M08；	打开切削液
N30 M06 T01；	换 1 号刀具
N40 S800 M03；	主轴转正转

O0015（主程序）	主 程 序 名
N50 X0. Y0. Z100. ；	移动到开始加工位置
N60 Z5. ；	Z轴移置安全高度
N70 M98 P0002 L2；	调用 0002 程序 2 次
N80 G90 G00 Z5. ；	Z轴移置安全高度
N90 M98 P0003 L2；	调用 0003 程序 2 次
N100 G90 G00 Z5. ；	Z轴移置安全高度
N110 M98 P0004 L4；	调用 0004 程序 4 次
N120 G00 Z100. ；	退回初始高度
N130 M05；	主轴停止
N140 M30；	程序结束并返回程序头
子程序	
O0002	（加工直径 40 孔子程序）
N10 G1 X0 Z0 Y0 F100；	
N20 G91 G01 Z－5. F50；	相对平面每次下深 5mm
N30 G90 G41 D01 X10. Y－10. F200；	建立左刀补开始加工轮廓
N40 G03 X20. Y－0. I0. J10. ；	
N50 G03 X20. Y－0. I－20. J0. ；	
N60 G03 X10. Y10. I－10. J0. ；	
N70 G40 G01 X0. Y0. ；	取消刀补
N80 M99；	子程序结束
O0003	（加工五边形子程序）
N10 G1 X0. Y－73 Z0 F100；	
N20 G91 G01 Z－5. F50；	相对平面每次下深 5mm
N30 G90 G41 D01 X10. Y－42. 361 F200；	建立左刀补开始加工轮廓
N40 G03 X－0. Y－32. 361 I－10. J0. ；	
N50 G01 X－23. 511；	
N60 X－38. 042 Y12. 361；	
N70 X0. Y40. ；	
N80 X38. 042 Y12. 361；	
N90 X23. 511 Y－32. 361；	
N100 X0. ；	
N110 G03 X－10. Y－42. 361 I0. J－10. ；	
N120 G40 G01 X0. Y－73；	取消刀补
N130 M99；	子程序结束

O0004	（加工正方形外轮廓子程序）
N10 G01 X0. Y65. Z0；	
N20 G91 G01 Z−5 F50；	相对平面每次下深5mm
N30 G90 G41 D01 X−10. Y55. F200；	建立左刀补开始加工轮廓
N40 G03 X0. Y45. I10. J0. ；	
N50 G01 X45. ；	
N60 Y−45. ；	
N70 X−45. ；	
N80 Y45. ；	
N90 X0. ；	
N100 G03 X10. Y55. I0. J10. ；	
N110 G40 G01 X0. Y65. ；	取消刀补
N120 M99；	子程序结束

习　题

1. 结合上述所学的项目知识，加工零件如图 9-44 所示，编写零件加工程序。

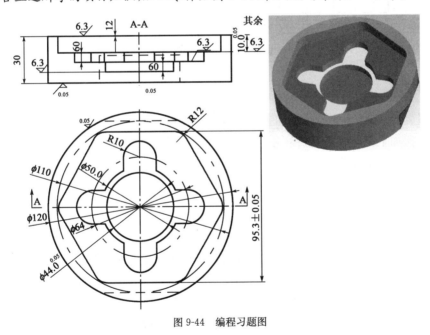

图 9-44　编程习题图

项目五　孔 系 加 工

一、项目任务

如图 9-45 所示使用刀具长度补偿功能和固定循环功能加工。

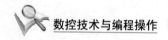

二、项目分析

孔系是零件上常见结构,主要有通孔、盲孔、螺纹孔等,根据用途不同,孔系结构加工尺寸精度、形位精度要求也不相同。孔系加工主要包括钻孔、扩孔、铰孔、镗孔、攻丝、铣螺纹等,一般利用中心钻、麻花钻、扩孔钻、键槽铣刀、立铣刀、铰刀、机用丝锥、镗刀、螺纹铣刀等刀具对工件上的孔系结构进行加工。为简化编程,孔系加工通常采用循环指令来编程,对于圆周均布孔系结构,采用极坐标系编程更为方便,在加工中心上加工时,采用刀具长度补偿指令来编程。

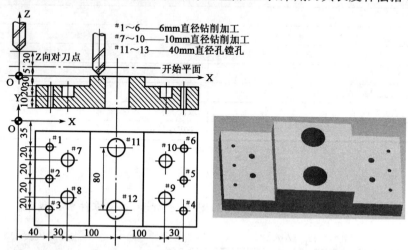

图 9-45　项目任务工件图

三、项目要求

(1)掌握数控铣/加工中心孔系加工结构的工艺特点。

(2)掌握孔加工循环指令及进一步掌握刀具长度补偿功能。

(3)掌握孔系加工操作方法。

四、项目知识

1. 固定循环的引入

在数控加工中常遇到孔的加工,如定位销孔、螺纹底孔、挖槽加工预钻孔等。采用立式加工中心和数控铣床进行孔加工是最普通的加工方法。数控加工中,某些加工动作循环已经典型化。例如,钻孔、镗孔的动作是孔位平面定位、快速接近工件、工作进给(慢速钻孔)、快速退回等一系列典型的加工动作,这样就可以预先编好程序,存储在内存中,并可用一个 G 代码程序段调用,称为固定循环,以简化编程工作。孔加工固定循环指令有 G73、G74、G76、G80～G89。我们主要学习 FANUC 系统的 G81、G73、G83(连续、断屑、排屑)指令(深孔加工较为困难,在深孔加工中除合理选择切削用量外,还需解决三个主要问题:排屑、冷却钻头和使加工周期最小化)。G81 为连续屑普通钻孔指令,G73 和 G83 两个指令均用于深孔加工,G73 为高速深孔往复排屑钻指令,G83 为深孔往复排屑钻指令。

2. 固定循环指令的动作和格式

(1)固定循环指令的动作(图 9-46)

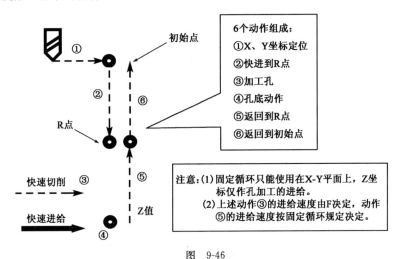

6个动作组成:
①X、Y坐标定位
②快进到R点
③加工孔
④孔底动作
⑤返回到R点
⑥返回到初始点

注意:(1)固定循环只能使用在X-Y平面上,Z坐标仅作孔加工的进给。
(2)上述动作③的进给速度由F决定,动作⑤的进给速度按固定循环规定决定。

图　9-46

(2)固定循环的代码组成

$$
\text{三组代码}\left\{
\begin{array}{l}
①\text{数据格式代码}\quad G90/G91 \\
②\text{返回点代码}\left\{
\begin{array}{l}
G98\ \text{返回初始点} \\
G99\ \text{返回 R 点}
\end{array}\right. \\
③\text{孔加工方式代码}\quad G73\text{—}G89
\end{array}\right.
$$

(3)固定循环指令组的书写格式

指令格式:

$$
\left\{\begin{array}{l}G98\\G99\end{array}\right\}G\underline{\quad}X\underline{\quad}Y\underline{\quad}Z\underline{\quad}R\underline{\quad}Q\underline{\quad}P\underline{\quad}I\underline{\quad}J\underline{\quad}K\underline{\quad}F\underline{\quad}L\underline{\quad};
$$

说明:G98——返回初始平面;

　　　G99——返回 R 点平面;

　　　G——固定循环代码 G73、G74、G76 和 G81~G89 之一;

　　X、Y——加工起点到孔位的距离(G91)或孔位坐标(G90);

　　　R——初始点到 R 点的距离(G91,此时 R 为负值)或 R 点的坐标(G90);

　　　Z——R 点到孔底的距离(G91,此时 Z 为负值)或孔底坐标(G90);

　　　Q——每次进给深度(G73/G83);

　　I,J——刀具在轴反向位移增量(G76/G87);

　　　P——刀具在孔底的暂停时间(ms);

　　　F——切削进给速度;

　　　L——固定循环的次数,缺省为 1。

注意:①固定循环的程序格式包括数据形式、返回点平面、孔加工方式、孔位置数据、孔加工数据和循环次数。数据形式(G90 或 G91)在程序开始时就已指定,因此在固定循环程序格式中可不注出。

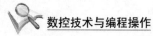

②孔加工指令为续效指令,直到 G80 或 G00、G01、G02、G03 出现,从而取消钻孔循环。

固定循环的数据表达形式:绝对坐标(G90),如图 9-47a)所示。相对坐标(G91),如图 9-47b)所示。

3.固定循环指令

指令格式:

$$\begin{Bmatrix} G98 \\ G99 \end{Bmatrix} G81X \underline{\quad} Y \underline{\quad} Z \underline{\quad} R \underline{\quad} F \underline{\quad} L \underline{\quad};$$

说明(图 9-48):G81 钻孔动作循环,包括 X,Y 坐标定位、快进、工进和快速返回等动作。应注意的是,如果 Z 方向的移动量为零,则该指令不执行。

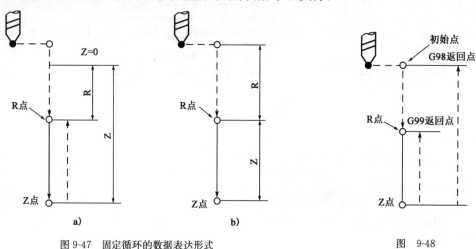

图 9-47　固定循环的数据表达形式

图　9-48

例　G81 的固定循环指令练习(图 9-49),见表 9-8。

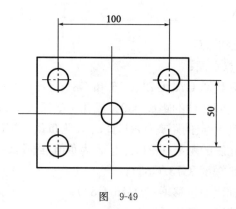

图　9-49

表 9-8

程　　序	说　　明
O0016(G81)	程序名
G90 G54 G00 X0 Y0 S1000 M03;	设立平面主轴正转
Z100. M08;	移动到高 100 处

程　　序	说　　明
G1 Z10. F1500；	下刀到高 10 处
G99 G81 X50. Y25. R5. Z−10. F100；	钻 X50. Y25. 处孔
X−50.；	钻 X−50. Y25. 处孔
Y−25.；	钻 X−50. Y−25. 处孔
X25.；	钻 X50. Y−25. 处孔
X0 Y0	钻 X0. Y0. 处孔
G0 Z100.	快速抬刀到 100 处
G80；	取消 G81
M30；	程序结束

4. 带停顿的钻孔循环指令 G82

指令格式：

$$\begin{Bmatrix}G98\\G99\end{Bmatrix}G82X\_\_\_\_ Y\_\_\_ Z\_\_\_ R\_\_\_ P\_\_\_ F\_\_\_ L\_\_\_；$$

说明：

G82 指令除了要在孔底暂停外，其他动作与 G81 相同。暂停时间由地址 P 给出。G82 指令主要用于加工盲孔，以提高孔深精度。注意的是，如果 Z 方向的移动量为零，则该指令不执行。

5. 高速深孔加工循环指令 G73

指令格式：$\begin{Bmatrix}G98\\G99\end{Bmatrix}G73$ X___ Y___ Z___ R___ Q___ P___ F___ L___；

说明：X、Y——待加工孔的位置；

　　　　Z——孔底坐标值（若是通孔，则钻尖应超出工件底面）；

　　　　R——参考点的坐标值（R 点高出工件顶面 2~5mm）；

　　　　Q——每一次的加工深度（为正值）；

　　　　F——进给速度（mm／min）；

　　　　G98——钻孔完毕返回初始平面；

　　　　G99——钻孔完时返回参考平面（即 R 点所在平面）。

注意：G73 用于 Z 轴的间歇进给，使较深孔加工时容易断屑，减少退刀量，可以进行高效率的加工。使用 G73 指令动作循环时，应注意当 Z、Q、D 的移动量为零时，该指令不执行。

例 高速深孔加工循环指令 G73 练习（图 9-50），程序见表 9-9。

使用 G73 指令编制如图 9-51 所示深孔加工程序，设刀具起点距工件上表面 42mm，距孔底 80mm，在距工件上表面 2mm 处（R 点）由快进转换为工进，每次进给深度 10mm，每次退刀距离 5mm。

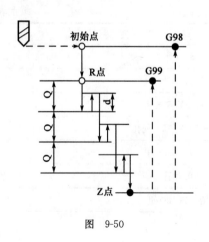

图 9-50

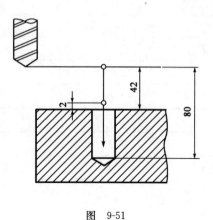

图 9-51

表 9-9

程　　序	说　　明
O0017	程序名
N10 G90 G54 G00 X0 Y0 M03 S600；	设置刀具起点，主轴正转
N20 Z80.M08；	
N30 G91 G98 G73 X100.R−40.P2 Q−10 Z−80.F200；	深孔加工，返回初始平面
N40 G00 X0 Y0 G80；	返回起点
N60 M05；	
N70 M30；	程序结束

6. 深孔加工循环指令 G83

G83 适用于深孔加工，Z 轴方向的间断进给，即采用啄钻的方式，实现断屑与排屑。

其 G73 和 G83 指令均能实现深孔加工，并且指令格式也相同（图 9-52）。

G73 与 G83 的区别：二者在 Z 向的进给动作有区别，如图 9-53 所示。

执行 G73 指令时，每次进给后令刀具退回一个 d 值（用参数设定）；而 G83 指令则每次进给后均退回至 R 点，即从孔内完全退出，然后再钻入孔中。深孔加工与退刀相结合可以破碎钻屑，令其小得足以从钻槽顺利排出，并且不会造成表面的损伤，可避免钻头的过早磨损。

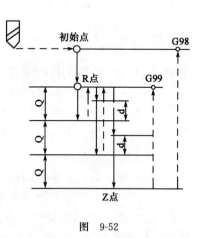

图 9-52

G73 指令虽然能保证断屑，但排屑主要是依靠钻屑在钻头螺旋槽中的流动来保证的。因此深孔加工，特别是长径比较大的深孔，为保证顺利打断并排出切屑，应优先采用 G83 指令。

建议：深孔钢件：G83；中厚钢件：G73；薄板：G81

安全性：G83＞G73＞G81，效率：G81＞G73＞G83

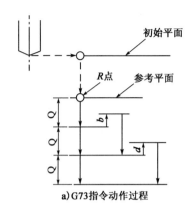

a) G73指令动作过程

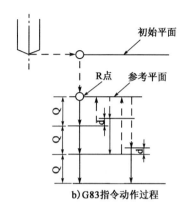

b) G83指令动作过程

图 9-53　G73、G83 指令动作过程

7. 攻丝循环指令 G84

指令格式：

$\left\{ \begin{matrix} G98 \\ G99 \end{matrix} \right\}$ G84 X＿＿ Y＿＿ Z＿＿ R＿＿ P＿＿ F＿＿ L＿＿；

说明：利用 G84 攻螺纹时，从 R 点到 Z 点主轴正转，在孔底暂停后，主轴反转，然后退回。G84 指令动作循环如图 9-54 所示。

注意：

(1) 攻丝时速度倍率、进给保持均不起作用。

(2) R 应选在距工件表面 7mm 以上的地方。

(3) 如果 Z 方向的移动量为零该指令不执行。

例　攻丝循环指令 G84 练习，如图 9-55 所示。

编制如图 9-55 所示的螺纹加工程序（表 9-10），设刀具起点距工作表面 100mm 处，螺纹切削深度为 10mm。

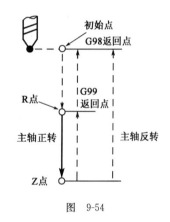

图　9-54

注意：在工件上加工孔螺纹，应先在工件上钻孔，钻孔的深度应大于螺纹深（定为 12mm），钻孔的直径应略小于内径（定为 $\phi 8mm$）。

表 9-10

程　　序	程　　序
O0018（先用 G81 钻孔的主程序）	O0019（用 G84 攻丝的程序）
N10 G92 X0 Y0 Z100.；	N210 G92 X0 Y0 Z0；
N20 G91 G00 M03 S600；	N220 G91 G00 M03 S300；
N30 G99 G81 X40. Y40. G90 R－98 Z－112. F200；	N230 G99 G84 X40. Y40. G90 R－93 Z－110. F100；
N40 G91 X40. L3；	N240 G91 X40. L3；
N50 Y50.；	N250 Y50.；
N60 X－40. L3；	N260 X－40. L3；
N70 G90 G80 X0 Y0 Z100. M05；	N270 G90 G80 X0 Y0 Z100. M05；
N80 M30；	N280 M30；

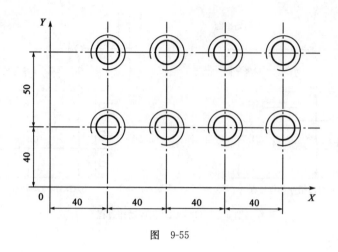

图 9-55

8.取消固定循环指令 G80

该指令能取消固定循环,同时 R 点和 Z 点也被取消。

使用固定循环时应注意以下几点:

(1)在固定循环指令前应使用 M03 或 M04 指令使主轴回转。

(2)在固定循环程序段中,X,Y,Z,R 数据应至少指定一个才能进行孔加工。

(3)在使用控制主轴回转的固定循环(G74 G84 G86)中,如果连续加工一些孔间距比较小,或者初始平面到 R 点平面的距离比较短的孔时,会出现在进入孔的切削动作前,主轴还没有达到正常转速的情况。遇到这种情况时,应在各孔的加工动作之间插入 G04 指令,以获得时间。

(4)当用 G00～G03 指令注销固定循环时,若 G00～G03 指令和固定循环出现在同一程序段,则按后出现的指令运行。

(5)在固定循环程序段中,如果指定了 M,则在最初定位时送出 M 信号,等待 M 信号完成后,才能进行孔加工循环。

五、项目实施

1.分析零件图样,进行工艺处理

该零件孔加工中,有通孔、盲孔,需钻、扩和镗加工。确定加工路线为:从编程原点开始,先加工 6 个 φ6 的孔,再加工 4 个 φ10 的孔,最后加工 2 个 φ40 的孔。其刀具及切削参数选择见表 9-11。

表 9-11

刀 具 号	刀 具 类 型	主轴转数(r/min)	进给速度(mm/min)
T01	钻头	600	120
T02	扩孔刀	600	120
T03	镗刀	300	50

2. 加工调整

T01、T02 和 T03 的刀具补偿号分别为 H01、H02 和 H03。对刀时,以 T01 刀为基准,按题目要求中的方法确定零件上表面为 Z 向零点,则 H01 中刀具长度补偿值设置为零,该点在 G54 坐标系中的位置为 Z-35。对 T02,因其刀具长度与 T01 相比为 140-150=-10mm,即缩短了 10mm,所以将 H02 的补偿值设为-10。对 T03 同样计算,H03 的补偿值设置为-50,如图 9-56 所示。换刀时,输入 M06 自动调用 O9000 程序实现换刀(机床厂家设备系统中已给的程序 O9000)。

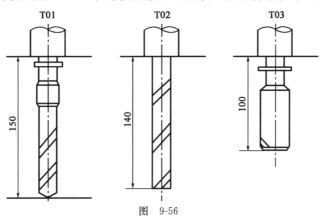

图 9-56

参数设置:

H01=0,H02=-10,H03=-50;

3. 数学处理

在多孔加工时,为了简化程序,采用固定循环指令。这时的数学处理主要是按固定循环指令格式的要求,确定孔位坐标、快进尺寸和工作进给尺寸值等。固定循环中的开始平面为 Z=5,R 点平面定为零件孔口表面+Z 向 3mm 处。

4. 参考程序(表 9-12)

表 9-12

程 序	程 序
O0020	N140 G43 Z5. H02;
N10 G54 G90 G00 X0 Y0 Z30. ;(建立加工坐标系)	N150 S600 M03;
N20 T02 M06;	N160 G99 G81 X70. Y-55. Z-50. R-27. F120;
N30 G43 G00 Z5. H01;	N170 G98 Y-95. ;
N40 S600 M03;	N180 G99 X270. ;
N50 G99 G81 X40. Y-35. Z-63. R-27. F120;	N190 G98 Y-55. ;
N60 Y-75. ;	N200 G49 Z20. ;
N70 G98 Y-115. ;	N210 G00 X500. Y0;
N80 G99 X300. ;	N220 T03 M06
N90 Y-75. ;	N230 G43 Z5. H03;
N100 G98 Y-35. ;	N240 S300 M03;
N110 G49 Z20. ;	N250 G76 G99 X170 . Y-35. Z-65. R3. F50;
N120 G00 X500. Y0;	N260 G98 Y-115. ;
N130 T02 M06;	N270 G49 Z30. ;
	N280 M30;

六、知识拓展

1. 反攻丝循环指令 G74

指令格式：

$$\begin{Bmatrix} G98 \\ G99 \end{Bmatrix} G74X\_\_\_Y\_\_\_Z\_\_\_R\_\_\_P\_\_\_F\_\_\_L\_\_\_;$$

利用 G74 攻反螺纹时，主轴反转，到孔底时主轴正转，然后退回。G74 指令动作循环如图 9-57 所示。

例 反攻丝循环指令 G74 练习，如图 9-58 所示。

使用 G74 指令编制如图 9-58 所示的反螺纹攻丝加工程序，设刀具起点距工件上表面 48mm，距孔底 60mm，在距工件上表面 8mm 处（R 点）由快进转换为工进。程序见表 9-13。

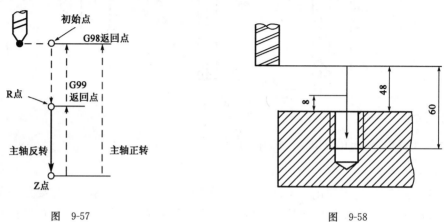

图 9-57　　　　　　　　　　　　　　　　图 9-58

表 9-13

程　　序	说　　明
O0021	程序名
N10 G92 X0 Y0 Z60. ;	设置刀具的起点
N20 G91 G00 M04 S500;	主轴反转，转速 500r/min
N30 G98 G74 X100. R−40. P4 F200;	攻丝，孔底停留 4 个单位时间，返回初始平面
N35 G90 Z0;	
N40 G0 X0 Y0 Z60. ;	返回到起点
N50 M05;	
N60 M30;	程序结束

2. 镗孔循环指令 G85、G86（图 9-59）

指令格式：

$$\begin{Bmatrix} G85 \\ G86 \end{Bmatrix} X\_\_\_Y\_\_\_Z\_\_\_R\_\_\_F\_\_\_K\_\_\_;$$

镗孔循环指令 G85：

主轴正转，刀具以进给速度向下运动镗孔，到达孔底位置后，立即以进给速度退出（没有孔底动作）。

镗孔循环指令 G86：

主轴正转，刀具以进给速度向下运动镗孔，到达孔底位置后，主轴停止，并快速退出。

3. 精镗孔指令 G76

指令格式：

G76X＿Y＿Z＿R＿Q＿P＿F＿K＿;

需要特别指出：在镗刀装到主轴上以后，一定要在 CRT/MDI 方式下执行 M19 指令使得主轴准停后，并检查镗刀刀尖所处的位置和方向，见图 9-60，如与图中位置相反（相差180°），必须重新安装刀具，使其与图中位置相符。否则损坏工件和机床。

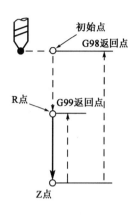

图 9-59

G76 指令用于精镗孔加工。镗削至孔底时，主轴停止在定向位置上，即准停，再使刀尖偏移离开加工表面，然后再退刀。这样可以高精度、高效率地完成孔加工而不损伤工件已加工表面。

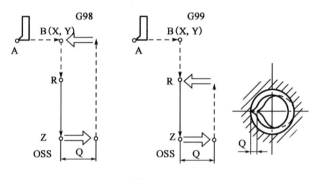

图 9-60

程序格式中，Q 表示刀尖的偏移量，一般为正数，移动方向由机床参数设定。

G76 精镗循环的加工过程包括以下几个步骤：

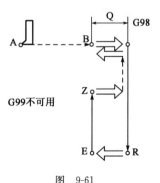

图 9-61

（1）在 X、Y 平面内快速定位；

（2）快速运动到 R 平面；

（3）向下按指定的进给速度精镗孔；

（4）孔底主轴准停；

（5）镗刀偏移；

（6）从孔内快速退刀。

4. 反镗孔指令 G87（图 9-61）

指令格式：

G87X＿Y＿Z＿R＿Q＿P＿F＿K＿;

刀具运动到起始点 B(X,Y) 后，主轴准停，刀具沿刀尖的反方向偏移 Q 值，然后快速运动到孔底位置 R，接着沿刀尖正方向偏移回 E 点，主轴正转，刀具向上进给运动，到 Z 点，再主轴准停，刀具沿刀尖的反方向偏移 Q 值，快退，接着沿刀尖正方向偏移到 B 点，主轴正转，本加工

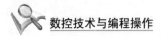

循环结束,继续执行下一段程序。

<h1 style="text-align:center">习　题</h1>

1.结合上述所学的项目知识,加工零件如图 9-62 所示,编写零件加工程序。

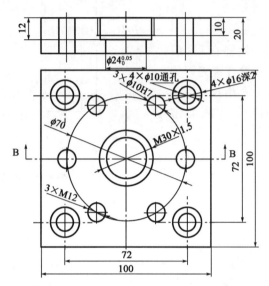

图 9-62　编程习题图

<h1 style="text-align:center">项目六　综　合　加　工</h1>

一、项目任务

数控铣床和加工中心加工实例,如图 9-63 所示。

二、项目分析

通过前面所学的项目知识来进行铣削操作。学会铣削加工工艺分析;学会采用程序暂停指令和选择暂停指令检测零件关键部位精度,进一步熟悉零件尺寸精度的检测和控制方法;学会采用同一轮廓加工程序,通过改变半径补偿值来铣削轮廓;学会程序断点启动操作方法,以便提高程序调试的效率;进一步掌握数控铣/加工中心的基本操作技能。

三、项目要求

(1)熟练掌握数控铣/加工中心加工结构的工艺特点。
(2)熟练掌握数控铣/加工中心编程指令。
(3)熟练掌握数控铣/加工中心操作方法。

四、项目知识

1. 返回参考点 G28、G29 和换刀

自动返回到机床参考点 G28

228

指令格式：G28 X＿＿ Y＿＿ Z＿＿；

指令说明：

①其中，X、Y、Z、U、V、W、A、B、C 为指令的终点坐标位置，该指令的终点称为"中间点"，而非参考点。首先所有的受控轴都快速定位到中间点，然后再从中间点到参考点。由该指令指定的轴能够自动地定位到参考点。

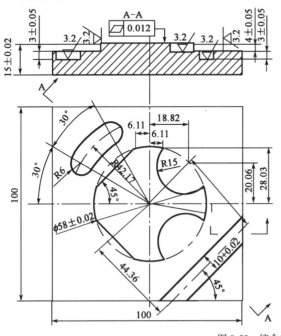

图 9-63　综合实例

②G28 指令仅在其被规定的程序段中有效。

③在 G28 的程序段中不仅产生坐标轴移动指令。而且记忆了中间点坐标值。对于在 G28 程序段中没有指令的轴，以前的 G28 中的坐标值作为那个轴的中间点的坐标值。如果在 G28 指令前没有回过参考点，则不记忆中间点坐标。

④电源接通后，在没有手动返回参考点的状态下，指定 G28 时，从中间点自动返回参考点，与手动返回参考点相同。这时从中间点移出的方向就是参数设定回参考点的方向。当旋转轴指定了 G28，则从中间点到参考点的转动方向就是参数设定的回参考点的方向。

注意：一般来说，G28 指令用于刀具自动更换 ATC，原则上应在执行该指令之前抹消刀具半径补偿和刀具长度补偿。

2. 自动从参考点返回 G29

指令格式：G29 X＿＿ Y＿＿ Z＿＿；

①其中，X、Y、Z 为指令的定位终点坐标。X、Y、Z 按照当时的 G90/G91 状态，而以绝对/增量值规定。在增量指令中，必须指定相对于中间点的增量值。

②此功能可使刀具经由一个中间点而定位于指定点。由通常该指令紧跟在一个 G28 指令之后。用 G29 的程序段的动作，可使所有被指令的轴以快速进给经由以前用 G28 指令定义

的中间点,然后再到达指定点。

③这种向中间点定位,再向指定点定位的动作和使用 G00 定位完全相似。G29 指令仅在其被规定的程序段中有效。

增量编程(图 9-64):

G91 G28 X1000 . Y200. 由 A 到 B 并返回参考点 M06 T02 换刀

G29 X500. Y－400. 从参考点经由 B 到 C

绝对编程:

G90 G28 X1300. Y700. 由 A 到 B 并返回参考点 M06 T02 换刀

G29 X300. Y1800. 从参考点经由 B 到 C

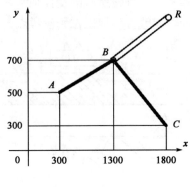

图 9-64

3. 自动换刀

加工中心具有自动换刀装置,可以通过程序自动完成刀具的交换,不需要人工干涉。多数加工中心都规定了"换刀点"位置,即定距换刀。主轴只有运动到换刀点,机械手才能执行换刀动作。一般立式加工中心规定换刀点的位置在 Z0 处(即机床 Z 轴零点),同时规定换刀点时应有回参考点的准备功能 G28 指令。当控制系统遇到选刀指令 T 代码时,自动按照刀号选刀,被选中的刀具处于刀库中的换刀位置上。接到换刀的指令 M06 后,机械手执行换刀动作。这里推荐一种设计方法:

N10 G28 Z0 T02;

N11 M06;

当刀具返回 Z 轴换刀点的同时,刀库将 T02 号刀具选出,M06 指令等刀库将 T02 号刀具转到最下方位置后才能执行。

不同的加工中心,其换刀过程是不完全一样的,通常选刀和换刀可分开进行。换刀完毕启动主轴后,方可进行下面程序段的加工内容。选刀动作可与机床的加工重合起来,即利用切削时间进行选刀。多数加工中心都规定了固定的换刀点位置,各运动部件只有移动到这个位置,才能开始换刀动作。

4. 保证加工精度的方法

零件质量的检测需从以下三方面考虑,同样,保证加工精度也要从这三方面加以控制。

(1)零件的尺寸精度

零件图纸上的尺寸精度是加工精度主要检测项目。如何保证此项加工精度至关重要,影响此项精度除了机床自身的机床精度和切削精度外,很大因素取决于操作者的技术素质。首先,合理地选择工序、合理选择刀具、合理选择切削参数是保证加工尺寸精度的前提;其次,就需要操作者在首件试切中,细心地不断调整尺寸,直至尺寸精度符合图纸要求,在调整过程中尽量把尺寸公差调整到中间公差。

(2)零件的粗糙度精度

零件的粗糙度也是零件加工精度的一项重要指标,它外在直观,在零件质量中也占有重要位置。操作者加工零件时要保证此项精度的话必须注意几点:

①加工时粗加工和精加工一定要分开。粗加工以去除多余材料为目的,可以不考虑加工尺寸精度和粗糙度,但精加工时就可以选择高的切削速度和慢的进给速度以保证有较低粗糙度。

②要熟悉机床的刚性。这点操作者容易忽略,因为机床刚性也会影响加工粗糙度。

③尽可能地把粗加工刀具和精加工刀具分开。操作者最好不要用一把刀从头到尾把工件加工完成。这样根本无法保证尺寸精度和粗糙度。

(3)零件的形位公差

零件的形位公差主要是指形状和位置公差。形状精度的保证主要靠正确程序来保证;位置精度除了机床定位精度外,还要注意以下两点:

①零件工件坐标系的找正要正确。这一点很重要,它直接影响零件的加工质量。工件坐标系的找正可以用光电寻边器、偏心式寻边器、刀具靠边等来实现。但找正后也一定要试切再检测后才能用于成批生产,一般在有条件的工厂都对加工中心首个加工件进行精密、精确的检测,主要是在三坐标上测量,通过测量的数据来校正工件坐标系,再加工再测量直至完全符合图纸要求。

②零件的定位夹具需设计合理。零件位置公差很大程度上是靠工装夹具保证的,所以在首件试切前一定要对工装夹具进行检测,试切的首件零件也要进行分析,哪些位置公差是由于工装夹具造成的,然后针对原因再校正工装夹具直至符合图纸要求。

五、项目实施

1. 工艺分析

(1)零件几何特点

该零件由平面、轮廓、槽组成,其几何形状为平面二维图形,零件的外轮廓为方形,型腔尺寸精度为未注公差,取公差中等级±0.1,表面粗糙度为 $3.2\mu m$,需采用粗、精加工。注意位置精度要求。

(2)加工工序

毛坯为 $100×100×20$ 钢材,工件材料为 45 钢,外形已加工,根据零件图样要求其加工工序为:

①铣外轮廓时,刀具沿零件轮廓切向切入,切向切入可以是直线切向切入,也可以是圆弧切向切入;在铣削凹槽一类的封闭轮廓时,其切入和切出不允许有外延,铣刀要沿零件轮廓的法线切入和切出。

②确定切削用量

刀具直径 16(铣外型)圆弧槽的铣削采用刀具直径为 8mm 的平铣刀,刀具直径为 8mm 立铣刀(斜槽加工)。

(3)各工序刀具及切削参数选择(表 9-14)

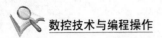

表 9-14

序号	加 工 面	刀具号	刀 具 规 格		主轴转速 n (r/min)	进给速度 V (mm/min)
			类　型	材料		
1	粗加工外型	T01	$\phi16$ 三刃立铣刀		550	120
2	精加工外型	T01	$\phi16$ 三刃立铣刀	高速钢	800	100
3	粗加工斜槽	T02	$\phi8$ 三刃立铣刀		550	120
4	精加工斜槽	T02	$\phi8$ 三刃立铣刀		800	100

2. 制订工艺(表 9-15)

表 9-15

职业	数控铣工	考核等级	中级	姓名：		得分	
		数 控 车 床 工 艺 简 卡				机床编号	
						准考证号	
工序名称及加工程序号		工艺简图 (标明定位、装夹位置) (标明程序原点和对刀点位置)				工步序号及内容	选用刀具
工序名称： 建立工件坐标系						1.以对称中心 O 为 X、Y 轴坐标原点	

30°
R6深3±0.05
R42
18.82
6.11
100±0.02
R15
20.06
28.03
A
$\phi58\pm0.02$
O(0,0)
A
A
44.36
12±0.02
100±0.02

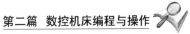
职业	数控铣工	考核等级	中级	姓名：		得分	
					机床编号		
		数 控 车 床 工 艺 简 卡			准考证号		

工序名称及 加工程序号	工艺简图 （标明定位、装夹位置） （标明程序原点和对刀点位置）	工步序号 及内容	选用 刀具
工序名称： 粗加工外型 精加工外型程 序号：O0022		2. 粗加工外型	T01
		3. 精加工外型	T01
工序名称： 粗加工圆 弧槽、斜槽 精加工圆 弧槽、斜槽 程序号： O0023 O0024		4. 粗加工圆弧 槽、斜槽	T02
		5. 精加工圆弧 槽、斜槽	T02
监考人		检验员		考评人：	

3. 参考程序(表 9-16)

表 9-16

刀具直径 φ16 立铣刀(铣外型) O0022 N10 M03 S400 G90 G54 G40 G49； N20 G0 Z30.； N30 X70 Y0 Z10.； N40 G1 Z−4. F100； N50 G41G1 D01 X49. Y20. F100； N60 G3 X29. Y0 R20.； N70 G2 X27.851 Y−8.083 R29.； N80 G3 X6.292 Y−28.309 R15.； N90 G2 X−6.11 Y−28.349 R29.； N100 G1 X−28.349 Y−6.11； N110 G2 Y6.11 R29.； N120 G1 X−6.11 Y28.349； N130 G2 X6.292 Y28.309 R29.； N140 G3 X27.851 Y8.083 R15.； N150 G2 X29. Y0 R29.； N160 G3 X49. Y−20. R20.； N170 G40 G1 X70. Y0； N180 G0 Z100.； N190 M30；	圆弧槽的铣削,刀具直径 φ8 立铣刀 O0023 N10 G90 G54 G00 Z100.000； N20 S1000 M03； N30 X−21.085 Y36.520 Z100.000； N40 Z5.000； N50 G01 Z−2. F200； N60 G41 D01 X−24.085 Y41.716 F200； N70 G03 X−41.716 Y24.085 I24.085 J−41.716； N80 G03 X−31.324 Y18.085 I5.196 J−3.000； N90 G02 X−18.085 Y31.324 I31.324 J−18.085； N100 G03 X−24.085 Y41.716 I−3.000 J5.196； N110 G40 G01 X−21.085 Y36.520； N120 G00 Z100.000； N130 M05； N140 M30；
刀具直径 φ8 立铣刀(斜槽加工) O0024 N10 G90 G54 G00 Z100.000； N20 S1000 M03； N30 X64.991 Y2.257 Z100.000； N40 Z5.000； N50 G01 Z−2. F200； N60 G41 D01 X61.456 Y5.792 F200； N70 X−3.800 Y−59.463； N80 X3.271 Y−66.534； N90 X68.527 Y−1.279； N100 G40 X64.991 Y2.257； N110 G00 Z100.000； N120 M05； N130 M30；	

习　题

1. 加工零件如图 9-65 所示,编写零件加工程序并进行工艺分析。

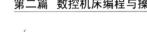

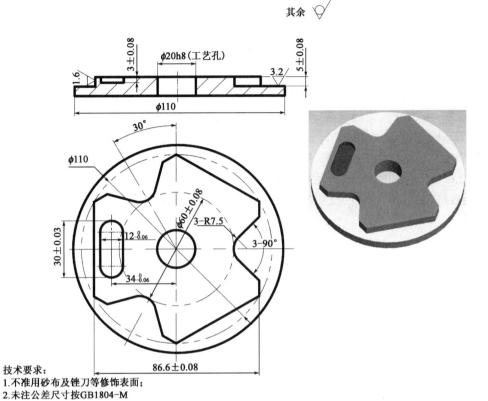

图 9-65 编程习题图

技术要求：

1.不准用砂布及锉刀等修饰表面；

2.未注公差尺寸按GB1804-M

第10章 数控火焰切割机编程操作

火焰切割是用氧气和燃气(乙炔、丙烷、液化气等)燃烧产生的热能将工件切割处预热到金属的燃点后,喷出高速切割氧流,使预热金属燃烧并放出热量切割金属,实现切割的方法。数控火焰切割机(CNC Cutting Machine)就是用数字程序驱动机床运动,搭载火焰切割系统,使用数控系统来控制火焰切割系统的开关,对钢板等金属材料进行切割,应用数控火焰切割套料编程系统编制图形切割程序,自动切割钢板。数控火焰切割具有切割速度快,精度和切割质量好等特点,目前在切割行业广泛应用。

项目一 数控火焰切割机软件操作

一、项目任务

应用数控火焰切割套料编程系统,编制切割 8 个如图 10-1 所示板材的切割程序。

二、项目分析

首先用 AutoCAD 绘制零件图,设置内外轮廓;数控套料;画钢板并插入所绘的零件图,用手工复制、移动、镜像零件图块,将零件合理排放在钢板内,确定切割切入点的位置;最后打开套料图设置合理的切割参数进行数控编程,以图形方式显示数控程序。

三、项目要求

(1)掌握应用数控火焰切割套料编程系统,编制数控切割程序步骤方法。

(2)掌握设置合理的数控切割编程参数。

四、项目知识

1. 用 AutoCAD 绘制零件图

(1)进入 AutoCAD,绘制如图 10-1 所示图形。

(2)修改为内轮廓与外轮廓。

点击"数控"菜单中的"修改为内轮廓",如图 10-2 所示。按鼠标左键拖动鼠标选择内轮廓,其颜色变为绿色。

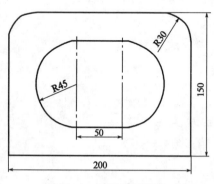

图 10-1 项目任务零件图

点击"数控"菜单中的"修改为外轮廓",如图 10-3 所示。按鼠标左键拖动鼠标选择外轮廓,其颜色变为白色(白色背景其颜色为黑色)。也可点击"修改为外轮廓(多重选择)",即采用鼠标点击轮廓线。

"修改为桥接轮廓"是指在两个实体轮廓中间进行空走过渡,割枪遇到桥接轮廓会自动抬起并关闭火焰,遇到下一个实体轮廓再放下割枪打火切割,一般用于防止狭长零件的防变形,实际切割时桥接线将不会割断,起到防止变形的作用。

(3)保存图形

保存图形文件,点击"数控"菜单中的"存盘套料图",如图10-4所示。弹出"输入保存套料图文件名"对话框,建议根据产品分类建立专门的目录保存文件。

图10-2 修改内轮廓

图10-3 修改外轮廓

如果需要绘制其他零件,重复(1)～(3)步。

2.数控套料

(1)点击"数控"菜单中的"画钢板(套料图的边框)",如图10-5所示。根据 AutoCAD 命令行提示输入钢板尺寸。

图10-4 保存图形

图10-5 画钢板

(2)插入零件图,按照下料数量进行套料。

点击"数控"菜单中的"插入切割的零件图",弹出"插入"对话框如图10-6所示,点击浏览,选择文件图。

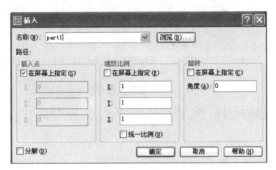

图10-6 "插入"对话框

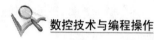

点击"辅助显示"菜单中的"显示网格（10毫米/网格）"，显示网格并将网格（grid）的间距设置为10mm。

为了提高钢板材料利用率，需要用到旋转（rotate）、移动（move）命令、镜像（mirror）命令，排列零件如图10-7所示。为了精确套料，一般需要关闭捕捉方式。如果要精确移动图块一定的距离，可以用相对坐标（@x,y）移动。

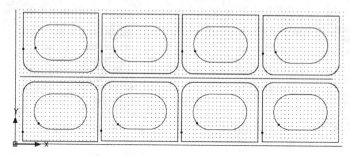

图10-7　排列零件

（3）确定切割点的位置及顺序

点击"数控"菜单中的"定义切入点（附近点）"，如图10-8所示，鼠标点击轮廓线上某点，作为切割点，切割点在套料图中实际显示的是小的红色（或黄色）圆圈，是切入点标志，如图10-7所示。

图10-8　定义切入点

注：切割不封闭轮廓时切入点应在轮廓线的端点，圆上的切入点定义要用附近点切入，直线或圆弧上定义切入点可用附近点切入或端点切入。切入点的方向根据切割工艺（切割变形与方向有关）可以任选。

（4）存盘生成DXF文件

点击"数控"菜单中的"存盘套料图"，弹出"输入保存套料图文件名"对话框，将套料图保存在指定的目录下，扩展名为 * .dxf。

3.打开套料图

（1）在InteGNPS智能数控套料编程系统（图10-9）中点击【数控编程】控件，打开如图10-10所示数控编程对话框。

图10-9　InteGNPS智能数控套料编程系统

（2）点击【打开套料图】控件，弹出"打开"对话框，选择套料图打开套料图文件。

4.数控编程

（1）点击"文件"菜单中的"数控编程"或"编程"控件，弹出"数控编程参数"对话框如图10-11所示。

（2）选择合适的编程参数：

①钢板尺寸（长—宽—厚）：是仿真切割时的参照，同时也是自动计算材料利用率的依据。

②软件补偿量：是补偿切割缝宽度的偏移量。代码在软件补偿后切割时不要再补偿，当软件补偿量为零时，切割机在切割时需要补偿。

③引入、引出线的方式：直线＋圆弧方式和直线方式可任选。

④引入（出）线的长度根据钢板厚度来定，但零件间必须有足够的间距，引出线的长度可为零。

⑤短距离快速移动优化为连割：打开时程序中符

图 10-10　数控编程对话框

合连割条件的快进指令将自动优化为连割指令，从而减少打火次数，一般情况下代码不需要优化。

⑥合并连续的快速移动指令：打开时连续的空走指令会被合并成一条空走指令，使空走距离最短，提高切割效率。

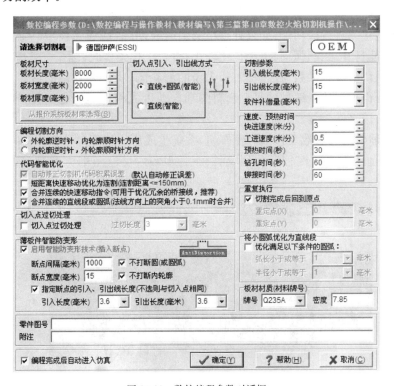

图 10-11　数控编程参数对话框

⑦合并连续的直线段或圆弧：打开时如果连续的两条直线的夹角在 $170°\sim190°$ 范围内，并且两直线合并后产生的突角小于 0.1mm 时，两条直线将被优化成一条直线。如果切割机走连续的长度很短的直线段有问题时（比如抖动、产生累积误差），或者轮廓中有直线、圆弧插补成样条曲线引起生成的数控代码文件可能会很大，这时就可以打开该选项进行优化。考虑到有些切割机控制系统处理补偿时需要轮廓封闭，因此引入、引出线不会与切割轮廓合并。

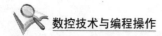

⑧由于切割机的代码的精度有限制（如精确到0.01mm），因此排料图会产生累积误差。当自动修正切割机代码累积误差开关打开时（默认为打开），编程时会自动地修正由于切割机代码精度不够造成的累积误差，保证零件的形状精度达到理论和实际上的最高精度。

⑨薄板件的智能防变形：当切割尺寸较大的薄板件时，由于热变形和钢板自重的原因，切割过程中钢板和工件会产生变形，当打开智能防变形时，编程系统会根据轮廓形状每隔一定距离在合适的位置自动断开一段，这样工件切割完成后仍然与钢板连成整体（断点在工件切割完成后用手动割枪分离，表面要求较高时可打磨断点处），可有效防止薄板件的变形。圆弧和内轮廓是否需要打断根据工件形状特点来选择。

⑩编程切割方向：可任意选择沿轮廓顺时针或逆时针方向切割，采用合理的切割方向可减少工件切割时产生的变形。

⑪切割完成后回到原点：若不选择程序运行结束后不回到原点，即数控程序执行完毕后又从头开始运行，程序将不返回到原点，而是快速移动到重定点指定的坐标点（X、Y），切割机必须有重复指令，否则程序将只有快进到X及Y指定的坐标点而不重复（注意选择不回到原点后，重定点X、Y可以全为零）。

⑫速度、预热时间：一般10mm厚板材切割速度、预热时间如图10-11所示。

⑬小圆弧优化为直线段功能：如果处理小圆弧时有问题，请选择该项（一般不需要选用该项）。如果该功能打开，当圆弧周长、半径比较小，符合优化条件时，圆弧将被优化为直线段。

通过配置默认的编程参数，在编程时如为新的套料图，将读入默认的编程参数文件，使编程参数的输入变得很简单。编程后每个套料图都自动生成相应的历史编程参数文件，下次编程时将自动读入该文件。

（3）选择合适的编程参数后按"确定"按钮，系统生成历史编程参数文件（＊.PPF），然后进行自动编程，并自动生成数控程序代码文件（＊.MPG），是以图形方式显示数控程序，如图10-12所示。

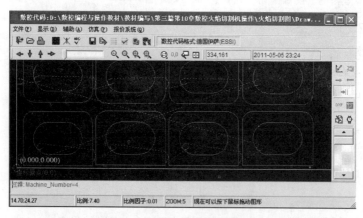

图10-12　图形方式显示数控程序

（4）点击➡键可进行切割仿真。

（5）在仿真窗口中点击 键，数控程序可发送到U盘，数控切割机根据发送后生成的文件就可以进行切割了。

注：编程中如出现不封闭图形，根据不封闭的点数检查图形，如不符合要求，可在屏幕仿真时确定不封闭的位置，然后在 AutoCAD 下修改图形后重新编程。

五、项目实施

应用数控火焰切割套料编程系统，编制切割程序步骤方法如下：

（1）用 AutoCAD，绘制如图 10-1 所示图形。

（2）点击"数控"菜单中的"修改为内轮廓"，按鼠标左键拖动鼠标选择内轮廓。点击"数控"菜单中的"修改为外轮廓"，按鼠标左键拖动鼠标选择外轮廓。

（3）点击"数控"菜单中的"存盘套料图"。

（4）点击"数控"菜单中的"画钢板（套料图的边框）"，根据 AutoCAD 命令行提示输入钢板尺寸。

（5）点击"数控"菜单中的"插入切割的零件图"，弹出"插入"对话框，点击浏览，选择文件图。点击"辅助显示"菜单中的"显示网格（10 毫米/网格）"。

（6）用复制（copy）命令、镜像（mirror）命令，排列零件 8 个。

（7）点击"数控"菜单中的"定义切入点（附近点）"，鼠标点击轮廓线上某点，作为切割点。存盘生成 DXF 文件。

（8）在 InteGNPS 智能数控套料编程系统中点击【数控编程】![NC数控编程]控件，打开编程对话框。点击【打开套料图】![控件图标]控件，选择套料图打开套料图文件。

（9）点击"文件"菜单中的"数控编程"，弹出"数控编程参数"对话框，选择合适的编程参数。系统自动生成数控程序，以图形方式显示数控程序。

习　　题

1. 应用数控火焰切割套料编程系统，编制切割 6 个如图 10-13 所示板材的切割程序。

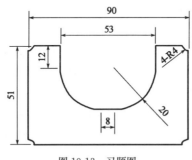

图 10-13　习题图

项目二　移动割炬设置氧—乙炔切割参数

一、项目任务

（1）现场割炬点火，调整合适的加热焰、切割氧射流。

（2）设置切割 10mm 厚 45 号钢板合适的氧—乙炔切割参数，即工作压力、切割速度、割嘴

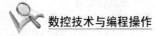

和工件之间的距离、预热时间。

（3）手动操作移动切割割炬。

二、项目分析

现场打开加热氧和燃气阀，割炬点火，调整切割氧阀、预热氧阀、燃气阀控制氧和燃气压力从而调整好合适的加热焰及割嘴和工件之间的距离。在控制器面板设置切割速度、预热时间及预选切割从板边缘开始切割或穿孔开始切割。手动移动割炬，最后关闭切割割炬。

三、项目要求

（1）掌握割炬点火方法，并能调整好火焰。
（2）掌握设置合理的氧—乙炔切割参数。
（3）掌握手动移动割炬方法。
（4）掌握关闭切割割炬的顺序。

四、项目知识

1.氧—燃气切割原理

氧—燃气切割是利用气体火焰的热源将工件切割处预热到一定温度，然后通以高速切割氧流，使铁燃烧并放出热量实现切割的方法。切割时必须满足下列条件：

（1）材料的点火温度必须低于它的熔化温度。

（2）为能够排除产生的金属氧化物，氧化物的熔化温度必须低于材料的熔化点。

（3）在切割点上连续地保持点火温度。热量损失由加热焰来补偿。含碳量低于 0.3% 的非合金钢和碳当量高于 0.4% 的低合金钢经过预热都能切割。随着金属元素比例上升，切割工序会变得越来越困难，出于这个原因，铬钢、镍或硅金属、铸钢等材料没有特别的预防措施不适用氧切割。

2.工作压力

数控火焰切割机上均有切割氧、预热氧、燃气三种调压阀，通过这些阀可方便地控制氧和燃气的工作压力，可以从切割表中查得所需的工作压力。若使用不合理的工作压力会造成切割效率低或切割表面不佳等缺陷。

表 10-1 所列的是氧—乙炔快速割嘴的切割参数，可根据特定钢板的厚度选择割嘴，根据加热焰及切割氧来调节调压阀压力，可在控制面板中或编程软件中设置正确的切割速度。

3.调节加热焰

打开加热氧阀和燃气阀，点燃喷出的混合气体，调整好合适的加热火焰，如图 10-14 所示。

必须用弱加热焰来切割薄板，用较强的加热焰来切割厚钢板。如果切割边缘开始熔化，有残余滴挂式形成一串熔化小球，则加热太强。切割时，加热焰太弱会噼啪咋响，这样会引起切口损坏，甚至回火，如果加热焰调节合适，切割氧喷流就显得干净锋利。

4.切割氧射流的调节

切割氧射流质量好坏是获得良好切口的决定因素，如果切割射流正好位于加热火焰中间，并能很容易看见一股几乎完全是圆锥形状的切割射流,说明切割射流调节正确,如图 10-15 所示。如果切割射流离开切嘴后,像扫帚那样散开,或者完全看不清楚,这是切割割嘴阻塞的现象,清洗割嘴,只可使用制造厂推荐的割嘴通针,使用不当的工具会导致割嘴的不必要的损伤,这样就会有低的切割质量。

割嘴切割性能及基本参数表　　　　　　　　　　　　表 10-1

割　嘴　号	切割厚度(mm)	切割速度(mm/min)	乙炔压力(MPa)	切割氧压力(MPa)	切割氧耗量(L/min)
1	5～10	700～500	＞0.03	0.7～0.8	1.25
2	19～20	600～380	＞0.03	0.7～0.8	3.23
3	20～40	500～350	＞0.03	0.7～0.8	3.48
4	40～60	420～300	＞0.03	0.7～0.8	5.44
5	60～100	320～200	＞0.03	0.7～0.8	7.84
6	100～150	260～140	＞0.04	0.7～0.8	10.68

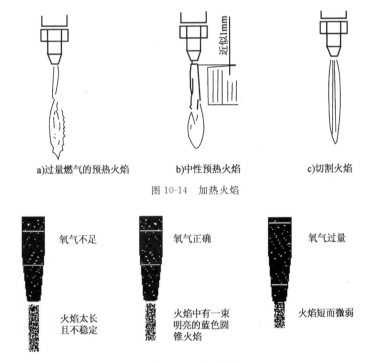

图 10-14　加热火焰

图 10-15　气割火焰

5.割嘴和工件之间的距离

获得良好切割表面的另一重要因素是在切割割嘴和工件之间设定正确的间距。当触及火焰(火焰的芯)的顶端在工件上大约 1mm 时,是割嘴理想的距离,割嘴的间距取决于割嘴号的大小,用乙炔时为 3～10mm,用其他燃气时为 6～12mm。表 10-2 为氧—乙炔切割割嘴间距的近似值。

用乙炔时割嘴间距的近似值 表 10-2

切 割 厚 度	切 割 距 离
6～10mm	3mm
10～25mm	5mm
25～50mm	6mm
50～100mm	8mm
＞100mm	10mm

割嘴高度在切割过程中由电容高度控制装置调节其高度。如果没有或关闭自动调高装置时，则必须时刻注视割嘴的正确间距。当使用丙烷或天然气为燃气时，切割厚度到 50mm 时，割嘴高度应加倍。如有必要，加以调整。

6. 预热时间

从钢板边缘开始切割，或穿孔所需的预热时间，要根据燃气的类型，钢板的表面质量以及加热焰的调节来决定（表 10-3）。

平均预热时间的参考值 表 10-3

切 割 厚 度	乙 炔		丙 烷	
	预热时间(s)	穿孔时间(s)	预热时间(s)	穿孔时间(s)
至 20mm	5	30	8	30
至 50mm	8	50	10	80
至 100mm	10	78	14	80

预热时间可以在数控编程系统或控制面板中设置。如果使用高压预热系统，表 10-3 所列的数据可减少大约 40%。

7. 切割预热

每个切割过程的一个完整的全自动预热循环启动按"加热火焰开"按钮或执行 nc 切割开始命令。开始切割前应在控制面板上预先选择"切割从板边缘开始"或是"穿孔方法开始"。

(1)穿孔预热循环

加热火焰开，加热火焰中心气体和氧气流应随压力增加而打开(用于较强的预热火焰)，割炬点火预热时间开始，当预热时间结束后割炬立刻提升，孔穿透后自动调高装置关闭。其步骤为：

①切割氧气气阀系统打开，切割进给以预热速度的 50% 开始。

②隔一小段时间后开始。

③打开切割氧阀门分流时，自动调高系统再一次开，气割进给到全速"高压加热火焰"返回到正常操作压力。

(2)切割从边缘开始时的预热循环

操作人员必须在控制面板上预选切割从边缘开始。当切割从板边缘开始时，预热循环为：割炬正常穿孔一样要提升，预热时间一结束，切割进给和切割氧立即开始。

8.控制面板上设置切割参数

可应用编程系统软件或控制面板设定切割参数,如"切割速度"、"切割模式"、"补偿量"、"预热时间"等。控制面板上设置切割参数方法为:

(1)在主界面下按"切割参数"按钮进入切割参数功能,如图10-16所示。

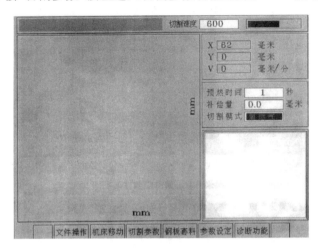

图10-16　切割参数对话框

(2)进入"预热时间"输入框,输入5。按"TAB"键切换输入,依次是"补偿量"输入1;"切割速度"输入500;"切割模式"选择氧燃气。

(3)按确定按钮确认输入。

9.机床移动

机床移动即手动移动切割割炬,当移动割炬前,先检查切割台上是否有其他堆放物或翘起的切割废料,如有必须清除这些异物后,才能移动割炬,这样可防止割炬撞上障碍物而造成割炬弯曲或其他部件的损坏。在出厂前,每把割炬都经过逆燃安全检查。如果用装上脏的或损坏的割炬来进行切割就失去安全性,在这种情况下,可能会发生火焰回逆到割炬头里的情况,其现象是:火焰突然消失,割炬头中发出尖哮或咝咝声,如果发生这种情况应立即关闭燃气阀,接着关闭加热氧和切割氧阀。查明回火原因后方能重新点火,点火前要把管路和割炬中的烟灰吹除。

在主界面按下"机床移动"按钮进入机床移动功能界面,机床移动由"手轮移动"、"回零"、"平移"等功能组成。

(1)回零

此功能使机床根据参数所设定的回零方向回到机床零点,一般用于"零点记忆"文件切割前。

回零过程:首先y轴方向回零,机床运动至限位处停止,然后反向运动脱离限位位置,停止点即为y轴零点。x轴回零过程与y轴相似。

(2)手轮移动

进入"手轮移动"功能后通过八个方向键控制手轮移动的方向,手轮顺时针旋转机床向所

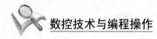

选择的反向移动,逆时针旋转反之。手轮可控制机床八个方向精确定位移动。

（3）平移

控制器共设定了"平移一"、"平移二"、"平移三"、"平移四"四个平移系统,用来应付多方向机头平移操作,机头平移的距离和速度参数在"参数设定"的"喷粉画线"内设定,如图 10-17所示。

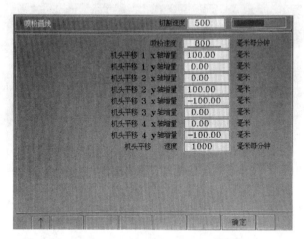

图 10-17　移动参数设置喷粉画线界面

例如:机头平移一:x 轴增量输入 100,y 轴增量输入 0,按"确定"键。返回机床移动界面（按"机床移动"按钮）,按"平移一"按钮,机头割枪沿 x 轴正向移动 100mm。若要精确定位至某点,需选定方向转动手轮。

10.关闭切割割炬

关闭切割割炬顺序为:①关闭阀门、切割氧、燃气、加热氧;②提升割炬;③移动机器进入下一个切割程序。工作结束后都要把割炬移动到导轨顶端,然后关闭总气源和电源。

在拆装割嘴时一定要用两把扳手,拆除割嘴后查看枪体内有无异物,必要时应予清洁。安装割嘴时,先把割嘴与枪体的 30°锥面吻合,再把压紧螺帽压紧。

五、项目实施

1.割炬点火,调整火焰

（1）打开切割氧、预热氧、燃气三种调压阀,割炬点火。

（2）调整合适的加热焰、切割氧射流。

2.设置切割 10mm 厚 45 号钢板合适的氧—乙炔切割参数

（1）在主界面下按"切割参数"按钮进入切割参数功能。

（2）进入"预热时间"输入框,输入 5,按"TAB"键切换输入,依次是"补偿量"输入 1;"切割速度"输入 500;"切割模式"选择氧燃气。

（3）按确定按钮确认输入。

3.手动移动割炬

在主界面按下"机床移动"按钮进入机床移动功能界面。

(1)回零。

(2)手轮移动。

按手轮键进入"手轮移动"功能,按方向键,手轮顺时针旋转,向所选择的反向移动,逆时针旋转反之。

习　　题

1. 简述割炬点火方法,如何调整好切割火焰?

2. 如何手动移动割炬至钢板左下角点,并注意哪些事项?

3. 若切割钢板厚度 10mm,切割速度、乙炔压力、切割氧压力、割嘴和工件之间的距离、预热时间各应为何值?

项目三　文 件 操 作

一、项目任务

(1)调用系统内圆盘切割程序,圆盘直径 $\phi200$,厚 15mm。

(2)从 U 盘读入切割图 10-18 零件程序,对读入的零件程序排列成 4 行 4 列。并建立名为"yuanhuban"零件库,将排列好的零件程序存储于该零件库中。

二、项目分析

任务 1 应用系统本身预制的常用零件程序,输入相应的参数,自动生成切割零件程序。

任务 2 首先在控制面板上进入 U 盘读入界面,输入要读入零件库名称、零件名称、补偿量,确定后即从 U 盘中读取了零件程序;其次进入零件选项界面下的排列界面,对零件程序进行排列;最后进入"建零件库"界面,建立 yuanhuban 零件库,将排列好的零件程序存储于该零件库中。

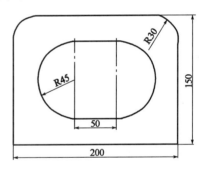

图 10-18　切割零件图

三、项目要求

(1)掌握应用系统预制的零件程序,自动生成所需的切割零件程序。

(2)掌握"文件读入"(即读取 U 盘和机床硬盘切割程序文件)、"文件编辑"(即建立零件库、删除零件库、删除文件)方法。

(3)掌握切割图形程序的"镜像"、"旋转"、"排列"、"设定转角"、"切割起始点选择"操作方法。

(4)了解断点记忆与断电记忆文件读取。

四、项目知识

文件操作主要功能是读入要切割的零件程序,并对零件程序进行调整。

在主界面按"文件操作"按钮对应的 F2 功能键,进入文件操作界面,如图 10-19 所示。

1. 图库

系统本身预制了数十个常用零件程序放于零件库中,用户选择要切割的图形并输入相应的参数后确定,系统便可以根据用户的输入自动生成切割零件程序并读入内存。

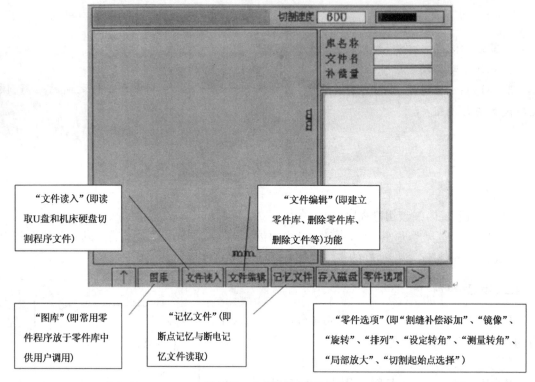

图 10-19　文件操作功能界面

在文件操作界面中按"图库"按钮对应的"F2"功能键,系统进入图形库图形显示选择界面,如图 10-20 所示。

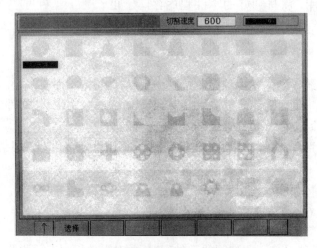

图 10-20　图形库图形显示选择界面

图形选择及设置参数方法:

(1)按"上"、"下"、"左"、"右"方向键移动光条选择所需的零件模板,按"选择"按钮对应的"F2"功能键确定选择。

(2)系统进入"零件参数"输入界面,如图 10-21 所示,按"Tab"键可以切换输入参数,参数输入完成后按"确定"键完成全部操作。

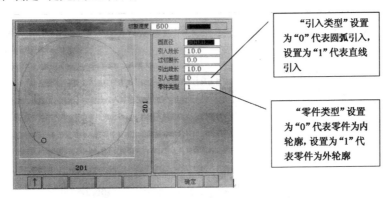

图 10-21 零件参数输入界面

系统会对用户所输入的参数进行常规检查,如果发现没有几何意义的参数它将显示一条警告信息。如果所有参数正常,系统将生成相应的零件程序,并退回到文件操作界面。

2. 文件读入

(1)U 盘读入:U 盘读入是从 U 盘读入切割零件程序。

在文件操作界面中按"文件读入"按钮,再按"闪盘"进入 U 盘读入界面,如图 10-22 所示。U 盘读入界面右侧输入要读入零件库名称、零件名称、补偿量,按 TAB 键切换输入。

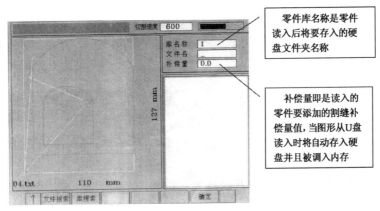

图 10-22 U 盘读入界面

U 盘读入界面下方有"文件搜索"、"库搜索"两个按钮。

①"文件搜索":可以列表显示并选择 U 盘上的所有切割文件。

②"库搜索":列表显示并选择 U 盘上的所有用户零件库以便零件程序同步存入("用户零件库"是用户在硬盘上按需要建立的文件夹,用以存储某一类或某一工程项目的切割文件)。

按确定按钮,从 U 盘中读取用户选择的零件程序。若程序有错误,查错系统将向用户通

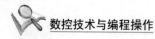

报程序错误信息,停止读入该零件程序并提示用户重新选择零件程序;若程序正确,将被存入用户设定的零件库,然后调入内存并添加补偿量,零件图形将被显示在左侧预览区,此时便可退回到主界面切割。

(2)硬盘读入

在文件操作界面中按"文件读入"按钮,再按"硬盘"进入硬盘读入界面,其界面同 U 盘读入界面。

"硬盘读入"的操作类似于"U 盘读入",硬盘读入界面的右侧也有"库名称"、"文件名"、"补偿量"三个参数需要输入,意义基本同 U 盘读入,只有库名称的意义与"U 盘读入"有所不同,在这里硬盘库不再是零件程序要存入的位置,而是零件程序读出的位置。

按确定按钮,该零件程序添加割缝补偿量后调入内存,此时便可退回到主界面切割了。

3. 文件编辑

在文件操作界面中按"文件编辑"按钮对应的"F4"功能键,进入文件编辑功能界面,如图10-23 所示。

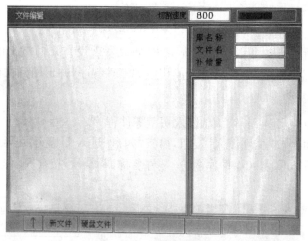

图 10-23　文件编辑界面

编辑好文件后按"↑"(F1)键,输入"文件名"和"库名称"按"确定"(F7)。

4. 记忆文件

在文件操作界面中按"记忆文件"按钮对应的"F5"功能键,进入记忆文件功能界面,如图10-24 所示。

(1)"停电记忆":调出的记忆文件起点从实际机头停止点开始,适用于执行"断点记忆"或"断电记忆"后机床没有移动的情况。

(2)"起点记忆":调出的记忆文件起点从程序起点开始,适用于机床被移动过的情况,这时要求操作者手动移动机头寻找到程序起点(程序起点即切割程序开始执行时机头所在位置)。

(3)"零点记忆":适用于有寻零功能系统配置的机床,当记忆后机床被移动,这时就可不必用"起点记忆"手动寻找程序起点了,只需要将机床回零,调出"零点记忆"文件即可。"零点记忆"文件的起点位于机床的零点。

选择完所需的记忆文件,操作机床找到相应的起点后,即可切割。

5.存入 U 盘

在文件操作界面中按"存入软盘"按钮对应的"F6"功能键,进入存入 U 盘界面。界面右侧为信息输入框,可以输入要存入 U 盘零件程序的名称和来自哪个用户零件库的名称。用户可以通过此功能将用户图形库中的任意切割零件程序存入软盘。与"U 盘读入"和"硬盘读入"一样,"存入 U 盘"功能也有"文件搜索"和"库搜索"两个功能按钮,用法也一样。

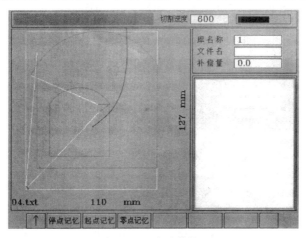

图 10-24 记忆文件界面

6.零件选项

在文件操作界面中按"零件选项"按钮对应的"F7"功能键,进入零件选项界面,如图 10-25 所示。

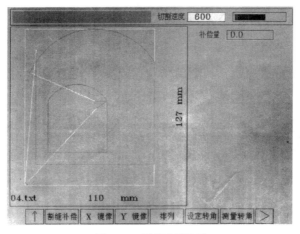

图 10-25 零件选项界面

"零件选项"功能对用户读入内存中的切割程序进行调整,包括补偿量修改、横轴镜像、纵轴镜像、排列、设定转角、测量转角、起始位置、局部放大八项调整功能。

(1)补偿量修改:如果对零件读入时输入的割缝补偿量不满意可以在这里进行修改,按"补偿量"按钮进入补偿量修改界面,界面右侧为补偿量值输入框,输入理想的补偿量值,按确定按钮,内存中的零件程序被重新计算添加了新补偿量,预览图形也相应的改变。

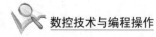

（2）X 轴镜像：在横轴方向上进行坐标变换。

（3）Y 轴镜像：在纵轴方向上进行坐标变换。

（4）排列：按"排列"按钮对应的"F5"功能键，进入排列界面，对读入内存的零件程序进行各种形式的排列，界面右侧为排列数据输入框。

①"横轴偏移"、"纵轴偏移"：排列零件在横、纵轴方向上的间距，"横轴偏移"为零件相对于前一零件横轴方向的位置偏移。"纵轴偏移"为零件相对于前一零件纵轴方向的位置偏移。

②"横轴个数"、"纵轴个数"：如果用户进行二维排列，横轴个数、纵轴个数均为实际要排列零件行、列数各减 1 即可，如图 10-26 所示。

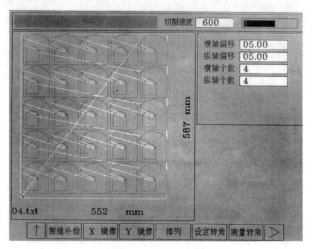

图 10-26　零件排列界面

如果用户进行横向的一维排列即把"横轴个数"参数数值设为实际要排列零件的个数减 1即可，"纵轴个数"设置为"0"。进行纵向的一维排列则反之。按"确定"按钮，排列后的图形将显示在左侧的预览窗口内。

（5）设定转角：按"设定转角"按钮对应的"F6"功能键，进入设定转角界面，如图 10-27 所示，对调入内存的零件程序任意设定其旋转角度。

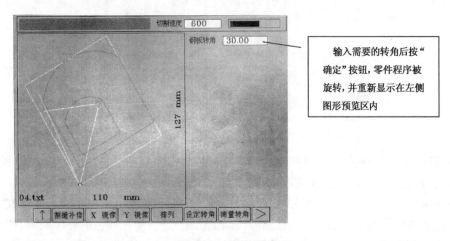

输入需要的转角后按"确定"按钮，零件程序被旋转，并重新显示在左侧图形预览区内

图 10-27　设定转角界面

（6）测量转角："测量转角"功能可以精确地测出钢板的旋转角度，此操作又可称为"钢板自动准直"功能。测量转角方法为：

①手动操作移动机头至钢板左上角。

②在文件操作界面按"零件选项"按钮，再按"测量转角"按钮对应的"F7"功能键，进入"测量转角"功能界面，如图10-28所示。

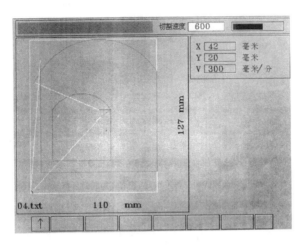

图10-28 测量转角界面

③按方向键移动机头，使机头对准钢板左下角，这一过程成功完成后，按"↑"返回按钮，系统自动计算出钢板的旋转角度，并重新计算内存中的切割程序，在左侧图形预览区内显示添加了转角的切割程序图形。

（7）起始位置：用来改变内存中切割程序的起始位置。在"零件选项"界面按"＞"切换功能按钮，再按"起始位置"按钮，进入起始位置界面，如图10-29所示。界面右侧为起始点选择框。

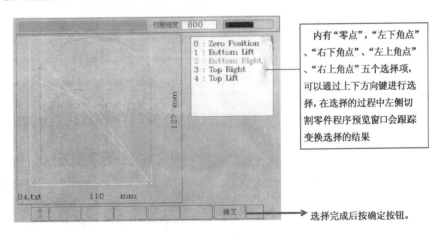

图10-29 起始位置界面

7.建零件库

用户可以在控制器上建立自己的零件库，以方便切割文件的分类管理。

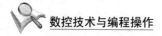

在文件操作界面中按">"切换按钮,再按"建零件库"按钮,进入"建零件库"界面。

可以在界面右侧的"库名称"输入框内输入要建立的用户零件库名称。按确定按钮零件库便被建立在控制器上,在读入读出零件程序时利用库搜索功能选择新建的零件库。

8. 删零件库

用来删除控制器上多余用户零件库,删除零件库过程中如果零件库内有零件图形系统将提示是否删除,如果用户确定删除,零件库内的切割零件程序将连同零件库一起被删除。

9. 删除文件

用来删除用户零件库中的切割零件程序,删除零件界面右侧是文件名和库名称输入框,并提供库搜索和零件搜索以便用户选择删除。

五、项目实施

1. 调用系统内圆盘切割程序,圆盘直径 ϕ200 厚 15mm。

(1)在主界面中按"文件操作"按钮对应的"F2"功能键,按"图库"按钮对应的"F2"功能键,系统进入图形库图形显示选择界面。

(2)按"上"、"下"、"左"、"右"方向键将光条移至圆盘零件模板,按"选择"按钮对应的"F2"功能键确定选择。

(3)系统进入"零件参数"输入界面,在"圆直径"输入框输入 200;按"Tab"键切换输入参数,"引入线长"输入框输入 10;"引出线长"输入框输入 10;"引入类型"输入框输入 0;"零件类型"输入框输入 1(代表零件为外轮廓,保留圆盘)。

(4)按"确定"键,系统将生成相应的零件程序。

2. 从 U 盘读入切割图 10-18 零件程序,对读入的零件程序排列成 4 行 4 列。并建立名为"yuanhuban"零件库,将排列好的零件程序存储于该零件库中。

(1)在主界面中按"文件操作"按钮对应的"F2"功能键,按"文件读入",选择 U 盘读入。

(2)按"文件搜索"按钮对应的"F2"功能键,按光标移动键选择零件程序。

(3)按确定按钮,零件图形将被显示在预览区。

(4)按"↑"键返回文件操作界面,按"零件选项"按钮对应的"F6"功能键,按"排列"按钮对应的"F4"功能键进入零件排列界面。

(5)在"横轴偏移"输入框输入 10;按"Tab"键切换输入参数,"纵轴偏移"输入框输入 10;"横轴个数"输入框输入 3;"纵轴个数"输入框输入 3,按"确定"按钮,排列后的图形将显示在预览窗口内。

(6)按"↑"键返回文件操作界面,按">"切换功能按钮,再按"建零件库"按钮,进入"建零件库"界面。

(7)在"库名称"输入框内输入 yuanhuban,按"确定"按钮,即建立零件库。

(8)在文件操作界面中按"文件读入"按钮,再按"硬盘"按钮对应的"F4"功能键,将程序文件命名,存入 yuanhuban 文件库中。

习　　题

1. 阐述调用系统内长 250mm、宽 150mm、厚 15mm 的矩形切割程序步骤方法,并设置切割参数。

2. 阐述将 U 盘中的切割零件程序读入硬盘,以及硬盘切割程序读入 U 盘步骤方法。

3. 阐述对读入的零件程序排列成 4 行步骤方法。

4. 阐述建立名为"1122"零件库,将零件程序存储于该零件库中的方法。

项目四　钢板套料

一、项目任务

应用采集建立不规则钢板,插入如图 10-30 所示零件,移动零件进行排列,并设置零件切割顺序。

二、项目分析

首先进入采集点建立钢板界面,按方向键移动机头到钢板参考点(角点),如此确认钢板多个参考点即采集建立不规则钢板。

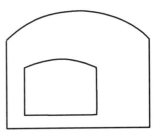

图 10-30　项目任务零件

其次进入插入零件界面,从硬盘"用户零件库"插入零件,确认插的零件后系统自动进入移动零件功能;再次将调入的零件在钢板上移动位置和旋转逐个排列;最后进入"切割顺序"界面,用"切割顺序"功能修改钢板内零件程序切割的先后顺序。

三、项目要求

(1)掌握采集建立不规则钢板方法。

(2)掌握在采集建立的钢板上插入零件,并移动零件至合适位置进行排列。

(3)掌握修改钢板内零件程序切割的先后顺序。

四、项目知识

"钢板套料"主要功能是实现现场手工套料,并有不规则钢板采集套料功能,方便了余料的套料切割,增加了钢板利用率。

在主界面下按"钢板套料"按钮对应的 F5 功能键,进入钢板套料功能界面,如图 10-31 所示。

"钢板套料"主要由"建立钢板"、"插入零件"、"删除零件"、"移动零件"、"排列零件"和"切割顺序"六项功能组成,套料完成后按右侧确认按钮。

1.建立钢板与余料采集

在钢板套料功能界面按"建立钢板"按钮对应的 F2 功能键,进入建立钢板功能界面。"建立钢板"有两种形式:"输入建立"和"采集建立"。

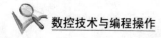

（1）输入建立：用来建立标准矩形钢板。

在钢板套料功能界面，按"建立钢板"，再按"输入建立"，进入"输入建立"界面，如图 10-32 所示。

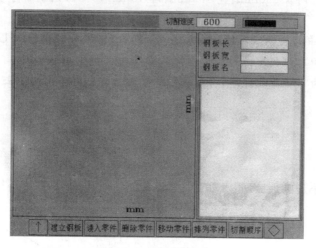

图 10-31　钢板套料界面

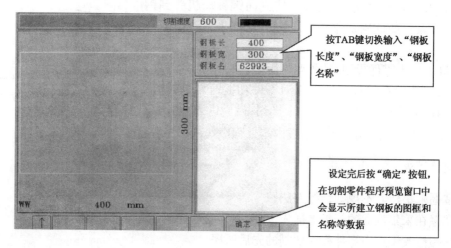

图 10-32　输入建立界面

（2）"采集建立"用来建立不规矩钢板。

在钢板套料功能界面，按"建立钢板"，再按"采集建立"进入采集点建立钢板界面，在钢板数据输入框内输入钢板名称，按确定按钮，进入钢板角点测量界面，如图 10-33 所示。

采集建立不规则钢板方法：

①按方向键移动机头到钢板参考点，按确认按钮确认点。

②再移动机头到钢板下一个参考点，按确认按钮确认点，如此确认钢板多个参考点即确立了钢板形状。

③按确认键◇，钢板建立完成退出，左侧切割零件预览区显示所建立钢板的图框和数据。钢板建立后即可对其插入零件套料。

2.插入零件

在钢板套料功能界面按"读入零件"按钮对应的F3功能键,进入插入零件界面,可以从"系统图形库"和硬盘"用户零件库"插入零件,操作方法与文件读入类似。确认插入的零件后系统自动进入移动零件功能,可以把刚调入的零件在钢板上移动位置和旋转,找到合适的位置后按左侧返回按钮退回到插入零件界面,选择下一个要插入的零件。这时也可以退回到套料主界面对加入钢板的零件进行其他操作如删除、移动等。添加入的每一个零件都将在右侧的零件列表中显示一个"RART"标示,标示右侧的数值为此零件在钢板中的切割顺序数,如2即第二个被切割。

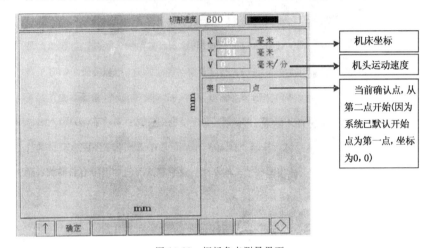

图10-33　钢板角点测量界面

3.删除零件

(1)在钢板套料功能界面按"删除零件"按钮,进入列表选择删除界面。

(2)按方向键选择调入钢板的零件图形。

(3)按确定键◇。系统把选择的零件从零件列表中删除,并重新调整切割序号。

4.移动零件

(1)在钢板套料功能界面按"移动零件"按钮,进入零件列表选择功能。

(2)按方向键选择要移动的零件,按确定按钮◇,进入移动零件界面,如图10-34所示。

(3)界面右侧为步进距离和旋转角度输入框,如果要修改每步移动距离和每步旋转角度,按"步进距离"或"旋转角度"按钮,输入新的步进距离或旋转角度参数,按确定按钮"◇"。

(4)按方向键移动零件,按"顺时针转"或"逆时针转"按钮旋转零件。

(5)移动一个零件图结束后按返回按钮↑,重复2～4步移动另一个零件图。

5.排列零件

(1)在钢板套料功能界面按"排列零件"按钮,进入零件列表排列选择功能。

(2)选择零件后进入排列功能,排列功能的操作和设置参考"零件选项"的"排列"功能操作相同。

6.切割顺序

"切割顺序"功能用来修改钢板内零件程序切割的先后顺序。

在钢板套料功能界面按"切割顺序"按钮,进入"切割顺序"界面,右侧为切割顺序显示框和列表零件选择框,切割顺序显示框内显示的切割顺序随着用户对零件的设置而增大,从零增大到最大零件顺序号后返回零,如此循环。用户选择了某个零件该零件即被设置成当前切割顺序显示框所显示的顺序号。

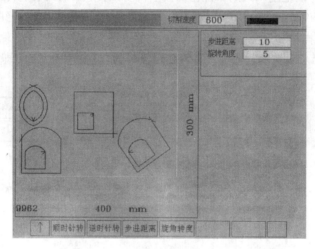

图 10-34　移动零件界面

习　题

1.阐述采集建立不规则钢板并插入零件,移动零件至合适位置方法。

2.阐述输入建立钢板,将零件排列成 3 行 4 列方法。

3.如何修改钢板内零件程序切割的先后顺序?

项目五　综合训练　切割文件读入切割

1.实践内容

氧—乙炔火焰切割加工 2 个如图 10-35 所示船体肘板零件;2 个如图 10-36 所示船体补板零件。

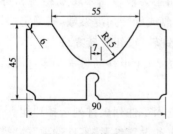

图 10-35　船体肘板

图 10-36　船体补板

2.用 AutoCAD 绘制零件图

(1)进入 AutoCAD,绘制如图 10-37 所示图形。

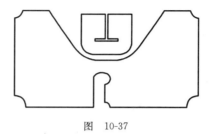

图 10-37

（2）修改为外轮廓（图 10-38）

鼠标点击，再按鼠标左键拖动鼠标将两幅图形都选择为外轮廓

图 10-38

（3）保存图形（图 10-39）

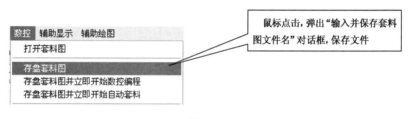

鼠标点击，弹出"输入并保存套料图文件名"对话框，保存文件

图 10-39

3. 数控套料（图 10-40）

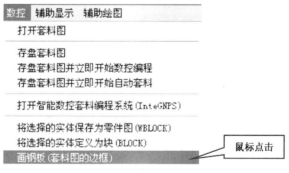

鼠标点击

图 10-40

根据 AutoCAD 命令行提示输入钢板尺寸，钢板长 1500mm，钢板宽 1000mm。

（1）插入零件图，按照下料数量进行套料（图 10-41）。

　　弹出"插入"对话框,点击浏览,选择文件图。点击"辅助显示"菜单中的"显示网格(10 毫米/网格)"。

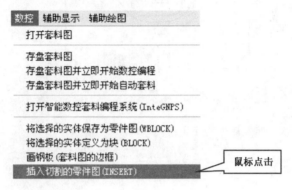

图　10-41

需要用到移动(move)命令、镜像(mirror)命令,排列零件如图 10-42 所示。

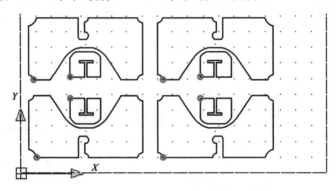

图 10-42　排列零件

图块间隔一定的距离,可以用相对坐标(@x,y)移动。

(2)确定切割点的位置及顺序(图 10-43)。

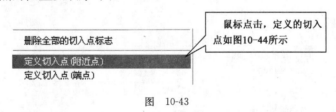

图　10-43

(3)存盘生成 DXF 文件。

4. 打开套料图

(1)打开 InteGNPS 智能数控套料编程系统(图 10-45)。

(2)选择套料图打开套料图文件(图 10-46)。

5. 数控编程

(1)点击"文件"菜单中的"数控编程"或"编程"控件,弹出"数控编程参数"对话框,选择合适的编程参数,如图 10-47 所示。

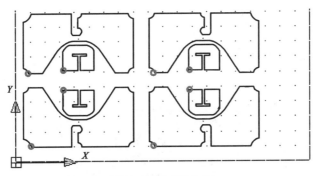

图 10-44　定义切入点

图　10-45

图　10-46

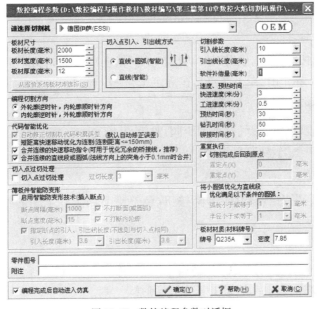

图 10-47　数控编程参数对话框

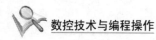

（2）按"确定"按钮，系统生成历史编程参数文件（＊.PPF），然后进行自动编程，并自动生成数控程序代码文件（＊.MPG），是以图形方式显示数控程序，如图10-48所示。

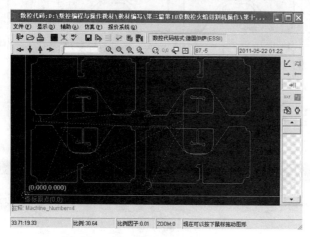

图10-48　图形方式显示数控程序

（3）点击→键可进行切割仿真。

（4）在仿真窗口中点击┗→键，数控程序发送到U盘。

6.U盘读入

在主界面中按"文件操作"按钮→按"文件读入"按钮→按"闪盘"按钮，列表显示U盘程序文件，按光标移动键选择零件程序，按"确定"按钮零件图形将被显示在左侧预览区。

7.移动机头至钢板角点

在主界面中按"参数设定"按钮，再按"喷粉画线"按钮，设置机头平移增量。返回机床移动界面（按"机床移动"按钮），按"平移一"或"平移二"按钮移动机头，再按方向键选定方向，转动手轮，将机头精确定位至钢板左下角点（将该点作为切割起点）。

8.设置切割起始位置

在文件操作界面按"零件选项"按钮，再按"＞"切换功能按钮，再按"起始位置"按钮，通过上下方向键选择Bottom Lift（左下角点），按确定按钮。

9.割炬点火，调整火焰

（1）打开切割氧、预热氧、燃气三种调压阀，割炬点火。

（2）调整合适的加热焰、切割氧射流。

10.调整割炬高度

按控制面板上"T1"按钮，按割炬升降按钮，调整割嘴和工件之间的距离约3mm（看火焰目测）。

11.自动切割

按"↑"按钮返回主界面，按"RUN"键启动切割，按"RUN"键后系统进入切割界面，再次按"RUN"键进入切割运行程序，自动开始穿孔、预热、切割。

第11章　焊接自动化技术概述

近20年来,随着数字化、自动化、计算机、机械设计技术的发展,以及对焊接质量的高度重视,自动焊接已发展成为一种先进的制造技术,自动焊接设备在各工业的应用中所发挥的作用越来越大,应用范围正在迅速扩大。在现代工业生产中,焊接生产过程的机械化和自动化是焊接制造工业现代化发展的必然趋势。本章主要叙述焊接自动化关键技术,各种自动化焊接设备焊接参数、特点及应用。

项目一　焊接自动化现状发展与关键技术

一、项目任务

通过现场教学认识自动焊机结构原理、焊接特点,从而进一步了解焊接自动化现状与发展趋势;焊接自动化的关键技术。

二、项目分析

首先理论教学了解自动焊机基本知识,再到焊接实训车间现场教学认识自动焊机结构原理、焊接特点,再进一步学习该项目知识。

三、项目要求

(1)了解焊接自动化现状与发展趋势。
(2)了解现代焊接自动化技术特点。
(3)了解焊接自动化的关键技术。

四、项目知识

焊接生产过程自动化是包括从备料、切割、组对、焊接到检验等一系列工序的焊接产品生产全过程的自动化,其中核心的工序是焊接自动化。鉴于目前大部分焊件是采用电弧焊方法生产的,本章主要阐述基于数控与智能控制的现代电弧焊自动化技术与装备的实用知识,主要内容有:焊接自动化设备结构组成、机械结构、传感技术、控制技术、焊接自动化设备与应用实例等。

1. 焊接自动化现状

目前,中国已连续三年成为全球最大的钢材生产和消费国,2008年中国钢产量已突破5亿吨,占全球产量的30%。俗话说焊接是钢铁"裁缝",在各大行业中,焊接行业是钢材的最大消费户。有了充足的钢铁,焊接行业就大有可为,不但工程量大,焊接自动化装备的需求量也越来越大,促使我国在自动化焊接技术及装备方面取得突飞猛进的发展与提高,其主要成就体现在以下几方面:

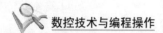

(1)国内焊机行业实现了更新换代。近年来,一批新兴焊接设备制造企业已经崛起。据2008年对国内41家主要电焊机,切割机制造厂、大型焊接辅机厂的调查统计,2008年焊接设备总产值661173.41万元,年产值1亿元以上的焊接设备企业有20家。其中许多企业具有很强的设计开发成套焊接自动化装备的能力,如成都焊研威达自动焊接设备有限公司、哈尔滨威得焊接自动化系统工程有限公司,其主要产品与情况见表11-1。

部分国内外焊接自动化设备制造厂商一览表   表11-1

厂　　名	主要产品(自动焊专机、成套设备)
成都焊研威达自动焊接设备有限公司	H型钢箱形梁自动焊生产线,轧辊堆焊机,焊接操作机、变位机,各种自动焊专机,窄间隙埋弧焊机,多路焊机头,埋弧自动焊车,数控多头切割机,带极堆焊机,螺旋焊管机
哈尔滨威得焊接自动化系统工程有限公司	焊接机器人工作站、焊接自动化生产线、各种自动焊专机、数控切割设备、激光跟踪系统、接触式二维跟踪系统、双丝管间隙埋弧焊机、翅片管自动焊机
南京奥特电气有限公司	储油罐自动焊系统、船舶平面组件龙门自动焊系统、船厂拼板双面龙门焊接系统、H型钢与箱形梁/柱生产线、T形管道工厂化预制生产线、压力容器/管道专用自动焊系统
上海恒通电焊机有限公司	自动角焊机、H型钢双头自动埋弧焊机、填充丝自动TIC焊机、各种自动CO$_2$/MAG/埋弧焊设备、程控气体保护焊/埋弧焊摆动器
北京中电华强焊接工程技术有限公司	膜式水冷壁焊机系列、MZMA型马鞍形管座埋弧焊机系列、马鞍形管孔切割机、WZZC型管子对接自动弧焊机系列
唐山松下产业机器人有限公司	焊接机器人、系列逆变焊机(TIC焊机、脉冲TIC焊机、CO$_2$/MAC焊机)
唐山开元机器人系统有限公司	中厚板焊接机器人系统,窄间隙MAG焊接系统,全位置TIG焊接系统
美国林肯电气公司(The Lincoln Electric Company)	焊接机器人系列、机器人激光跟踪系统MIG-TRAK、各种自动焊专机、双丝焊机、窄间隙自动焊专机、立式焊机、NA系列自动焊头、各种弧焊电源
瑞典伊萨有限公司(ES-AB Co.)	A21系列管对管全自动TIG焊机、A22系列管对极全自动TIG焊机
日本欧地希公司(OTC Co.)	焊接机器人,CO$_2$、TIG、MIG系列焊机,各种自动焊专机,系列化自动焊头,埋弧焊机

另外,国内焊接装备配套器具的生产已形成一定的规模,产品质量已接近国际水平。据统计,送丝机、焊枪、导电嘴、减压器、流量计、工夹具、焊条、焊剂烘干设备、陶瓷喷嘴等的专业生产企业共30余家,年产值超过亿元。

(2)发展与应用各种自动化焊接机、切割机。我国的焊接机械化与自动化工作量占焊接工作量的比例已超过20%,而在以焊接技术为主导制造技术的大型骨干企业中,焊接机械化与自动化程度已达到40%~45%。在汽车、锅炉、化工机械、工程机械和重型机械等国家重点骨干企业中,焊接生产机械化与自动化技术达到国际20世纪90年代初的先进水平。特别是研制、开发了电站锅炉、压力容器等焊接结构所需的专用自动焊机及数控切割机,基本上满足了国内生产的需要。

(3)应用计算机技术和焊接机器人发展现代焊接自动化技术,在汽车、摩托车、锅炉、压力容器、船舶、工程机械和重型机械等企业中,发展了成套焊接装备、焊接机器人、焊接中心、焊接柔性制造系统、计算机辅助设计与制造技术及检查技术等。

2.焊接自动化的发展趋势

目前,焊接结构制造业正向着多参数、高精度、重型化和大型化发展,例如,30 万吨以上远洋货轮,大型建筑结构,大跨度桥梁,跨省跨国输油输气管线,海洋采油平台等等。因此,各种高性能、高精度、高度自动化的焊接机械装备得到了迅速发展。目前国外生产的重型焊接滚轮架最大的承载能力达 1600t,采用 PLC 和高精度位移传感器控制,防窜精度为±0.5mm。框架式焊接翻转机和头尾架翻转机的最大承载能力达 160t。焊接回转平台的最大承载能力达 500t。立柱横梁操作机和门架式操作机的最大行程达 12m。龙门架操作机的最大规格为 8m×8m。

纵观当今国内外焊接自动化技术的现状,可以看到其发展的趋势:

(1)高精度、高速度、高质量、高可靠性。由于焊接加工越来越向着"精细化"加工方向发展,因此,焊接自动化系统也向着高精度、高速度、高质量、高可靠性方向发展。这就要求系统的控制器(例如计算机)以及软件有很高的信息处理速度,而且要求系统各运动部件和驱动控制具有高速响应特性。同时,要求其电气机械装置具有很好的控制精度。如与焊接机器人配套的焊接变位机,最高的重复定位精度为±0.05mm,机器人和焊接操作机行走机构的定位精度为±0.1mm,移动速度的控制精度为±0.1%。

(2)集成化。焊接自动化系统的集成化技术包括硬件系统的结构集成、功能集成和控制技术的集成。

现代焊接自动化系统的结构都采用模块化设计,根据不同用户对系统功能的要求,进行模块的组合。而且其控制功能也采用模块化设计,根据用户需要,可以提供不同的控制软件模块,提供不同的控制功能。模块化、集成化使系统功能的扩充、更新和升级变得极为方便。

(3)智能化。将先进的传感技术、计算机技术和智能控制技术应用于焊接自动化系统中,使其能够在各种复杂环境、变化的焊接工况下实现高质量、高效率的自动焊接。

智能化的焊接自动化系统,不仅可以根据指令完成自动焊接过程,而且可以根据焊接的实际情况,自动优化焊接工艺、焊接参数。例如,在焊接厚大工件时,可以根据连续实测的焊接工件坡口宽度,确定每层焊缝的焊道数、每道焊缝的熔敷量及相应的焊接参数、盖面层位置等,而且从坡口底部到盖面层的所有焊道均由焊机自动提升、变道,完成焊接。

(4)网络化。由于现代网络技术的发展,也促进了焊接自动化系统的发展。通过网络,利用计算机技术、远程通信技术等,将生产管理和焊接过程自动控制一体化,实现脱机编程,远程监控、诊断和检修。

在焊接生产中,应用网络技术,可以进行多台焊接控制器的集中控制。包括焊接参数的修改、备份,焊接过程、焊接设备的实时监测,故障报警与监控等。

3.现代焊接自动化技术特点

当前国内外焊接自动化技术主要发展特点是数控化、专机化与智能化,这也是与金属切削加工等其他机械制造工业的现代化步伐相一致的。

现代焊接自动化技术与装备的主要特点可归纳为以下几点:

(1)数控化。目前在焊接装备控制系统中,已普遍采用基于 PLC 可编程序控制器等微机的自动控制系统,对焊接设备进行数字化控制。这不仅提高了焊接装备自动控制的功能、精

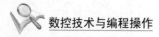

度、效率,确保了焊接质量,改善操作环境,也为焊接装备的网络化控制提供了条件。

焊接装备数控化的关键是合理应用计算机控制器、伺服电动机、焊接传感器,特别是视觉焊缝图像传感器等先进手段,将其组合成实用的自动焊接装备。

(2)智能化。焊接装备的智能化控制是焊接过程自动控制的高级形式,通过各种专用的计算机软件可按工件和设备情况对焊接参数进行优化选择。自动编制焊接程序,以实现焊接过程的全自动化。

(3)专机化。为提高自动化焊接设备的焊接质量与生产效率,焊接装备按工艺要求已发展为各种专用自动焊接装备,如单丝和多丝埋弧焊装备、单丝或双丝窄间隙埋弧焊装备、MIG/MAG 焊头和带极堆焊头等,也可与滚轮架、变位器或翻转机配套以完成筒体内外纵环缝、封头拼接缝、内缝堆焊、大直径接管环缝的自动焊接。

(4)精密化。其内涵包括高精度、高质量和高可靠性。以焊接机器人配套的焊接变位机为例,最高的重复定位精度为±0.05mm,机器人和精密操作机的行走机构定位精度为±0.1mm,移动速度的控制精度为±0.1%。

(5)大型化。焊接装备的大型化是焊接结构向高参数、重型化和大型化发展的需要。如龙门式操作机的规格为 8m×8m。大型造船厂使用的门架式钢板纵缝焊机最大行程为 12m。集装箱外壳整体组装焊接中心门架式操作机的工作行程达 16m。重型 H 型钢和箱形梁生产线占地面积可达整个车间。

4.焊接自动化的关键技术

焊接自动化技术是将电子技术、计算机技术、传感技术、现代控制技术引入到焊接机械运动的控制中,也就是利用传感器检测焊接过程的机械运动,将检测信息输入控制器,通过信号处理,得到能够实现预期运动的控制信号,由此来控制执行装置,实现焊接自动化。

焊接自动化的关键技术主要包括:机械技术、传感技术、伺服传动技术、自动控制技术等。

(1)机械技术

机械技术就是关于焊接机械的机构以及利用这些机构传递运动的技术。在焊接自动化中,焊接机械装置主要有焊接工装夹具、焊接变位机、焊接操作机、焊接工件输送装置以及焊接机器人等。这些装置是配合焊机进行自动焊接的,它具有以下作用:

①使焊接工件装配快速、定位准确。

②能够控制或消除工件的焊接变形。

③使焊件尽量处于最有利的施焊位置,即水平及竖直位置焊接。

④可以完成组合焊缝的焊接,减少焊接工位。

⑤使焊枪运动,或者焊接工件运动,或者焊枪与工件同时协调运动,完成不同焊接位置、不同形状焊缝的自动焊接。

机械技术就是根据焊接工件结构特点、焊接工艺过程的要求,应用经典的机械理论与工艺,借助于计算机辅助技术,设计并制造出先进、合理的焊接机械装置,实现自动焊接过程中的机构运动。

(2)传感技术

传感器是焊接自动化系统的感受器官。传感与检测是实现闭环自动控制、自动调节的关键环节。传感器的功能越强,系统的自动化程度就越高。

焊接自动化中的传感器有许多种,有关机械运动量的传感器主要有位置、位移、速度、角度等传感器。

由于焊接环境恶劣,一般的传感器难以直接应用。焊接自动化中的传感技术就是要发展严酷环境下,能快速、精确地反映焊接过程特征信息的传感器。

(3)伺服传动技术

要使焊接机械作回转、直线以及其他各种复杂的运动,必须有动力源。这种动力源就是执行装置。执行装置有利用电能的电动机(包括直流电动机、交流电动机和步进电动机等),也有利用液压能量或气压能量的液压驱动装置或气动装置等。

执行装置的控制技术称为伺服传动技术。伺服传动技术对系统的动态性能、控制质量和功能具有决定性的影响。

(4)自动控制技术

在焊接自动化系统中,控制器是系统的核心。控制器的作用主要是焊接自动化中的信息处理与控制,包括信息的交换、存取、运算、判断和决策,最终给出控制信号,通过执行装置使焊接机械装置按照一定的规则运动,实现自动焊接。目前,计算机、单片机、PLC构成的控制器越来越普遍,从而为先进的控制技术在焊接自动化中的应用创造了条件。

焊接自动化中的自动控制技术主要是指:基本控制理论;在控制理论指导下,根据焊接工艺和质量的要求,对具体的控制装置或控制系统进行设计;设计后的系统仿真、现场调试;最终使研制的系统可靠地投入焊接工程应用。

习　题

1.简述现代焊接自动化技术的特点。

2.简述焊接自动化的关键技术。

3.查阅相关资料分析造船行业焊接自动化现状。

项目二　焊接自动化设备分类

一、项目任务

掌握专用型自动弧焊设备(俗称自动焊专机)的类型、结构特点及应用领域。掌握船舶焊接自动化设备结构形式及应用。

二、项目分析

按该项目的内容阐述的思路,逐个地分析各种专用型自动弧焊设备结构特点及应用场合,再初步认识焊接机器人及船舶焊接自动化设备。

三、项目要求

(1)了解各种专用型自动弧焊设备特点、应用。

(2)了解焊接机器人结构特点、应用。

(3)掌握船舶焊接自动化设备结构特点。

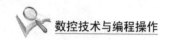

四、项目知识

焊接自动化弧焊设备按照功能可分为通用型自动弧焊机、专用型自动弧焊设备与焊接机器人三大类。其中,通用型自动弧焊机大多是小车型自动焊机,如埋弧焊车等,这类焊机自动化程度不高,实际上是半自动焊设备。

专用型自动弧焊设备俗称自动焊专机,是提高焊接生产率、保证产品焊接质量的有效手段,已广泛应用在锅炉、压力容器、船舶、汽车、重型机械和金属结构制造的批量生产中,并正向精密化、大型化和现代化方向发展。自动焊专机所使用的焊接方法主要有埋弧焊、CO_2 焊、MIG 与 MAG 焊,还有 TIG 焊、热丝 TIG 焊、等离子弧焊、激光焊以及各种高效堆焊方法。用于薄板、超薄板和精密部件焊接的自动焊专机。

1. 专用型自动弧焊设备

（1）薄板纵缝自动焊机

薄板纵缝自动焊机可分为薄板拼缝自动焊机、筒体外纵缝自动焊机和筒体内纵缝自动焊机三种。所选用的焊接方法取决于板厚和材料种类,0.5～3mm 不锈钢薄板通常选用钨极氩弧焊;0.3～1mm 不锈钢薄板应选用微束等离子弧焊;3～10mm 薄板纵缝应选用实心焊丝或药芯焊丝熔化极气体保护焊;12mm 以上厚板通常采用埋弧焊;3mm 以上的铝合金薄板最好采用脉冲电弧熔化极气体保护焊。

为实现薄板纵缝单面焊双而成形焊接工艺,要求采用压紧机构将待焊接缝均匀压在铜制的衬垫上。焊接不锈钢和钛合金时应在铜衬垫凹槽内钻制均布的小孔,以便背面通保护气体,保证背面焊道表面不被氧化。

标准型薄板纵缝自动焊机的控制系统均为开环控制,只保证焊头均匀等速运动,不能按接缝的实际装配间隙调整焊接电流和焊接速度。因此为保证单面焊双面成形的焊接质量,接缝的装配间隙应严格控制在 0～0.5mm 范围内。

（2）环缝自动焊机

直径在 10m 以上的压力容器、锅炉筒体和大直径管道的环缝可以采用立柱横梁焊接操作机和相应的滚轮架或头尾架翻转机组合的焊接中心来完成自动焊。直径 300～1000mm 的气罐、储罐、气缸、空心球、管道法兰和车轮组件则利用车床式小型环缝自动焊机。按所焊工件的壁厚和质量要求,可以采用钨极氩弧焊、熔化极气体保护焊、等离子弧焊和埋弧焊。

车床式小型环缝自动焊机是由小型头尾架翻转机、机架、焊头及十字滑架调整机构、焊枪、焊接电源和控制系统等组成的。为提高生产效率,可在同一个机架上安装两个焊头,同时焊接两条环缝,如液化气罐两端的封头环缝。头尾架的夹紧装置可以采用气动元件,以缩短装夹工件的辅助时间。

对于管接头、轴套、法兰盘组件和齿轮组件等工件可以采用外形类似于立式台钻的小型环缝自动焊机。它由立柱或机架、旋转机头、定位芯轴、焊枪、送丝机构、焊接电源和控制系统等组成,焊枪位置按工件直径调整,焊枪的倾角应适应不同的角焊缝焊接工艺。当焊缝轨迹为空间曲线的接管焊缝时,最简单的方法是采用靠模实现仿形焊接。这类小型环缝焊机最关键的技术之一是要解决环缝焊接的导电和输气问题,以避免电缆和气管的缠绕。为简化焊机的结构,也可以采用焊头固定,工件旋转的技术方案,允许连续进行多层多道焊接。为进一步提高焊接效率,可以采用双焊枪,转台只需将工件旋转180°。

大直径接管与圆筒体相交的接缝及等径焊接三通管的相贯线接缝是一种马鞍形曲线,即所谓三维曲线。焊接过程中焊头作 x、y、z 三个方向的运动,或者借助翻转机使工件的旋转运动与焊枪的移动协调动作。焊接这种空间曲线焊缝时,操作者必须连续监视并调整焊头的运动,要求焊工有较高的操作技术和实际经验。随着计算机控制技术的日趋成熟,接管焊机焊头运动的计算机数字控制已得到基本解决,并已在实际生产中应用。

(3)型钢自动焊机

近年来,我国钢结构生产成倍增长,而钢铁工业远不能满足各种规格型钢的需求,特别是用于钢结构建筑的 H 型钢。实践证明,采用焊接方法将板条组焊成 H 型钢材是最经济的生产方式,受到工程界的高度重视。各种型钢自动焊机的开发研制发展迅速。H 型钢自动焊机可将翼板和腹板通过四条角焊缝焊成 H 型钢。该自动焊机由立柱式或龙门式焊接操作机、工作平台和压紧机构、焊头及调整机构、焊枪、焊接电源、送丝机构、翻转装置和控制系统等组成,可同时焊接翼板与腹板之间的两条角焊缝。型钢自动焊机通常配用埋弧焊。对于薄壁工字型钢可采用 MAG 焊,以减少焊接变形。立柱式或龙门式操作机及焊头调整机构具有较宽的调节范围,以适应不同规格工字型钢的生产。目前,最大的工字型钢自动焊机可焊接最大长度为20m、最大宽度为 1.2m 的型钢。

在某些钢结构型材生产厂,为有效利用钢材,在 H 型钢焊接生产线上配备翼缘和腹板拼焊机。焊接操作机的结构形式多为龙门式,焊接方法按板厚可分别采用埋弧焊和 MAG 焊。

(4)管道对接自动焊机

目前,在钢铁工业中约有 10% 的钢材是各种规格的管子和管材,而且不锈钢管的产量在不断增长。在石油、化工、饮料、食品、航空等部门工业管道铺设的工作量巨大,而且对接头质量的要求十分严格。管路和管道的焊接迫切需要采用自动焊,管道自动焊机按管径和壁厚的不同而有不同的结构形式。以天然气管道自动焊机为例,有管外焊机与管内焊机两类。管外焊机国外产品有意大利的 PWT 专机、美国 CRC 公司的 P 系列与 M 系列专机,运用于各种壁厚与管径的天然气管道现场对口焊接。近年来廊坊管道局科学研究院等单位开发的全位置管道焊机已批量生产用于西线东输天然气管道工程。天津焊接研究所生产的一种小直径薄壁管对接的全位置焊管机采用封闭式焊头,采用脉冲钨极氩弧焊,焊接电流范围为 5～300A,可焊最大壁厚为 3mm。焊接时,对接管件水平固定或垂直固定,焊头环绕管子外径旋转,完成全位置焊接或横焊。对于 3mm 以上厚壁管,则采用带送丝机构的开启式焊头,对接管端边缘需开 V 形坡口,采用填丝 TIG 全位置焊。

(5)批量生产专用自动焊设备

这是专门为某一客户设计的专用于焊接特殊形状工件和大批量生产的焊接专用设备。其特点是效率较高,工件无需先装配和定位焊,而是采用相应的夹具将工件定位、转置到合适的焊接位置。这类焊机由于用途单一,结构简单,借助专用夹具可以使焊机的操作系数达到100%,容易实现低成本自动化。

这类专机的焊接自动化程度可分为两大类:一类是装料和卸料由操作者完成,焊接过程要求操作者监视;另一类是操作者只管装料和卸料,无需监视焊接过程而自动完成。

2. 焊接机器人

焊接机器人在焊接自动化中占有重要的位置,是焊接自动化的发展方向,在西方先进国家的应用已呈加速发展态势。我国焊接机器人的应用主要是在 20 世纪 90 年代以后,近年来焊接机器人的数量增加很快,特别是在汽车制造业。但我国焊接机器人的行业分布不均衡,也不够广泛。汽车制造和汽车零部件生产企业中的焊接机器人占全部焊接机器人的 76%,是我国焊接机器人最主要的用户。我国焊接机器人的应用起步较晚,主要用于汽车、工程机械和摩托车行业。机型主要是六轴连续轨迹控制示教再现型,引进的国外产品主要有 ABB、IGM 和安川莫托曼等焊接机器人。

焊接机器人的应用以工作站为单元,其外围设备包括变位机、输送装置以及机器人用焊接电源等,这些都是发挥机器人功效的关键技术。机器人工作站采用模块化技术的开放式控制系统,可按用户要求同步控制机器人群和外围设备,扩大机器人的工作范围,以适应像汽车车身焊装线这种使用上百台机器人和大量系统装置的大型复杂工程。目前开发的 32 位计算机控制系统,可同步控制 12～16 轴的运动,利用 Windows 为开发平台的控制软件,可使操作和编程简单化。

3. 船舶焊接自动化设备

当前国内船舶焊接机械化、自动化的发展处于以推广半自动 CO_2 焊为主体并向专用机械化焊接过渡阶段,而国外先进造船厂从 20 世纪 90 年代起开始应用焊接机器人,已处于以专用机械化焊接为主,由示教型机器人焊接向智能型机器人焊接发展,进而向无人监视化发展的阶段。

日本船厂近十年来焊接机械化、自动化的发展特征是:高热输入,多丝化、高速化,大量应用各种简易 MAG 自动焊机,开发和应用各种焊接机器人,具体如下:

(1)采用各种轻便型自动水平角焊机或门架式多关节机器人进行小合拢焊接。轻便型 CO_2 自动角焊机可以一人操作多台。

(2)采用悬吊式门架伸缩轴或多台小型焊接机器人进行栅格内水平和立向自动角焊,立向自动角焊采用高效熔渣型 DW-100V 立角专用药芯焊丝。

(3)采用半门架四轴数控机器人进行曲面分段外板的拼接,典型的曲面外板单面焊接机器人工作示意图如图 11-1 所示。

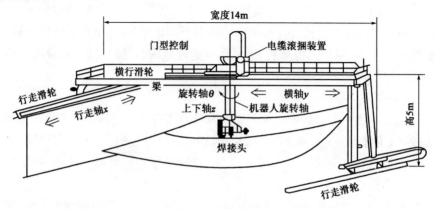

图 11-1　曲面外板单面焊接机器人工作示意图

(4)采用单丝或双丝单面 MAG 自动焊和可搬式有轨道或无轨道焊接机器人进行外作业(船坞、船台)大合拢工程的单面 MAG 对接焊。

习　　题

1.简述薄板纵缝自动焊机、环缝自动焊机、型钢自动焊机、管道对接自动焊机的应用场合。

2.简述焊接机器人的结构特点。

3.船舶焊接自动化设备一般采用哪些结构形式?

项目三　高效熔焊新技术

一、项目任务

能概括各种高效熔焊方法的基本原理、工艺特点、应用场合。提升对高效熔焊新技术的认知。

二、项目分析

通过对新型高效熔焊方法(有 Tandem(串联)法双丝高速焊、TIME 高效熔敷焊、激光—MIG 复合焊(混合热源焊)与窄间隙自动焊)学习,概括出每种高效熔焊方法的基本原理、工艺特点、应用场合,从而掌握高效熔焊新技术。

三、项目要求

(1)掌握 Tandem 法双丝高速焊工艺特点、保护气体、应用场合。

(2)掌握 TIME 高效熔敷焊基本原理、保护气体、方法特点及应用。

(3)掌握激光—MIG 复合焊方法原理及特点,激光—MIG 焊设备特点。了解激光—MIG 焊方法在汽车生产中的应用。

(4)了解窄间隙自动焊工艺特点。

四、项目知识

目前国内外研发出的新型高效熔焊方法有 Tandem 法双丝高速焊、TIME 高效熔敷焊、激光—MIG 复合焊(混合热源焊)与窄间隙自动焊等。

(一)Tandem 法双丝高速焊

Tandem 法是一种双丝双弧单熔池的脉冲 MIG 焊或脉冲 MAG 焊。Tandem 双丝焊系统由两台焊接电源、两台送丝机及一把焊枪等组成,可与自动化专机或焊接机器人配套使用。Tandem 法设备主要生产厂为德国的克劳斯(Closs)公司、奥地利的弗朗尼斯(Fronius)公司和美国的林肯(Lincoln)公司。Tandem 法焊薄板的速度可达 2～6m/min,熔敷率约 20kg/h,远远超过其他熔焊方法(通常熔化极气保护焊的焊速为 0.3～0.8m/min),其焊接参数易调,使用方便,已用于汽车车辆制造行业。

1.Tandem 方法的主要特点

(1)在双丝电缆中的两根焊丝分别使用单独的导电嘴,但共用一个送气喷嘴,两根焊丝在

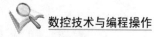

双电弧中被熔化,形成一个熔池。

(2)两根焊丝分别送丝机送进,由两个焊接电源供电,且可以分别独立调节焊接规范使之保持短弧,可以使熔池保持很小,减少焊接热量散失,从而提高焊接速度。

(3)采用协同控制器来控制两个电源的输出脉冲电流,使之波形相位差180°,使双丝的两个电弧轮流交替燃烧,形成一个熔池但互不干扰。

2. Tandem 双丝焊的工艺特点

(1)每根焊丝的规范参数可单独设定,材质、直径也可以不相同。

(2)每根焊丝的送丝速度可达 30m/min。

(3)采用数字化双脉冲电源,100％暂载率时的焊接电流 1000A,最高脉冲电流 1500A,可编程,可连接 PC、打印机对焊接数据监控和管理。

(4)大大提高熔敷效率和焊接速度,使用范围广,生产率高。

(5)在熔敷效率增加时,保持较低的热输入。

(6)电弧稳定,熔滴过渡受控,焊接变形小,飞溅小。

(7)两根焊丝处于同一熔池,降低了气孔敏感性。

3. Tandem 法双丝焊保护气体

(1)焊接非合金钢和低合金钢选用保护气体组成(体积分数)为:90％ Ar ＋10％ CO_2 或 82％ Ar ＋18％ CO_2。

(2)焊接铝选用保护气体组成(体积分数)为:99. 996 ％ Ar 或 50％ Ar ＋50％ He。

(3)焊接不锈钢选用保护气体组成(体积分数)为:97. 5％ Ar ＋2. 5％ CO_2。

4. Tandem 双丝焊应用

Tandem 双丝焊可以实现高速焊与高熔敷率焊接,也就是既可以在薄板结构也可以在厚大结构的产品方面发挥作用;并可以应用于碳钢、低合金钢、不锈钢、铬合金等各种金属材料的焊接,适用于各种接头形式。目前在我国车辆制造和汽车制造等行业已经开始采用。Tandem 双丝焊应用实例见表11-2。

Tandem 双丝焊应用实例　　　　　　　　　　　　　　表 11-2

产 品 名 称	焊 缝 形 式	焊接速度(m/min)
冰箱压缩机	角焊缝	3. 2
铝制机车车厢外壳	V 形坡口,板厚 3mm	2
不锈钢制净化器	角焊缝	2
灭火器罐体	搭接焊缝,(1. 25 ＋1.0)mm	4
船体肋板	角焊缝	1.8
热水箱	V 形坡口,板厚(3 ＋3)mm	2.6
轿车轴部件	搭接焊缝,(2. 75 ＋2.75)mm	4
起重臂	角焊缝	1.5
汽车轮毂	角焊缝	2.5

高速焊接和高熔敷焊接是今后焊接技术的发展方向之一,随着双丝焊接设备的国产化和成本大幅度降低,Tandem 双丝焊方法还将在集装箱、国防工业、桥梁制造、管道制造、容器制造和造船工业等领域得到迅速推广和应用,具有广阔的应用前景。

（二）TIME 高效熔敷焊

在焊接厚板时,希望能采用更大的送丝速度,提高熔敷效率。TIME 焊接法（Transfer I-onized Molten Energy Process）通过采用四元保护气体,其焊丝送进速度可提高到 50m/min,远远超过了 MIG/MAG 焊,从而成为一种有生命力的新型高效熔敷焊方法。目前,奥地利Fronius（福尼斯）公司等国外许多焊机生产厂家已经开发出针对 TIME 工艺的气体保护焊机,并且 TIME 焊已经成功地用于压力容器、桥梁、潜艇、建筑机械等行业的厚大件的焊接生产中。

TIME 焊方法的基本原理是由于改变了传统 MAG 焊的保护气体成分,可以实现稳定的旋转射流过渡,从而可以突破传统的 MAG 焊电流极限。

TIME 焊方法的四元混合保护气体成分（体积分数）为：Ar65%,He26.5%,$CO_2$8%,$O_2$0.5%。这种四元保护气体被称为 TIME 气体,其中 He 和 CO_2 的作用在于控制产生旋转射流的临界电流和旋转射流稳定性,TIME 气体中含有少量 O_2 的作用是可以进一步提高熔滴过渡的稳定性。

采用上述四元混合气体保护,再辅以较大的伸出长度,能够显著提高焊丝熔化速度,而且TIME 焊一般采用 ϕ1.2mm 或 ϕ1.6mm 的细焊丝,在 500～700A 的大电流下进行焊接,使焊丝上的电阻热增大,送丝速度突破了 MAG 焊最高速度 15 m/min 的限制,提高至高达 50m/min 的程度,从而大大提高了熔敷效率与焊接生产率。

1. TIME 焊方法特点

（1）大幅度提高送丝速度（高达 30～50m/min）,从而大幅提高焊接速度及熔敷效率（超过10kg/h）。

（2）焊接飞溅小,焊缝平滑美观,余高小。

（3）由强烈集中的等离子弧形成高热能喷射,焊缝熔透性好。

（4）焊接变形小。

（5）焊接工艺性能好,电弧挺度好,受外界干扰小。

（6）改善焊接接头的质量。气孔率低,含氧量低,力学性能好,含氢量低,冷裂倾向小。

（7）尤其适合大厚板窄间隙焊。

2. TIME 焊方法应用实例

（1）厚板窄间隙焊规范参数

①钢板厚度 10mm。

②送丝速度 20～23 m/min。

③坡口角度 2×10°。

④焊接熔敷率 11.4kg/h。

（2）与 MAG 焊比较如表 11-3 所示,在焊 1m 碳钢角缝（焊脚 6mm）时,TIME 焊比 MAG焊快 1 倍。

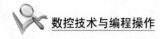

（三）激光—MIG复合焊

激光—MIG复合焊是一种全新的焊接技术,对于激光束焊无法实现或在经济上不可行的装配间隙较宽的焊接,它提供了最佳的综合性能。激光—MIG焊广泛的应用范围和高效的特性增强了它在降低投资成本、减少生产时间、降低生产成本和提高生产率方面的竞争力。

TIME焊与MAG焊比较   表11-3

焊 接 参 数	MAG	TIME
焊接电流(A)	300	390
焊接电压(V)	30	39
送丝速度(m/min)	12	23
焊接时间(min)	4.0	2.0

1.激光—MIG复合焊方法原理

如图11-2所示,激光—MIG复合焊方法的基本原理是激光与MIG电弧同时作用于焊接区,通过激光与电弧的相互影响,克服每一种方法自身的不足,进而产生良好的复合效应。

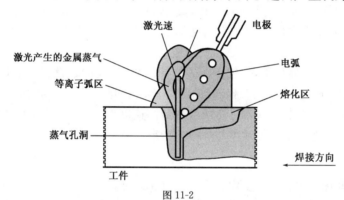

图11-2

激光—MIG复合焊可产生以下效应:

(1)MIG电弧可以解决初始熔化问题,从而可以减少使用的激光器的功率。同时MIG焊的气流也可以解决激光焊金属蒸气的屏蔽问题,MIG焊便于加入填充焊丝,从而可以避免表面凹陷形成的咬边,仍保持激光焊的深熔、快速、高效、低热输入等特点。

(2)激光产生的等离子体增强了MIG电弧的引烘和维持的能力,使MIG电弧更稳定。

上述这些复合效应就产生了深熔、高速与高效焊接效果,并增强了焊接适应性。激光—MIG焊电弧两热源相互作用的叠加效应还表现为在激光—MIG焊时,由于电弧加热,焊缝金属温度升高,降低了焊缝金属对激光的反射率,增加了其对光能的吸收。

2.激光—MIG焊的特点

激光—MIG焊采用激光束和电弧共同工作,焊接速度高,焊接过程稳定,热效率高且允许更大的焊接装配间隙。激光—MIG焊的熔池比MIG焊要小,热输入低,热影响区小,工件变形小,大大减少了焊后纠正焊接变形的工作。

3.激光—MIG焊设备

三菱重工开发了一种可快速实现坡口焊接和铝合金焊接的复合YAG激光焊接系统,如

图 11-3 所示。该系统将激光光束和电弧电极同轴合成在一个焊接电极头中,充分发挥了激光焊接和电弧焊接的各自优点,降低了激光焊对坡口定位精度的要求,可以焊接间隙达到 0.8mm 的坡口,同时由于电弧减缓了激光照射部分的急剧冷却,可防止焊接铝合金时产生结晶裂纹及气孔等。

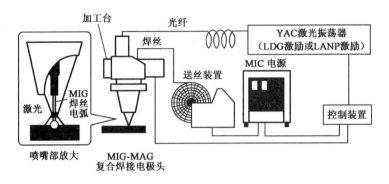

图 11-3　复合 YAG 激光焊接系统

4.激光—MIG 焊方法在汽车生产中的应用

奥迪汽车公司与奥地利 Fronius 公司合作,共同研究和开发了激光—MIG 焊技术,这种技术在奥迪汽车生产中得到成功的应用。

在奥迪的复合结构车身中应用了多种材料,在奥迪 A2 上,有 30m 激光焊缝、20mMIG 焊缝和 1700 个自穿孔铆钉进行连接。在采用激光—MIG 复合焊时不但可以保护激光焊的高速、高效等性能,而且由于熔池宽度增加使得装配要求降低,焊缝跟踪容易。此外,MIG 焊便于加入填充焊丝,从而可以避免表面凹陷形成的咬肉。

(四)窄间隙自动焊技术

窄间隙自动焊技术是一种用于超厚钢板的高效率焊接方法,近几年来得到进一步的研究与发展。

(1)图 11-4 为日本日立公司研发的新型 MAG 窄间隙自动焊设备,此设备采用新颖的焊丝弯曲成形装置在焊接过程中自动摆动电弧使焊缝两侧熔接良好,其工艺特点为:

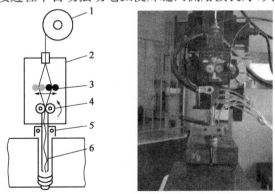

图 11-4　新型 MAG 窄间隙自动焊设备

1-焊丝盘;2-送丝机;3-弯曲成形装置;4-送丝轮;5-二次密封箱;6-窄间隙枪头

①实现超厚钢板的高效率焊接,焊接工件最大厚度 300mm,坡口宽度 9～16mm,每层焊一道,焊接速度 100～ 300mm/min,熔敷效率 70g/min、90g/min。

②大幅度减少焊接材料和电能。

③热输入低,改善焊缝的品质。

④可横焊、立焊、仰焊及全位置的焊接,易于操作。

⑤MAG 熔接氢含量为埋弧焊的 1/3,焊接（9％～12％）Cr（质量分数）钢时可以降低预热和层间温度,如图 11-5 所示。

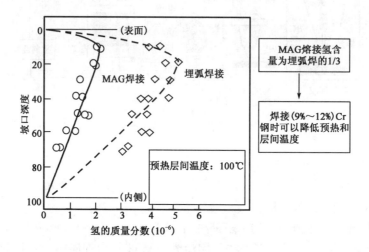

图 11-5　MAG 窄间隙自动焊与埋弧焊对比

（2）图 11-6 为日本日立公司研发的新型热丝 TIG 窄间隙自动焊设备。此设备采用了以下新技术:

①研发了专用窄坡口焊枪,焊枪本体宽度只有 6mm。

②采用弧压传感坡口宽度技术,实现自动调节电极位置,使弧长在上下及两侧一致。

③采用基值/峰值法控制热输入。

④采用摇动轴摆动电极,使焊缝两侧母材被电弧完全熔接。

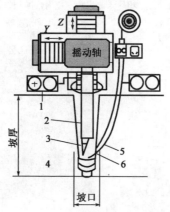

图 11-6　新型热丝 TIG 窄间隙自动焊设备

1-焊接电源;2-水冷枪头;3-电极;4-焊丝加热电源;5-送丝管;6-焊丝

习　题

1. Tandem 法双丝高速焊的主要特点有哪些?
2. 简述 TIME 高效熔敷焊基本原理、方法特点。
3. 激光—MIG 复合焊方法原理及特点是什么?

项目四　焊接机器人技术

一、项目任务

了解船舶焊接机器人系统的关键技术研究主要进展;能概括出全位置智能焊接机器人(即直轨道焊接机器人、管道焊接机器人、柔性轨道焊接机器人、无导轨全位置焊接机器人)结构特点、焊接特点及工程应用,掌握全位置智能焊接机器人焊接应用技术。

二、项目分析

通过学习分析总结船舶焊接机器人、各种全位置智能焊接机器人所应用的技术,焊接特点,应用场合,并能概括出,以提升对焊接机器人技术的系统性认识。

三、项目要求

(1)了解船舶焊接机器人在焊接工艺、焊接信息传感、焊接机器人系统、CAD/CAM 一体化技术方面研究的进展。

(2)掌握直轨道焊接机器人焊接特点、保护气体;焊接工艺参数。

(3)了解管道焊接机器人、柔性轨道焊接机器人、无导轨全位置焊接机器人焊接特点和工程应用。

四、项目知识

(一)船舶焊接机器人研究与发展

为了加快造船周期、提高船舶质量、减轻焊接工人的劳动强度,世界各国的造船厂都非常重视船舶焊接机器人的研究与应用。早在 20 世纪 80 年代,造船界就开始尝试采用焊接机器人,最初只用于小合拢部件上加强板的平角焊,后来逐步扩大至平行船体分段中纵、横构件间各种角焊缝的焊接,船坞上船体外板对接焊缝的焊接以及管子与管子和管子与法兰的焊接等。20 世纪 90 年代后期,日本的几个大型造船厂已批量应用焊接机器人。随着现代造船技术的日趋先进和船舶类型的多样化,船舶焊接机器人系统也正在进一步研究与发展。

船舶焊接机器人系统的关键技术是:焊接工艺、焊接信息传感、焊接机器人本体、焊接机器人系统 CAD/CAM 一体化。目前在这些关键技术方面有以下主要进展:

1.新型的焊接工艺

(1)混合 YAG/MAG 高速焊

混合 YAG/MAG 高速焊是把 YAG 激光发射器和 MAG 焊焊炬装在一个焊接工具上,使

YAG 激光深熔焊和 MAG 焊同时进行的高速焊接方法。混合 YAG/MAG 高速焊的优点是：

①利用电弧对母材的熔合桥接能力，在激光束聚焦光斑处形成一个熔池，这样在小摆动光斑的情况下能快速形成并维持激光深熔小孔，实现高速焊接。

②利用焊丝对焊缝金属成分进行调整，可以有效改善焊接接头性能。

③在高速焊接时，MAG 焊仍可保持稳定快速的熔滴过渡。

在船舶结构焊接时，如船体分段井形结构的焊接工程中采用混合 YAG/MAG，可以使 YAG 激光焊在焊接装配偏差大的船舶结构时保持高速焊接的特点。

混合 YAG/MAG 高速焊技术还处于初级阶段，存在不少缺点，如容易出现凝固裂纹；另外，由于混合 YAG/MAG 高速焊热输入少，使得焊缝熔合区冷却过快，硬度过高，性能下降。这些缺点一方面要靠继续改进混合 YAG/MAG 高速焊焊接工艺来克服，另一方面要通过调节母材成分来克服。

(2)旋转电弧引导双丝 GMAW 焊

其是在焊炬上特别设计一个绕喷嘴中心轴以一定半径旋转的导电嘴，焊接过程中在导电嘴的带动下，焊丝以频率 10～100Hz 快速旋转，进而形成旋转电弧，加快熔覆效率。焊接工具上除装有带旋转导电嘴的焊炬外，还装有 GMAW 焊焊炬。此方法的显著优点是：

①旋转电弧在高速焊接的情况下仍具有敏感的焊缝信息传感能力。利用旋转电弧传感时，运动部件只有导电嘴和一小段焊丝，运动惯性小，能适应高速焊接的实时传感跟踪需要。

②旋转电弧在小角焊缝(3～5mm)焊接时也能保证有效的焊缝信息传感，随着船舶制造轻量化的趋势，其作用越来越大。

③船舶制造的焊接量非常大，采用旋转电弧引导双丝 GMAW 焊，可以在保持旋转电弧焊优点的同时，加快熔覆速率。

2. 新型的焊接信息传感

激光视觉扫描传感器能实时扫描焊接坡口横截面，可获得焊炬与坡口之间的一维偏差信息，还可检测坡口的形状，因此它既可以用于焊缝的一维跟踪，又可以用于焊接参数的控制。

3. 新型的船舶焊接机器人系统

(1)丹麦欧登塞船厂的 B4 焊接机器人系统

B4 焊接机器人系统是世界上最大的弧焊机器人系统之一，其空间尺寸为 32m×22m×6m，质量 400t，用来焊接船舶壳体。B4 系统由 12 个相互独立、悬高 17m 的机械手组成，每个机械手均有 8 个自由度，每天能焊接 3km 焊缝。此系统有一个基于事例推理和开放式超文本链接技术的机器人故障自动发现与诊断智能系统，使得操作者能比较轻松地解决大部分机器人故障，实现故障智能自动发现与诊断。

(2)舰船甲板焊接机器人

上海交通大学针对舰船甲板焊接，研制了具有自寻迹功能的移动式焊接机器人。此移动式焊接机器人采用四轮小车式移动机构，小车采用柔性磁轮并在车体前部安装强磁体，使之有足够的磁力在有一定坡度的斜面上进行焊接。机器人采用激光扫描传感器检测焊接坡口。在焊前，焊接机器人小车能够自动寻找焊缝，经过轨迹推算后自动调整小车本体和焊炬的位置到待焊状态，并将焊枪对准焊缝的坡口中心，在焊接过程中焊接机器人能在横向大范围内进行实时检测与跟踪焊缝。

（3）双层外壳船舶焊接机器人

欧盟成立了一个 ROWER-2 工程,研制满足巨型油轮等双层外壳船舶建造需要的焊接机器人。

此焊接机器人的特点是:①机器人设计质量限制在 50kg 以下;②具有 Z 方向 1 个自由度;③配备灵活轻便的移动平台。

4. 焊接机器人系统 CAD/CAM 一体化技术

在其他焊接领域,一些焊接相关参数可以在多个零部件上重复使用,然而在造船生产中这是不可能的。因为船舶制造时,无论是样式、生产装配、尺寸、焊接位置、工装夹具还是生产顺序,没有两个零部件是一模一样的。船舶生产的这一特点使得实现焊接机器人系统 CAD/CAM 一体化非常困难。

美国为在国际船舶制造市场上提高竞争能力,非常重视造船过程 CAD/CAM 一体化技术的研究。20 世纪 90 年代末,美国阿冯戴尔工业公司、本德(Bengder)造船厂、新港(Newport News)造船厂、新奥尔良大学、美国海军连接技术高级研究中心、美国海军水面冲突研究中心造船与制造分部共同创建了一个船舶工程机器人技术实验室(ShipWorks Robotics Laboratory,SWRL),其主要目的就是把焊接机器人技术和造船仿真技术有效地整合在一起,实现造船过程自动化。

图 11-7 是船舶生产实现焊接机器人系统 CAD/CAM 一体化的信息流程图。造船厂要实现焊接机器人系统 CAD/CAM 一体化,必须能够使用现有的基于 CAD 技术的船舶产品零部件几何结构定义模型与符号,并建立焊接信息知识库。另外,造船厂要实现焊接机器人系统 CAD/CAM 一体化还必须显著提高零部件的尺寸精度和装配精度。

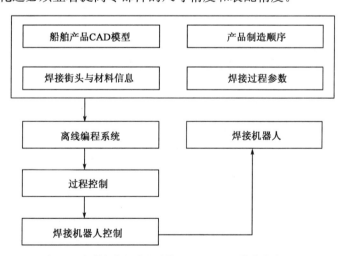

图 11-7　船舶焊接机器人系统 CAD/CAM 系统信息流程图

（二）全位置智能焊接机器人研究与发展

1. 直轨道焊接机器人研究与工程应用

GDC-1 轨道式焊接机器人已成功应用于国家体育场"鸟巢"工程钢结构焊接中,在"鸟巢"

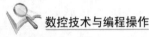

工程九号柱实施了横焊,并在十六号柱实施了立焊及仰焊,如图11-8所示。

GDC-1轨道式焊接机器人全位置自动焊焊缝成形美观,焊缝超声无损检测合格,焊接质量稳定,自动焊焊接速度快,效率高,满足现场焊接施工要求。该型焊接机器人在大连期货大楼工程建设焊接施工中也得到应用,如图11-9所示。

图11-8　GDC-1轨道式焊接机器人在国家
体育场"鸟巢"工程现场施焊

图11-9　GDC-1轨道式焊接机器人在大连期货大楼工程
现场焊接

药芯焊丝气体保护自动横焊工艺参数如下:母材为Q345C,壁厚20mm,焊缝长度1200mm,坡口形式为单面V形坡口加垫板,ϕ1.2mm药芯焊丝,纯CO_2气体保护,流量35L/min,横焊;焊接电流180～200A,焊接电压28～30V,焊接速度330～360mm/min;焊条电弧焊打底,填充及盖面均采用自动焊。

实心焊丝气体保护自动立焊工艺参数如下:母材为Q345C,壁厚30mm,焊缝长度1200mm,坡口形式为单面V形坡口加垫板,ϕ1.2mm实心焊丝,纯CO_2气体保护,流量70L/min,立焊;焊接电流180～200A,焊接电压28～30V,摆动焊接,焊接速度20mm/min;打底、填充及盖面均采用自动焊。

药芯焊丝气体保护焊自动仰焊工艺参数如下:母材为Q345C,壁厚30mm,焊缝长度1200mm,坡口形式为单面V形坡口加垫板,ϕ1.2mm药芯焊丝,纯CO_2气体保护,流量70 L/min,横焊;焊接电流180～200A,焊接电压28～30V,焊接速度250～280mm/min;焊条电弧焊打底,填充及盖面均采用自动焊。

2.管道焊接机器人研究与工程应用

GDC-3管道自动焊接机器人成套设备适用于管道的内外环缝焊接:采用刚性圆轨道,可以焊接114mm以上的所有管道外环缝,如图11-10所示。采用相应规格的刚性圆轨道,能够同时满足500mm以上管道的内壁环缝的自动化焊接。

GDC-3管道自动焊接机器人成套设备在上海五冶完成了高强钢压力钢管的焊接工艺试验,如图11-11所示,通过中国冶金科工集团的技术鉴定,已用于宝钢高强钢压力钢管全位置全自动焊接。所焊管径ϕ(133～4273)mm,壁厚30～42mm,采用实心焊丝CO_2气体保护焊。

3.管道焊接机器人全自动打底焊研究

与珠海科盈公司合作,采用 GDC-3 管道焊接机器人与奥地利 Fronius 公司的 CMT 焊机完成了管道全位置全自动打底焊研究,如图 11-12 所示,并摸索出了一套全新的 MIG 全自动打底焊工艺。图 11-13 为 MIG 全自动打底焊工艺成果在供水管道预制现场的应用。

图 11-10　GDC-3 机器人焊接管道外环缝

图 11-11　GDC-3 机器人在上海五冶焊接工艺试验

图 11-12　管道焊接机器人全自动打底焊

图 11-13　供水管道现场打底焊试验

4.柔性轨道焊接机器人研究与工程应用

柔性轨道全位置焊接机器人,可选用直导轨、圆导轨、柔性轨道,实现各种复杂曲面的全位置焊接;具有在线焊缝轨迹示教记忆跟踪功能以及在线全位置焊接参数控制、离线焊接参数设置等智能控制程序;可适应不规则焊缝的轨迹跟踪,实现多层多道焊及全位置焊的自动化焊接,如内外球面的焊接、储罐的直缝焊接、"S"或"W"形的渐变复杂曲面的焊接。

RHC-2 型柔性导轨焊接机器人已成功应用于广东省韶关钢铁集团的大烟道除尘管道的焊接工程,如图 11-14 所示。大烟道的直径为 4m,根据排版下料的要求,每节烟道长度一般不超过 1.8m,焊接机器人同时配备两套导轨,实现两个相邻焊缝之间的交替焊接。另外,大型管道现场安装,高空作业,难度大,坡口精度难以保证,机器人充分利用其记忆示教功能和灵活的微调节功能,完成了焊接。

5.无导轨全位置焊接机器人研究与应用

无导轨磁轮自由行走式全位置焊接机器人系列产品包括 BIPT-3 全位置智能焊接机器人、BIPT-5 无导轨全位置焊接机器人、QB-1 轻便型无导轨全位置焊接机器人等。该系列焊接机器人采用 PLC 为主控制器,配有自主研制的 CCD 光电传感器、激光传感器或视频监控系统。此系统在焊接过程中实时控制焊枪依照焊缝跟踪线运动,其跟踪精度高,在多层多道焊接

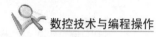
数控技术与编程操作

时,无累积跟踪误差。具有手控盒输入/输出模块及液晶显示输入模块,焊接操作十分方便。同时还具有位置检测传感器及焊接参数存储控制模块,可存储并实时调用全位置焊接参数,适合大厚板的多层多道全位置焊接作业。该新型无导轨全位置焊接机器人行走机构采用行车式四磁轮柔性行走机构。这种类型全位置焊接机器人可用于压力钢管、大型球罐的现场焊接,各种储罐的厂内和现场焊接,钢板的全位置焊接及船体焊接。

焊接机器人可存储记忆各种全位置焊接参数,识别焊接位置,易于实现全位置自动焊接。全位置智能焊接机器人,如图 11-15 所示,已在多个工程施工中得到应用,如中国石油化工集团第十建筑公司 1000H13 球罐工程;福州的大型空分槽罐焊接;山西水电项目焊接等。

图 11-14 RHC-2 型柔性轨道焊接机器人在广东韶钢现场焊接直径 4m 的大烟道

图 11-15 全位置智能焊接机器人

习　题

1. 简述船舶焊接机器人研究的主要进展。

2. 制定 GDC-1 轨道式焊接机器人工艺参数:母材为 Q345C,壁厚 20mm,焊缝长度 1200mm,坡口形式为单面 V 形坡口加垫板。

3. 简述柔性轨道全位置焊接机器人焊接特点。

4. 简述无导轨全位置焊接机器人结构特点。

习 题 答 案

第 1 章

1-1 数控机床由哪些部分组成？各有什么作用？

数控机床一般由输入/输出设备、数控装置、PLC、伺服系统、电气控制装置与辅助装置、测量装置及机床本体组成。各组成部分的作用如下：

(1)输入/输出设备将数控指令输入给数控装置。

(2)数控装置 CNC 是数控机床的核心，CNC 装置将输入的加工信息进行编译，由信息处理部分按照控制程序的规定，逐步存储并处理后，通过输出单元发出位置和速度指令给伺服系统和主运动控制部分。

(3)PLC 是数控机床不可缺少的控制装置。CNC 和 PLC 协调配合，共同完成对数控机床的顺序控制。

(4)伺服系统是数控机床的重要组成部分，用于实现数控机床的进给伺服控制和主轴伺服控制。伺服系统的作用是接受来自数控装置的指令信息，经功率放大、整形处理后，转换成机床执行部件的直线位移或角位移运动。

(5)检测元件通常安装在机床的工作台或丝杠上，它将数控机床各坐标轴的实际位移值检测出来并经反馈系统输入到机床的数控装置中，数控装置对反馈回来的实际位移值与指令值进行比较，并向伺服系统输出达到设定值所需的位移量指令。

(6)机床本体。它包括床身、底座、立柱、横梁、滑座、工作台、主轴箱、进给机构、刀架及自动换刀装置等机械部件。它是在数控机床上自动地完成各种切削加工的机械部分。

(7)辅助装置是保证充分发挥数控机床功能所必需的配套装置。

1-2 什么叫做点位控制、直线控制、轮廓控制数控机床？有何特点及应用？

(1)点位控制系统

它的特点是刀具相对工件的移动过程中，不进行切削加工，对定位过程中的运动轨迹没有严格要求，只要求从一坐标点到另一坐标点的精确定位。如数控坐标镗床、数控钻床、数控冲床、数控点焊机和数控测量机等都采用此类系统。

(2)直线控制系统

这类控制系统的特点是除了控制起点与终点之间的准确位置外，而且要求刀具由一点到另一点之间的运动轨迹为一条直线，并能控制位移的速度，因为这类数控机床的刀具在移动过程中要进行切削加工。直线控制系统的刀具切削路径只沿着平行于某一坐标轴方向运动，或者沿着与坐标轴成一定角度的斜线方向进行直线切削加工。采用这类控制系统的机床有数控车床、数控铣床等。

(3)轮廓控制系统

轮廓控制系统也称连续控制系统。其特点是能够同时对两个或两个以上的坐标轴进行连续控制。加工时不仅要控制起点和终点位置，而且要控制两点之间每一点的位置和速度，使机床加工出符合图纸要求的复杂形状(任意形状的曲线或曲面)的零件。它要求数控机床的辅助功能比较齐全。CNC 装置一般都具有直线插补和圆弧插补功能。如数控车床、数控铣床、数控磨床、数控加工中心、数控电加工机床、数控绘图机等都采用此类控制系统。

这类数控机床绝大多数具有两坐标或两坐标以上的联动功能,不仅有刀具半径补偿、刀具长度补偿功能,而且还具有机床轴向运动误差补偿,丝杠、齿轮的间隙补偿等一系列功能。

1-3 简述开环、闭环、半闭环伺服系统的区别。

开环、闭环、半闭环伺服系统的区别就是看其有无检测反馈元件及其检测装置。

开环控制系统不带位置测量元件,数控装置根据指令信号发出指令脉冲,使伺服驱动元件转过一定的角度,并通过传动部件,使执行机构(如工作台)移动或转动。开环控制系统简单,调试维修方便,工作稳定,成本较低。

闭环控制系统带有位置测量元件,位置测量元件装在数控机床的工作台上,测出工作台的实际位移量后,反馈到数控装置的比较器中与指令信号进行比较,并用比较后的差值进行控制。闭环伺服系统的优点是精度高、速度快。

半闭环伺服系统介于开环和闭环之间,这种控制系统不是直接测量工作台的位移量,而是通过角位移测量元件测量伺服机构中电动机或丝杠的转角,来间接测量工作台的位移。半闭环系统调试方便,稳定性好,成本也低。

1-4 数控机床适合加工什么样的零件?

数控机床最适宜加工以下类型的零件:

(1)生产批量小的零件;

(2)需要进行多次改型设计的零件;

(3)加工精度要求高、结构形状复杂的零件,如箱体类,曲线、曲面类零件;

(4)需要精确复制和尺寸一致性要求高的零件;

(5)价值昂贵的零件,这种零件虽然生产量不大,但是如果加工中因出现差错而报废,将产生巨大的经济损失。

1-5 加工中心与普通数控机床的区别是什么?

加工中心是在普通数控机床的基础上增加了自动换刀装置及刀库,并带有自动分度回转工作台及其他辅助功能,从而使工件在一次装夹后,可以连续、自动完成多个平面或多个角度位置的铣、车、钻、扩、铰、镗、攻丝、铣削等工序的加工,工序高度集中。

1-6 什么是 FMS? 由哪几部分组成?

FMS 是集自动化加工设备、物流和信息流自动处理为一体的智能化加工系统。

柔性制造系统是由加工系统(由一组数控机床和其他自动化工艺设备,如清洗机、成品试验机、喷漆机等组成)、智能机器人、全自动输送系统及自动化仓库组成。

1-7 什么是 CIMS 系统?

CIMS 是用于制造业工厂的综合自动化大系统。它在计算机网络和分布式数据库的支持下,把各种局部的自动化子系统集成起来,实现信息集成和功能集成,走向全面自动化,从而缩短产品开发周期、提高质量、降低成本。

第 2 章

2-1　数控机床从机械结构来说,有哪几部分组成?

数控机床的机械系统是指数控机床的主机部分,包括主运动传动系统、进给运动系统、自动换刀系统、支承系统等,主要由传动件、轴承、传动部件、移动部件、导轨支承部件等组成。

2-2　数控机床机械结构上有哪些特点?

(1)主运动常用交流或直流电动机拖动,采用变频调速,简化了主传动系统的机械结构,而且转速高、功率大、速度变换迅速、可靠;能无级变速,合理选择切削用量。

(2)主轴部件和支承件均采用了刚度和抗振性较好的新型结构。如采用动静压轴承的主轴部件,采用钢板焊接结构的支承件等。

(3)采用了摩擦因数很低的塑料滑动导轨、滚动导轨和静压导轨,以提高机床运动的灵敏性。

(4)进给传动中,一方面采用无间隙的传动装置和元件,如滚珠丝杠副、静压蜗杆蜗条副、预加载荷的双齿轮齿条副等。另一方面采用消除间隙措施,如偏心套式、锥度齿轮式及斜齿轮垫片错齿等消隙结构。

(5)采用了多主轴、多刀架的结构,以提高单位时间内的切削功率。

(6)具有自动换刀和自动交换工件的装置,以减少停机时间。

(7)采用自动排屑、自动润滑装置等。

2-3　对数控机床进行总体布局时,需要考虑哪些方面的问题?

(1)高刚度;

(2)高抗振性;

(3)减少机床的热变形;

(4)提高进给运动的动态性能和定位精度。

2-4　数控机床如何实现主轴分段无级变速及控制?

现代数控机床的主运动广泛采用无级变速传动,用交流调速电机或直流调速电机驱动,它们能方便地实现无级变速,且传动链短,传动件少,提高了变速的可靠性,其制造精度则要求很高。其主传动主要有以下三种形式:

(1)带有变速齿轮的主运动;

(2)带有定比传动的主运动;

(3)由主轴电机直接驱动。

机床主轴由内装式电动机直接驱动,从而把机床主传动链的长度缩短为零,实现了机床的"零传动"。这种主轴电动机与机床主轴"合二为一"的传动结构形式,使主轴部件从机床的传动系统和整体结构中相对独立出来,因此可做成"电主轴"。

2-5　数控机床主轴部件一般由哪些组成?

由主轴轴承、主轴辅助装置组成。

2-6　简述主轴准停装置的工作原理及作用。

机械方式首先采用机械凸轮机构或光电盘方式进行粗定位,然后有一个液动或气动的定位销插入主轴上的销孔或销槽实现精确定位,完成换刀后定位销退出,主轴才开始旋转。

电气式主轴准停装置,即用电磁传感器检测定向。

数控铣床和镗床以及以镗铣为主的加工中心上,在每次机械手自动装取刀具时,必须保证刀柄上的键槽对准主轴的端面键,这就要求主轴具有准确定位的功能,即主轴准停装置。

2-7 简述数控机床对进给系统机械传动机构的要求。

(1)高的传动精度与定位精度;(2)宽的进给调速范围;(3)响应速度要快;(4)无间隙传动;(5)稳定性好、寿命长;(6)使用维护方便。

2-8 在设计和选用机械传动结构时,必须考虑哪些问题?

数控机床进给运动系统,尤其是轮廓控制的进给运动系统,必须对进给运动的位置和运动的速度两个方面同时实现自动控制,与普通机床相比,要求其进给系统有较高的定位精度和良好的动态响应特性。为确保数控机床进给系统的传动精度和工作平稳性等,必须考虑以下问题:传动精度与定位精度要高、进给调速范围宽、响应速度要快、无间隙要控制、稳定性要好、寿命长、使用维护要方便。

2-9 为什么在数控机床的进给系统中普遍采用滚珠丝杠副?

滚珠丝杠螺母副是回转运动与直线运动相互转换的一种新型传动装置,在数控机床上得到了广泛的应用。它的结构特点是在具有螺旋槽的丝杠螺母间装有滚珠作为中间传动元件,能大大减少摩擦。

2-10 滚珠丝杠螺母副有何特点? 其间隙的调整结构形式有哪些?

滚珠丝杠副的特点是:

(1)传动效率高,摩擦损失小。滚珠丝杠副的传动效率 $\eta=0.92\sim0.96$,比常规的丝杠螺母副提高 3~4 倍。因此,功率消耗只相当于常规的丝杠螺母副的 1/4~1/3。

(2)给予适当预紧,可消除丝杠和螺母的螺纹间隙,反向时就可以消除空行程死区,定位精度高,刚度好。

(3)运动平稳,无爬行现象,传动精度高。

(4)运动具有可逆性,可以从旋转运动转换为直线运动,也可以从直线运动转换为旋转运动,即丝杠和螺母都可以作为主动件。

(5)磨损小,使用寿命长。

(6)制造工艺复杂。滚珠丝杠和螺母等元件的加工精度要求高,表面粗糙度也要求高,故制造成本高。

(7)不能自锁。特别是对于垂直丝杠,由于自重惯力的作用,下降时当传动切断后,不能立刻停止运动,故常需添加制动装置。

常用的螺母丝杠消除间隙方法有:

(1)垫片调隙式;(2)螺纹调隙式;(3)齿差调隙式。

除了上述三种双螺母加预紧力的方式外,还有单螺母变导程自预紧及单螺母钢球过盈预紧方式。

2-11 数控机床的进给传动齿轮为什么要消除齿侧间隙? 消除齿侧间隙的措施有哪些? 各有什么优缺点?

数控机床进给系统由于经常处于自动变向状态,齿侧间隙会造成进给反向时丢失指令脉冲,并产生反向死区从而影响加工精度,因此必须采取措施消除齿轮传动中的间隙。

消除齿侧间隙的措施有偏心套间隙调整结构、带有锥度的齿轮间隙调整结构、斜齿圆柱齿轮轴向垫片间隙调整结构。这几种齿侧间隙的调整方法,结构比较简单,传动刚性好,但调整之后间隙不能自动补偿,且必须严格控制齿轮的齿厚和齿距公差,否则将影响传动的灵活性。双齿轮拉簧错齿间隙的调整结构能自动补偿间隙,但结构复杂,传动刚度差,能传递的转矩小。

2-12 数控机床对导轨有哪些要求?

(1)高的导向精度;(2)足够的刚度;(3)良好的耐磨性;(4)低速平稳性;(5)结构工艺性。

2-13 数控机床常用的导轨有哪几种?各有什么特点?

滑动导轨和滚动导轨是数控机床常用的导轨。

在数控机床上常用的滑动导轨有液体静压导轨、气体静压导轨和贴塑导轨。

(1)液体静压导轨:摩擦系数极低,多用于进给运动导轨。

(2)气体静压导轨:这种导轨摩擦系数小,不易引起发热变形,但会随空气压力波动而使空气膜发生变化,且承载能力小,故常用于负荷不大的场合。

(3)贴塑导轨:其优点是导轨面的摩擦系数低,且动静摩擦系数接近,不易产生爬行现象;塑料的阻尼性能好,具有吸收振动能力,可减小振动和噪声;耐磨性、化学稳定性、可加工性能好;工艺简单、成本低。

滚动导轨的最大优点是摩擦系数很小,比贴塑料导轨还小很多,且动、静摩擦系数很接近,因而运动轻便灵活,在很低的运动速度下都不出现爬行,低速运动平稳性好,位移精度和定位精度高。滚动导轨的缺点是抗振性差,结构比较复杂,制造成本较高。

第 3 章

3-1 数控回转工作台的功用如何?试述其工作原理。

数控回转工作台功能是按数控系统的指令,带动工件实现连续回转运动。回转速度是无级、连续可调的,同时,能实现任意角度的分度定位。

3-2 分度工作台的功用如何?试述其工作原理。

分度工作台的功用是将工件转位换面,和自动换刀装置配合使用,实现工件一次安装后完成几个面的多种工序,提高工作效率。分度工作台的分度、转位和定位工作,是按照控制系统的指令自动地进行,每次转位回转一定的角度(如 90°、60°或 45°等),但实现工作台转位的机构并不能达到分度精度的要求,所以要有专门的定位元件来保证。

以齿盘式分度工作台为例,它既可以作为机床的标准附件,用 T 形螺钉紧固在机床工作台上使用,也可以和数控机床的工作台设计成一个整体。齿盘分度机构的向心多齿啮合,应用了误差平均原理,因而能够获得较高的分度精度和定心精度(分度精度为 $\pm 0.4''\sim\pm 3''$)。

3-3 常见的刀库有哪几种?各有何特点?

(1)盘式刀库

①单盘式刀库结构简单,取刀方便,应用广泛。单盘式刀库一般存放 15～40 把刀具,刀库上刀具轴线可按不同方向配置,为适应机床主轴的布局,如轴向、径向或斜向。

②刀具可作 90°翻转的圆盘刀库,采用这种结构可以简化取刀动作。但由于单圆盘刀库换刀时间长,一般只适用于则刀库容量较小的加工中心。

（2）链式刀库

链式刀库的结构有较大的灵活性，有单排链式刀库、多排链式刀库和加长链条的链式刀库，单排链式刀库的缺点是如果刀具储存量过大，将使刀库过高。为了增加储存量，可采用多排链式刀库，这种刀库常独立安装于机床之外，占地面积大，由于刀库远离主轴，必须有刀具中间搬运装置，整个换刀系统结构复杂，只有在必要时采用。加长链条的链式刀库，采用增加支承链轮数目的方法，使链条折叠回绕，提高其空间利用率，从而增加了刀库的储存量。

此外，还有鼓轮弹仓式（又称刺猬式）、多盘式和格子式刀库等，其中，鼓轮弹仓式刀库的结构紧凑，在相同空间内，它的刀库容量最大。其他几种刀库储存量也较大，但都结构复杂，选刀和取刀动作多，已经很少用于单机加工中心，多用于FMS的集中供刀系统。

3-4　常用的刀具交换装置有哪几种？各有何特点？

（1）利用刀库与机床主轴的相对运动实现刀具交换的装置

特点：选刀和换刀由三个坐标轴的数控定位系统来完成，每交换一次刀具，工作台和主轴箱就必须沿着三个坐标轴作两次来回的运动，因而增加了换刀时间。另外，由于刀库置于工作台上，还会使工作台的有效使用面积减少。

（2）刀库—机械手的刀具交换装置

特点：采用机械手进行刀具交换的方式应用得最为广泛，这是因为机械手换刀有很大的灵活性，而且可以减少换刀时间。在各种类型的机械手中，双臂机械手集中地体现了以上的优点。在刀库远离机床主轴的换刀装置中，除了机械手以外，还带有中间搬运装置。

3-5　数控机床为何需专设排屑装置？目的何在？

数控机床在单位时间内金属切削量大大高于普通机床，而工件上的多余金属在变成切屑后所占的空间将成倍加大。这些切屑堆占加工区域，如果不及时排除，必将会覆盖或缠绕在工件和刀具上，使自动加工无法继续进行。此外，灼热的切屑向机床或工件散发的热量，会使机床或工件产生变形，影响加工精度。因此，迅速而有效地排除切屑，对数控机床加工而言是十分重要的，而排屑装置正是完成这项工作的一种必备的附属装置。排屑装置的主要工作是将切屑从加工区域排出数控机床之外。在数控车床和磨床上的切屑中往往混合着切削液，排屑装置从其中分离出切屑，并将它们送入切屑收集箱（车）内，而切削液则被回收到冷却液箱。数控铣床、加工中心和数控镗铣床的工件安装在工作台上，切屑不能直接落入排屑装置，故往往需要采用大流量冷却液冲刷，或压缩空气吹扫等方法使切屑进入排屑槽，然后再回收切削液并排出切屑。

3-6　常见排屑装置有几种？各应用于何种场合？

排屑装置的种类繁多，典型的有以下几种：

（1）平板链式排屑装置。该装置以滚动链轮牵引钢质平板链带在封闭箱中运转，加工中的切屑落到链带上被带出机床。这种装置能排除各种形状的切屑，适应性强，各类机床都能采用。在车床上使用时多与机床冷却液箱合为一体，以简化机床结构。

（2）刮板式排屑装置。该装置的传动原理与平板链式基本相同，只是链板不同，它带有刮板链板。这种装置常用于输送各种材料的短小切屑，排屑能力较强。因负载大，故需采用较大功率的驱动电机。

（3）螺旋式排屑装置。该装置是利用电机经减速装置驱动安装在沟槽中的一根长螺旋杆进行工作的。螺旋杆转动时,沟槽中的切屑即由螺旋杆推动连续向前运动,最终排入切屑收集箱。螺旋杆有两种结构型式,一种是用扁型钢条卷成螺旋弹簧状;另一种是在轴上焊有螺旋形钢板。这种装置占据空间小,适于安装在机床与立柱间空隙狭小的位置上。螺旋式排屑结构简单,排屑性能良好,但只适合沿水平或小角度倾斜的直线方向排运切屑,不能大角度倾斜、提升或转向排屑。

第 4 章

4-1 简述标准坐标系规定的基本原则。

1.机床相对运动的规定

在机床上,我们始终认为工件静止,而刀具是运动的。这样编程人员在不考虑机床上工件与刀具具体运动的情况下,就可以依据零件图样,确定机床的加工过程。

2.标准坐标(机床坐标)系的规定

在数控机床上,机床的动作是由数控装置来控制的,为了确定机床上的成形运动和辅助运动,必须先确定机床上运动的方向和运动的距离,这就需要一个坐标系才能实现,这个坐标系就称为机床坐标系。

标准机床坐标系中 X、Y、Z 坐标轴的相互关系用右手笛卡尔直角坐标系决定。

4-2 试述 CNC 系统的基本组成及其主要功能。

CNC 系统的基本组成及其主要功能如下图所示。

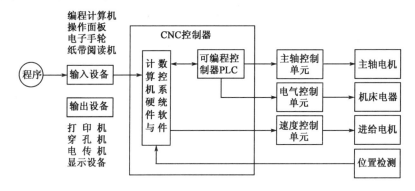

4-3 CNC 系统的单微处理器结构和多微处理器结构各有何特点?

(1)单微处理器结构 CNC 装置只有一个微处理器能够控制总线,占有总线资源,而多微处理器结构 CNC 装置有多个微处理器。

(2)单微处理器结构 CNC 装置采用以总线为中心的计算机结构,而多微处理器结构 CNC 装置各模块之间的互连和通信除了采用共享总线结构外,还采用共享存储器结构。

(3)单微处理器结构 CNC 装置有大板和模块两种结构形式,而多微处理器结构 CNC 装置都采用模块化结构形式。

(4)单微处理器结构 CNC 装置的功能受微处理器的字长、数据宽度、寻址能力和运算速度等因素的限制,用于控制功能不十分复杂的数控机床中。多微处理器结构 CNC 装置适合多轴控制、高进给速度、高精度、高效率的数控机床。

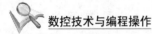

（5）与单微处理器结构 CNC 装置相比,多微处理器结构 CNC 装置具有更好的适应性和扩展性,使故障对系统的影响更低。

4-4　什么叫脉冲? 它在数控机床加工中起什么作用?

每次插补结束仅向各运动坐标轴输出一个控制脉冲,各坐标仅移动一个脉冲当量或行程的增量。脉冲序列的频率代表坐标运动的速度,而脉冲的数量代表运动位移的大小。

4-5　什么是插补? 简述插补原理。

插补是指在轮廓控制系统中,根据给定的进给速度和轮廓线形的要求等"有限信息",在已知数据点之间插入中间点的方法,这种方法称为插补方法。插补的实质就是数据点的"密化"。插补的结果是输出运动轨迹的中间坐标值,机床伺服驱动系统根据这些坐标值控制各坐标轴协调运动,加工出预定的几何形状。

4-6　简述逐点比较法的原理。

它的原理是以区域判别为特征,每走一步都要将加工点的瞬时坐标与规定的图形轨迹相比较,判断其偏差,然后决定下一步的走向。如果加工点走到图形外面,那么下一步就要向图形里面走;如果加工点在图形里面,则下一步就要向图形外面走,以缩小偏差。每次只进行一个坐标轴的插补进给。通过这种方法能得到一个接近规定图形的轨迹,而最大偏差不超过一个脉冲当量。

4-7　简述刀具补偿的概念、分类以及刀补的执行过程。

在数控加工中有 2 种刀具补偿:刀具长度的补偿;刀具半径补偿。

由于刀具总有一定的半径,刀具中心的运动轨迹与所需加工零件的实际轮廓并不重合。在进行外轮廓加工时,刀具中心又偏离零件的外轮廓表面一个刀具半径值,这种偏移,称为刀具半径补偿。

当刀具的长度尺寸发生变化而影响工件轮廓的加工时,数控系统应对这种变化实施补偿,即刀具长度补偿。

刀具补偿的过程分三步:刀补建立、刀补进行、刀补撤消。

第 5 章

5-1　简述数控机床伺服系统的组成和分类。

一般数控伺服控制系统基本组成如下图所示。

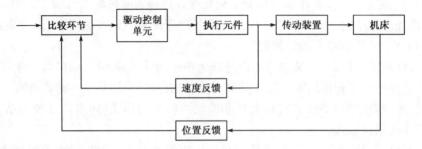

伺服系统分类:

按有无检测反馈装置伺服系统可分为开环、半闭环和闭环三种类型。

按使用的驱动元件分类可将伺服系统分为电液伺服系统和电气伺服系统。

按执行元件的类别分类可将伺服系统分为直流伺服系统和交流伺服系统。

5-2 数控机床对伺服系统有哪些基本要求?

对伺服系统的要求可以概括为:

1. 高精度

为了满足机床的加工精度,关键是保证数控机床的定位精度和进给跟踪精度,位置伺服系统的定位精度一般要求能达到 $1\mu m$ 甚至 $0.1\mu m$。伺服系统的分辨率一般能达到 $1\mu m$,高精度的机床可达到 $0.1\mu m$。

2. 可逆运行

要求机床可以灵活的可逆运行,同时保证在方向改变时不应该有反向间隙和运动的损失。

3. 响应快

一方面要缩短伺服系统在频繁启动、制动、加速和减速等动态过程中的过渡时间,以便提高生产效率并保证加工质量;另一方面,当负载突变时,过渡恢复时间要短,且无振荡,从而保证得到光滑的加工表面。

4. 调速范围宽

要求伺服系统必须有足够的调速范围。对一般数控机床而言,进给速度范围在 $0\sim24m/min$ 时,都可以满足加工要求;在低速运转时,还要求电动机能平稳运行,输出较大的转矩。

5. 系统可靠性高

5-3 简述步进电动机的分类及其工作原理。

一般来说步进电动机可分为反应式步进电动机、永磁式步进电动机和混合式步进电动机三大类。

步进电动机的工作原理如下(参见第 5 章图 5-11):

当 A 相绕组通电时,由于磁通总是向着磁阻最小的路径闭合,这就使得转子齿 1、3 和定子极 A、A'对齐,当 A 相绕组断电,B 相通电时,就会使得转子齿 2、4 和定子极 B、B'对齐,转子在空间转过 θ 角度,当 A、B 相都断电,C 相绕组通电时,转子齿 1、3 就会和定子极 C、C'对齐,转子在空间又转过 θ 角度,如此循环,并按 A-B-C-A 的顺序通电,电动机便按一定的方向转动。电动机的转速直接取决于绕组通电或断电的变化频率。如果按 A-C-B-A 的顺序通电,电动机就反向转动。

三相步进电动机除了单三拍通电方式外,还经常工作在三相单、双六拍通电方式。这是通电顺序为:A-AB-B-BC-C-CA-A,或者 A-AC-C-CB-B-BA-A。也就说先接通 A 相绕组,以后再同时接通 A、B 相绕组,然后断开 A 相绕组,使 B 相绕组单独接通;在同时接通 B、C 相绕组,依次进行,电机逆时针转动,如果通电顺序改为 A-AC-C-CB-B-BA-A 时,电动机将按顺时针方向转动。

5-4 简述直流伺服电动机的分类和工作原理。

直流伺服电机分类主要为两大类:(1)有刷电机;(2)无刷电机。

直流电动机运行时,将直流电源加于电刷 A 和 B 上,A 接正,B 接负,则线圈中流过顺时针电流(从右侧看),此时线圈中垂直于磁场方向的导体受到电磁力的作用,这对电磁力形成一个转矩,称为电磁转矩,当电枢转过 $180°$ 时,线圈通过换向片继续上次的动作。由此可见,加

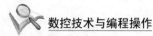

在直流电动机上的直流电源,借助于换向器和电刷的作用,变为电枢线圈的交变电流,由于电枢线圈所处的磁极也是同时交变的,从而使电枢产生的电磁转矩的方向恒定不变,确保直流电动机朝确定的方向连续旋转。这就是直流电机的基本工作原理。

5-5 简述交流伺服电动机的分类和工作原理。

交流伺服电动机主要有同步型交流伺服电动机和异步型交流伺服电动机。

当控制绕组加上的控制电压不为 0,且产生的控制电流与励磁电流的相位不同时,建立起椭圆形旋转磁场,于是产生起动力矩,电机转子转动起来。伺服电动机在控制信号消失后仍继续旋转的失控现象称为"自转"。消除"自转"的方法是消除与原转速方向一致的电磁转矩,同时产生一个与原转速方向相反的电磁转矩,使电机在控制电压消失时停止转动,可以通过增加转子电阻的办法来消除"自转"。

5-6 数控机床对位置检测装置有哪些要求?怎样对位置检测装置进行分类。

数控车床伺服系统对位置检测装置的主要要求有:

(1)分辨率和制造精度高,工作可靠抗干扰能力强;

(2)灵敏度和精度高,能满足数控机床伺服系统的检测精度要求;

(3)体积小,成本低;

(4)安装维护方便,适应机床工作环境。

位置检测装置分类:

按测量方式可以分为直接测量型和间接测量型;按运动形式可以分为回转型和直线型;按测量编码方式可以分为增量式和绝对式;按检测信号的类型可以分为数字式和模拟式。

5-7 简述感应同步器的结构和工作原理。

(1)感应同步器的结构

直线式感应同步器由定尺和滑尺组成。定尺和滑尺平行安装,且有一定的间隙。定尺的表面制有连续的平面绕组,滑尺上制有两组分段绕组,分别称为正弦绕组和余弦绕组,这两段绕组相对于定尺绕组在空间上错开 1/4 的节距。

(2)感应同步器的工作原理

当在滑尺两个绕组中的任意一个绕组上加激励电压时,由于电磁感应,在定尺绕组中会感应出相应频率的感应电压,通过对感应电压的测量,可以精确的测量位移量。

5-8 简述光电编码器的结构和工作原理。

(1)光电编码器的结构

在一个圆盘的圆周上刻有间距相等的细密线纹,分为透明和不透明两部分,称为圆盘形主光栅。主光栅和转轴一起旋转。在主光栅刻线的圆周位置,与主光栅平行的放置一个固定的指示光栅,它是一小块扇形薄片,制有三个狭缝。还有用于信号处理的印刷电路板。

(2)光电编码器的工作原理

光电码盘随被测轴一起转动,在光源的照射下,透过光电码盘和光栅板形成忽明忽暗的光信号,光敏元件把此光信号转换成电信号,通过信号处理装置的整形、放大等处理后输出。输出的波形有六路:A、$\overline{A}$、B、$\overline{B}$、Z、$\overline{Z}$。

A、B 两相的作用:根据脉冲的数目可得出被测轴的角位移;根据脉冲的频率可得被测轴的转速;根据 A、B 两相的相位超前滞后关系可判断被测轴旋转方向。

Z相的作用:被测轴的周向定位基准信号;被测轴的旋转圈数计数信号。

5-9 简述光栅位置检测装置的结构和工作原理。

1.光栅检测装置的结构

长光栅检测装置是由标尺光栅和光栅读数头构成的。当光栅读数头相对于标尺光栅移动时,指示光栅便在标尺光栅上相对移动,标尺光栅和指示光栅的平行度以及两者间的间隙有严格保证(0.05~0.1mm)。标尺光栅和指示光栅统称为光栅尺,它们是在真空镀膜的玻璃片或长条形金属镜面上光刻出均匀密集的纹线,称为光栅条纹。

2.光栅工作原理

指示光栅与标尺光栅栅距 p 相同,平行放置,并将指示光栅在自身平面内转过一个很小的角度 θ 使两光栅的刻线相交。当光源照射时,在线纹相交钝角的平分线方向,出现明暗交替,间距相等的条纹,称为莫尔条纹,莫尔条纹具有以下几个特征:

(1)放大作用;

(2)误差均匀化;

(3)利用莫尔条纹测量位移。

标尺光栅相对指示光栅移动一个栅距,对应莫尔条纹移动一个节距。利用这个特点就可测量位移:在光源对面的光栅尺背后固定一个光电元件,莫尔条纹移动一个节距,莫尔条纹明一暗一明变化一周。光电元件接受的光按强一弱一强变化一周,输出一个近似正弦变化的信号,信号变化一周。根据信号的变化次数,就可测量位移量,即移动了多少个栅距,从而测量出移动多少位移。

第 6 章

项目一

1.数控加工工艺分析应该注意哪些问题?

(1)零件图的尺寸标注;

(2)构成零件轮廓的几何元素条件;

(3)保证基准统一原则;

(4)分析工件结构的工艺性。

2.数控加工零件结构工艺性应该注意什么?

(1)工件的内腔与外形应尽量采用统一的几何类型和尺寸;

(2)工件内槽及缘板间的过渡圆角半径不应过小;

(3)工件槽底圆角半径不宜过大。

项目二

1.数控车削加工划分工序和工步的原则有哪些?

制定零件数控车削加工工序,一般应该遵循下列原则:

(1)先加工定位面,即前道工序的加工能够为后面的工序提供精加工基准和合适的装夹表面。制定零件的整个工艺路线实质上就是从最后一道工序开始从后往前推,按照前道工序为

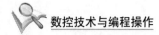

后道工序提供基准的原则来进行安排的。

（2）先加工平面后加工孔，先加工简单的几何形状，后加工复杂的几何形状。

（3）对于零件精度要求高，粗、精加工需要分开的零件，先进行粗加工后进行精加工。

（4）以相同定位、夹紧方式安装的工序，应该连接进行，以便减少重复定位次数和夹紧次数。

（5）加工中间穿插有通用机床加工工序的零件加工，要综合考虑合理安排加工顺序。

工步顺序的安排原则：

（1）先粗后精；

（2）先近后远；

（3）内外交叉；

（4）保证工件加工刚度原则；

（5）同一把车刀尽量连续加工原则。

2. 数控车削加工走刀路线确定的原则是什么？其粗加工的路线要注意哪些方面？

走刀路线确定的原则：

（1）寻求最短加工路线；

（2）最终轮廓一次走刀完成；

（3）选择切入切出方向；

（4）选择使工件在加工后变形小的路线。

在实际加工中，要根据情况选择最短的粗加工进给路线。切削进给加工路线减短，可以有效地降低刀具的损耗，提高生产效率。

3. 数控车削加工精加工路线确定应该注意哪些方面？

对于数控车削精加工进给路线的确定应注意以下几个问题：

（1）零件成型轮廓的进给路线：在安排进行一刀或多刀加工的精车进给路线时，零件的最终成型轮廓应该由最后一刀连续加工完成，并且要考虑到加工刀具的进刀、退刀位置；尽量不要在连续的轮廓轨迹中安排切入、切出以及换刀和停顿，以免造成工件的弹性变形、表面划伤等缺陷。

（2）加工中需要换刀的进给路线：主要根据工步顺序的要求来决定各把加工刀具的先后顺序以及各把加工刀具进给路线的衔接。

（3）刀具切入、切出以及接刀点的位置选择：加工刀具的切入、切出以及接刀点，应该尽量选取在有空刀槽，或零件表面间有拐点和转角的位置处，曲线要求相切或者光滑连接的部位不能作为加工刀具切入、切出以及接刀点的位置。

（4）如果零件各加工部位的精度要求相差不大，应以最高的精度要求为准，一次连续走刀加工完成零件的所有加工部位；如果零件各加工部位的精度要求相差很大，应把精度接近的各加工表面安排在同一把车刀的走刀路线内来完成加工部位的切削，并应先加工精度要求较低的加工部位，再加工精度要求较高的加工部位。

项目三

1. 数控铣削加工加工路线确定应该注意哪些方面？

（1）避免引入反向间隙误差

数控机床在反向运动时会出现反向间隙，如果在走刀路线中将反向间隙带入，就会影响刀具的定位精度，增加工件的定位误差。

（2）切入切出路径

在铣削轮廓表面时一般采用立铣刀侧面刃口进行切削，由于主轴系统和刀具的刚度变化，当沿法向切入工件时，会在切入处产生刀痕，所以应尽量避免沿法向切入工件。

（3）顺、逆铣及切削方向和方式的确定

由于采用顺铣方式时，零件的表面精度和加工精度较高，并且可以减少机床的"颤振"，所以在铣削加工零件轮廓时应尽量采用顺铣加工方式。

若要铣削内沟槽的两侧面，就应来回走刀两次，保证两侧面都是顺铣加工方式，以使两侧面具有相同的表面加工精度。

2. 数控铣削加工时刀具切入切出路径应该注意哪些问题？

在铣削轮廓表面时一般采用立铣刀侧面刃口进行切削，由于主轴系统和刀具的刚度变化，当沿法向切入工件时，会在切入处产生刀痕，所以应尽量避免沿法向切入工件。当铣切外表面轮廓形状时，应安排刀具沿零件轮廓曲线的切向切入工件，并且在其延长线上加入一段外延距离，以保证零件轮廓的光滑过渡。同样，在切出零件轮廓时也应从工件曲线的切向延长线上切出。

当铣切内表面轮廓形状时，也应该尽量遵循从切向切入的方法，但此时切入无法外延，最好安排从圆弧过渡到圆弧的加工路线。切出时也应多安排一段过渡圆弧再退刀。当实在无法沿零件曲线的切向切入、切出时，铣刀只有沿法线方向切入和切出，在这种情况下，切入切出点应选在零件轮廓两几何要素的交点上，而且进给过程中要避免停顿。

为了消除由于系统刚度变化引起进退刀时的痕迹，可采用多次走刀的方法，减小最后精铣时的余量，以减小切削力。

在切入工件前应该已经完成刀具半径补偿，而不能在切入工件时同时进行刀具补偿，不然会产生过切现象。为此，应在切入工件前的切向延长线上另找一点，作为完成刀具半径补偿点。

项目四

1. 切削用量的选择原则是什么？

粗车时，应尽量保证较高的金属切除率和必要的刀具耐用度。选择切削用量时应首先选取尽可能大的背吃刀量 a_p，其次根据机床动力和刚性的限制条件，选取尽可能大的进给量 f，最后根据刀具耐用度要求，确定合适的切削速度 v_c。增大背吃刀量 a_p 可使走刀次数减少，增大进给量 f 有利于断屑。

精车时，对加工精度和表面粗糙度要求较高，加工余量不大且较均匀。选择精车的切削用量时，应着重考虑如何保证加工质量，并在此基础土尽量提高生产率。因此，精车时应选用较小（但不能太小）的背吃刀量和进给量，并选用性能高的刀具材料和合理的几何参数，以尽可能提高切削速度。

2. 切削用量的选择应该注意哪些问题？

（1）主轴转速：应根据零件上被加工部位的直径，并按零件和刀具的材料及加工性质等条件所允许的切削速度来确定。切削速度除了计算和查表选取外，还可根据实践经验确定，需要注意的是交流变频调速数控车床低速输出力矩小，因而切削速度不能太低。根据切削速度可以计算出主轴转速。

（2）车螺纹时的主轴转速：数控车床加工螺纹时，因其传动链的改变，原则上其转速只要能保证主轴每转一周时，刀具沿主进给轴（多为 Z 轴）方向位移一个导程即可。

在车削螺纹时，车床的主轴转速将受到螺纹的螺距 P（或导程）大小、驱动电机的升降频特性，以及螺纹插补运算速度等多种因素影响，故对于不同的数控系统，推荐不同的主轴转速选择范围。

项目五

1.简述数控加工夹具与普通机械加工的区别，并说明常用夹具的特点。

数控机床夹具必须适应数控机床的高精度、高效率、多方向同时加工、数字程序控制及单件小批生产的特点。从而与普通机械加工相比，其特点为：

（1）标准化、系列化和通用化；

（2）发展组合夹具和拼装夹具，降低生产成本；

（3）精度更高；

（4）夹具的高效自动化水平提高。

常用夹具的特点：

（1）三爪卡盘

三爪卡盘最大的优点是可以自动定心。它的夹持范围大，但定心精度不高，不适合于零件同轴度要求高时的二次装夹。

（2）软爪

采用软爪加工，由于软爪选用材料刚性较小，不易夹伤零件表面，同时可以根据不同的零件配作成不同的装夹直径，从而可以成倍地加大零件的装夹面积，使零件不易产生变形，较大地提高了零件的装夹稳定性。软爪常用于加工同轴度要求较高的工件的二次装夹。

（3）卡盘加顶尖

此种装夹方法比较安全可靠，能够承受较大的轴向切削力，安装刚性好，轴向定位准确，所以在数控车削加工中应用较多。

（4）四爪卡盘

四爪卡盘是固定在主轴的端部，用来夹持不规则的外形工件，夹持时必须注意校正。

（5）两顶尖拨盘

两顶尖定位的优点是定心正确可靠，安装方便。主要用于同轴度要求较高轴类零件或有后续加工如磨削的轴类零件。顶尖作用是进行工件的定心，并承受工件的重量和切削力。

2.使用两顶尖装夹应该注意什么问题？

使用两顶尖装夹工件时的注意事项：

（1）前后顶尖的连线应该与车床主轴中心线同轴，否则会产生不应有的锥度误差。

（2）尾座套筒在不与车刀干涉的前提下，应尽量伸出短些，以增加刚性和减小振动。

(3)中心孔的形状应正确,表面粗糙度应较好。

(4)两顶尖中心孔的配合应该松紧适当。

项目六

1. 简述可转位车刀的结构形式。

(1)杠杆式:由杠杆、螺钉、刀垫、刀垫销、刀片所组成。这种方式依靠螺钉旋紧压靠杠杆,由杠杆的力压紧刀片达到夹固的目的。其特点适合各种正、负前角的刀片,有效的前角范围为$-60°\sim+180°$;切屑可无阻碍地流过,切削热不影响螺孔和杠杆;两面槽壁给刀片有力的支撑,并确保转位精度。

(2)楔块式:由紧定螺钉、刀垫、销、楔块、刀片所组成。这种方式依靠销与楔块的挤压力将刀片紧固。其特点适合各种负前角刀片,有效前角的变化范围为$-60°\sim+180°$。两面无槽壁,便于仿形切削或倒转操作时留有间隙。

(3)楔块夹紧式:由紧定螺钉、刀垫、销、压紧楔块、刀片所组成。这种方式依靠销与楔块的压下力将刀片夹紧。其特点同楔块式,但切屑流畅不如楔块式。

此外还有螺栓上压式、压孔式、上压式等形式。

2. 可转位车刀的刀片应该如何选择?

首先根据加工内容确定刀具类型,再根据工件轮廓形状和走刀方向来选择刀片形状。主要考虑主偏角,副偏角(刀尖角)和刀尖半径值。

正三角形刀片可用于主偏角为 60°或 90°的外圆车刀、端面车刀和内孔车刀。由于此刀片刀尖角小、强度差、耐用度低,故只宜用较小的切削用量。

正方形刀片的刀尖角为 90°,比正三角形刀片的 60°要大,因此其强度和散热性能均有所提高。这种刀片通用性较好,主要用于主偏角为 45°、60°、75°等的外圆车刀、端面车刀和镗孔刀。

正五边形刀片的刀尖角为 108°,其强度、耐用度高、散热面积大。但切削时径向力大,只宜在加工系统刚性较好的情况下使用。

菱形刀片和圆形刀片主要用于成形表面和圆弧表面的加工,其形状及尺寸可结合加工对象参照国家标准来确定。

项目七

1. 数控铣削的刀具有哪些? 它们具有什么特点?

面铣刀也叫端铣刀,面铣刀的圆周表面和端面上都有切削刃。面铣刀多制成套式镶齿结构和刀片机夹可转位结构,刀齿材料为高速钢或硬质合金,刀体为 40Cr。

立铣刀是数控机床上用得最多的一种铣刀。立铣刀的圆柱表面和端面上都有切削刃,它们可同时进行切削,也可单独进行切削。结构有整体式和机夹式等,高速钢和硬质合金是铣刀工作部分的常用材料。

模具铣刀由立铣刀发展而成,可分为圆锥形立铣刀、圆柱形球头立铣刀和圆锥形球头立铣刀三种,其柄部有直柄、削平型直柄和莫氏锥柄。它的结构特点是球头或端面上布满切削刃,圆周刃与球头刃圆弧连接,可以作径向和轴向进给。铣刀工作部分用高速钢或硬质合金制造。

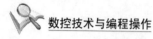

2.数控铣削加工中的刀柄系统有哪些? 有什么特点?

(1)直筒式强力铣刀柄及筒夹

直筒式强力铣刀柄夹紧力比较大,夹紧精度较好,更换不同的筒夹来夹持不同柄径的铣刀、铰刀等。在加工过程中,强力型刀柄前端直径要比弹簧夹头刀柄大,容易产生干涉。其主要使用于铣刀等直柄刀具的夹紧,在一般的加工中心机械加工中都是比较常用的。

(2)侧固式刀柄

侧固式刀柄是夹持力度大,其结构简单,相对装夹原理也很简单。但通用性不好,每一种刀柄只能装同柄径的刀具。

(3)平面铣刀柄

平面铣刀柄主要使用于套式平面铣刀盘的装夹,采用中间心轴和两边的定位键定为,采用端面内六角螺丝锁紧的。

(4)莫氏锥孔刀柄

莫氏锥孔刀柄有莫氏铣刀刀柄(MTB)、莫氏钻头刀柄 (MTA)两种。MTA 型刀柄内孔尾部开扁尾槽,适合于安装莫氏扁尾的钻头,铰刀及非标准刀柄等。MTB 型刀柄内孔尾部附带拉杆螺丝,用于莫氏锥度尾端有内螺纹的铣刀和非标准刀具等。

(5)侧铣刀柄 SCA

侧铣刀柄一般使用于两面、三面铣和锯片铣刀等刀具的安装,与其他刀柄一样,其芯轴也有公制和英制,不过除直径不一样以外,其表示方法是一样的,芯轴上开有键槽,以作为刀具的径向定位。

第 7 章

项目一

1.数控车床坐标系如何规定?

数控车床的坐标系中规定:Z 轴方向为主轴轴线方向,刀具远离工件的方向为 Z 轴正方向;X 轴方向为在工件直径方向上平行于车床横向导轨,刀具远离工件方向为 X 轴正方向。

2.简述数控编程的主要步骤。

数控编程的主要步骤如下图所示:

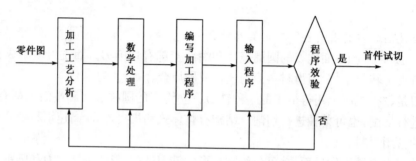

3.叙述下列程序段含义:

N0001 G00 X100 Z100;　　　　　(快速定位至 X100 Z100 坐标点)

N0002 T0101 ；   （换 1 号刀,调用 1 号刀补）

N0003 M03 S500；   （主轴正转,500r/min）

N0004 G01 X50 Z50；   （直线插补至 X50 Z50 坐标点）

N0005 M30；   （程序结束）

4. M00 与 M01 指令的区别是什么?

当数控系统执行到 M00 指令时,暂停程序的自动运行,机床进给、主轴停止;冷却液关闭,按操作面板上的"循环启动"按钮,数控系统自动运行后续程序。M01 功能是否执行,由机床操作面板上的"选择暂停"开关控制。当选择暂停开关处于 ON 状态时,程序执行到 M01 指令时,程序暂停。若"选择暂停"开关处于 OFF 状态时,则 M01 在程序中不起作用。

项目二

1. 如图 7-11 所示,设零件各表面已完成粗加工,编写零件外圆轮廓的精加工程序。

G00 X100 Z100

M03 S1000 T0101

G00 X18 Z0

G01 X20 Z1 F80

G99 G01 Z−8 F0.1

X30 L1

Z−20

X35 L1

Z−30

G00 X100 Z100

M05

M30

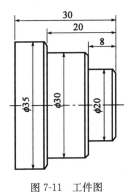

图 7-11 工件图

项目三

1. 采用端面切削循环指令(G94)编写如图 7-16 所示工件加工程序。

O1234

G00 X100 Z100

M03 S600 T0101

G00 X50 Z1

G01 Z−20 F60

G00 X100 Z100

M03 S500 T0202   （3mm 切断刀）

G00 X54 Z1

G94 X2 Z−2 F30

Z−4

Z−5

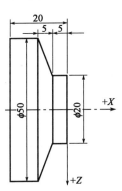

图 7-16 编程习题图

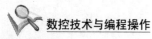

G94　X20　Z－5　R－2

R－4

R－5

R－5.667

G0　X100　Z100

M05

M30

项目四

1.编写如图 7-22 所示工件加工程序。

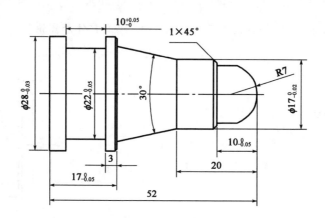

图 7-22　编程练习工件图

O1122	G70 P80 Q150
G00 X100 Z100	G00 X100 Z100
M03 S500 T0101	M03 S400 T0202
G00 X32 Z0	G00 X30 Z－42
G01 X－0.5 F50	G01 X19.98 F25
G00 X32 Z2	X30
G71 U1.5 R1 F120	W1
G71 P80 Q150 U0.5 W0.1	X19.98
G01 X8 F80	X30
X14 Z－1	G00 Z－53
Z－10	G01 X0 F25
X17 L1	G00 X30
Z－20	G00 X100 Z100
X23.1 Z－35	M30
X28 L1	
Z－55	
M03 S1000	

项目五

1.编写如图 7-26 所示工件加工程序。

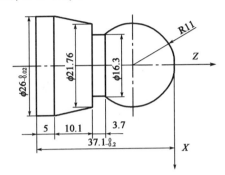

图 7-26　编程练习工件图

O1122	W—10
G00 X100 Z100	G96 M03 S100
M03 S500 T0404（35°尖刀）	G50 S1500
G00 X30 Z2	G70 P60 Q100
G71 U1. 5 R1 F120	G00 X100 Z100
G71 P60 Q100 U0. 5 W0. 1 K1	G97 M03 S300 T0202
G01 X0 Z0 F200	G00 X28 Z—40. 1
G03 X16. 3 Z18. 3 R11 F60	G01 X0 F25
G01 W—3. 7 F80	G00 X30
X21. 76	G00 X100 Z100
X26 Z—32. 1	M30

项目六

1.编写如图 7-29 所示工件加工程序。

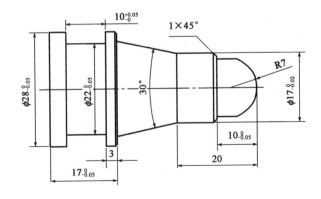

图 7-29　编程练习工件图

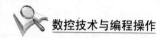

O1124	X28 L1
G00 X100 Z100	W-22
M03 S500 T0101	G96 M03 S50
G00 X32 Z2	G50 S1500
G71 U1.5 R1 F120	G70 P60 Q140
G71 P60 Q140 U0.5 W0.1	G00 X100 Z100
G01 X0 Z0 F200	G97 M03 S300 T0202
G03 X14 Z-7 R7 F60	G00 X30 Z-41
G01 Z-10 F80	G75 R0.5 F25
X15	G75 X22 Z-48 P3000 Q2500
X17 Z-11	G01 X40 F300
Z-20	G00 X100 Z100
X23.1 Z-35	M30

项目七

1. 简述刀具半径补偿方向、假想刀尖号如何判别。

G41：刀具半径左补偿，沿着刀具运动方向看，刀具在工件左边。

G42：刀具半径右补偿，沿着刀具运动方向看，刀具在工件右边。

从刀尖中心往假想刀尖的方向看，由切削中刀具的方向确定假想刀尖号。假想刀尖共有10（T0～T9）种设置，共表达了九个方向的假想刀尖的位置关系。其中 T0 与 T9 是刀尖中心与起点一致时的情况。

2. 简述刀具半径补偿值、假想刀尖号如何设置。

每把刀的假想刀尖号与刀尖半径值必须在应用刀补前预先设置。刀尖半径补偿值在偏置页面（即刀具半径补偿值显示页面，见表7-5）下设置，R 为刀尖半径补偿值，T 为假想刀尖号。这样在程序中遇到 G41、G42、G40 指令时，才开始从刀具补偿的寄存器中提取数据并实施相应的刀尖半径补偿。

3. 刀尖半径补偿的建立与撤销用什么指令？若使用刀具半径补偿在程序结束前，必须指定 G40 取消刀具半径补偿，为什么？

刀尖半径补偿的建立与撤销只能用 G00 或 G01 指令，如 G01 G42 X20 Z0 F80，不能是圆弧代码（G02 或 G03），如果指定，会产生报警。

在程序结束前必须指定 G40 取消刀具半径补偿。否则，再次执行时刀具轨迹偏离一个刀尖半径值。

4. 编写如图 7-35 所示工件加工程序，采用刀尖半径补偿功能。

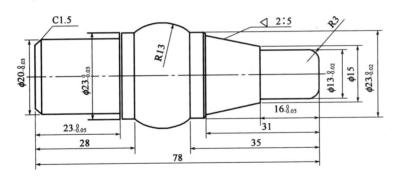

图 7-35 编程习题工件图

O1125	O1126
G00 X100 Z100	G00 X100 Z100
M03 S500 T0101	M03 S500 T0101
G00 X30 Z0	G00 X30 Z0
G01 X−0. 5 F50	G01 X−0. 5 F50
G00 X30 Z2	G00 X30 Z2
G71 U1. 5 R0. 5	G71 U1. 5 R0. 5
G71 P80 Q140 U0. 5 W0. 1 K1	G71 P80 Q150 U0. 5 W0. 1
G01 G42 X17 Z0 F80	G00 G42 X7
X20 Z−1. 5	G01 Z0 F80
Z−23	G03 X13 Z−3 R3 F60
X23 L0. 5	G01 Z−16 F80
Z−28	X15
G03 X23 Z−43 R13 F60	X21 Z−31
G01 W−5 F80	X22
M03 S1000	X23 Z−31. 5
G70 P80 Q140	M03 S1000
G00 M40 X100 Z100	G70 P80 Q150
M05	G00 M40 X100 Z100
	M05

项目八

1. 编写如图 7-38 所示工件加工程序。

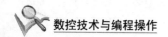

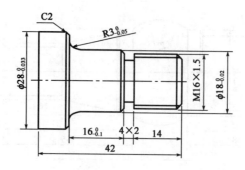

图 7-38　习题零件图

O1127	G70 P80 Q150
G00 X100 Z100	G00 X100 Z100
M03 S500 T0101	M03 S400 T0202
G00 X32 Z0	G00 X20 Z−17
G01 X−0.5 F50	G75 R0.5 F25
G00 X32 Z1	G75 X12 Z−18 P2000 Q1000
G71 U1.5 R0.5	G00 X100 Z100
G71 P80 Q150 U0.5 W0.1	T0303
G01 X10 F80	G00 X17 Z5
X15.8 Z−2	G92 X15 Z−15 F1.5
Z−18	X14.3
X18 Z−19	X13.8
W−13	X13.4
G02 X24 Z−34 R3 F60	X13.2
G01 X28 L2 F80	X13.1
Z−42	G00 X100 Z100
M03 S1000	M05

项目九

1. 编写如图 7-40 所示工件加工程序, 切 3 个槽采用调用子程序编程。

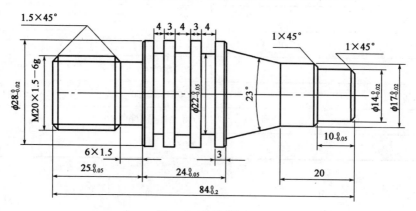

图 7-40　习题零件图

O1127	O1111
G00 X100 Z100	G01 W－7 F100
M03 S500 T0101	X22　F25
G00 X32 Z0	X30
G01 X－0.5 F50	W1
G00 X32 Z1	X22
G71 U1.5 R0.5	G04 X1
G71 P80 Q160 U0.5 W0.1	G00 X40
G01 X10 F80	G01 W－1
X14 Z－1	M99
Z－10	
X15	
X17 Z－11	
Z－20	
X23.1 Z－35	
X28 L0.5	
Z－60	
M03 S1000	
G70 P80 Q160	
G00 X100 Z100	
M03 S300 T0202	
G00 X30 Z－35	
M98 P31111	
G00 X100 Z100	
M30	

项目十

1.简述数控加工首件尺寸精度控制步骤方法以及其精度控制的基本原理。

(1)主轴停。

(2)暂停,检测工件尺寸。

(3)在刀具补偿值显示页面中输入 U××,即将刀具补偿寄存器中的 X 值修改,往消除误差的方向调整刀补,应把尺寸往中差调整。

(4)调用新刀具补偿值,使调整真正起作用。

精度控制的基本原理为:

将刀具补偿寄存器中的刀具偏置值修改,在重新调用,以补偿对刀误差。

2.编写精度修调程序段。

G00 X100 Z200

M05

M00

T0101

M03 S1100

3.若刀具加工多个工件后刀尖磨损了,若不更换刀具应如何修调其刀尖磨损产生的误差?

在数控车床控制面板进入刀具磨损偏置页面,光标移至刀具的磨损补偿行,输入刀具磨损量即可。

第 8 章

项目一

1.应用GSK980TD模拟软件模拟操作时,若刀具超越行程和刀具撞工件,如何解除?

解除超越行程:

当 X 或 Z 轴超出行程极限时,系统出现急停报警,要解除报警,按附加面板中[取消限位]按钮▨,即用鼠标右键点击[取消限位]按钮,使[取消限位]按钮保持为按下状态后,反方向移动该轴,消除报警后左键点击[取消限位]按钮使其弹起。

解除刀具撞工件:

当机床运动过程中出现碰撞或其他紧急情况时,该面板上的急停按钮被自动按下,要取消急停,必须打开附加面板,鼠标点击急停按钮◉使其处于弹起状态,取消急停,再将刀具离开工件。

2.简述GSK980TD模拟软件如何选择安装刀具和剖面测量。

选择[机床]菜单下的[选择刀具]菜单项或选择工具栏中的▮选择刀具图标进行刀具的选择,弹出刀具选择对话框。

(1)刀位选择

用鼠标左键点击要选择的刀位。

(2)选择刀片类型

在"选择刀片"组框中选择要设置的刀片类型,在"选择刀片"组框中增加了该刀片类型对应的具有不同参数的刀片选择列表,可以用鼠标左键选择需要的刀片。当选择的刀位为尾座时,此时刀片只能选择钻头,否则刀具选择无效。

(3)选择刀柄类型

在"选择刀柄"组框中选择需要设置的刀柄类型,此时,在"刀片及刀具形状"组框中增添所选择刀柄类型的刀柄形状图。按[确定]按钮完成设置。

剖面测量:

选择[工件]菜单中的[剖面测量]菜单项或选择工具栏中的剖面测量图标,显示工件的剖面测量窗口,一般用取点模式,测量2点间尺寸,即工件轮廓尺寸。

3. GSK980TD模拟软件手轮旋转方式有哪些?如何使手轮旋转及手轮顺时针和逆时针

旋转,刀具进给方向如何?

手轮操作方式:

(1)连续旋转

当用鼠标左键在手轮上按下时,手轮发生连续旋转。当鼠标位置在手轮左半部分时,进行连续逆时针旋转,即机床在手脉方式下,刀具沿 X 轴或 Z 轴负向进给运动;鼠标位置在手轮右半部分时,进行连续顺时针旋转,即机床在手脉方式下,刀具沿 X 轴或 Z 轴正向进给运动;当鼠标松开时,停止旋转。

(2)单步旋转

当用鼠标右键点击手轮时,手轮发生单步旋转。当鼠标位置在手轮左半部分时,鼠标右键点击手轮,进行单步逆时针旋转,鼠标位置在手轮右半部分时,鼠标右键点击手轮,进行单步顺时针旋转。每点击一次旋转 1/100 圈。

(3)鼠标滚轮控制

将鼠标指针置于手轮上方,鼠标滚轮前滚使手轮逆时针旋转,后滚使手轮顺时针旋转。

项目二

1.若按"手脉"键、"Z 向进给"键、"×100 倍率"键,手轮顺时针转 10 格刀具向什么方向进给多少毫米?

刀具向 Z 负向进给 1mm。

2.如何使主轴 800r/min 正转? 若使其转速降为 640r/min,如何操作?

在程序状态页面,按 MDI(录入)键,输入 M03 S800,按"输入"键,按"循环启动"键,主轴 800r/min 正转。

按控制面板上主轴倍率下降键,降主轴倍率调至 80%,主轴转速降为 640r/min。

3.若机床当前用 1 号刀具,要手动换 3 号刀具应如何操作?

按"手动"键,按"进给方向"键,使刀具远离工件,按"换刀"键 2 次。

项目三

1.广数 980TDb 数控系统有哪些程序编辑功能键? 各自的作用是什么?

按"编辑方式"键,进入编辑操作方式,按"程序"键,进入程序内容页面,输入程序。

"换行"键:自动生成下一程序段的程序段号。

"插入修改"键,进入插入状态页面,"光标移动"键,将光标移至需插入的字符处,输入插入的字符。

"取消"键:删除光标处的前一字符;"删除"键:删除光标所在处的字符。

"翻页"键:光标移至页首或页尾。

2.如何建立程序及选择程序?

建立程序:

(1)按【编辑方式】键,进入编辑操作方式,这时屏幕右下角显示"编辑方式"。

(2)按【程序】键,再按⊟键或多次按⚏键,进入程序内容页面。

(3)输入地址键 O,然后输入程序号,按⏎键,自动产生了一个程序。

（4）输入程序内容。

选择程序：

1）检索法

（1）选择编辑方式，进入程序内容页面。

（2）输入程序名。

（3）按⬇键或按行EOB键，在程序内容页面上显示出程序。若该程序不存在，按换行EOB键，系统新建一个程序。

2）光标确认法

（1）按【自动方式】键。

（2）按【程序】键，进入程序目录页面。

（3）按光标移动键将光标移动到待选择的程序名上。

（4）按"换行"键，再按2次输入键，程序将显示在程序内容页面中。

3. 如何将U盘程序输入系统？

（1）按【编辑方式】键，进入编辑操作方式。

（2）按【程序】键，再按输入键或多次按输入键，进入文件目录页面。

（3）将U盘插入控制面板右上角USB接口，按【转换】键，识别U盘文件。

（4）按方向键选择打开的程序文件。

（5）按"输出"键，将U盘程序输入系统。

项目四

1. 采用试切对刀、定点对刀X向对刀时，为何要试切工件外圆？

手动车削外圆，测量工件直径，输入G50 X（测量的工件直径值），按"输入"键，按"循环启动"键，此时才能建立X轴坐标并将工件中心作为X轴坐标原点。

2. 对刀试切工件外圆，测量直径，输入刀偏值，若测得直径误差，加工尺寸精度如何？

若不考虑机床自身误差，工件直径测量值与实际值差值，即是加工工件直径尺寸误差值。

3. 刀具偏置值的修改一般应用于工件尺寸精度修调，若加工尺寸有误差如何修改刀偏值。

（1）按"刀补"键进入刀具偏置磨损页面。

（2）按光标移动键，将光标移到要变更的刀具偏置号的位置。

（3）要改变X轴的刀具偏置值，输入U（增量值）；对于Z轴，输入W（增量值）。

（4）按输入键，把当前的刀具偏置值与输入的增量值相加，作为新的刀具偏置值。

如：工件尺寸：$50_{-0.04}^{0}$，编程粗加工尺寸51，暂停并检验尺寸为51.06，此时应在刀具补偿值显示页面中输入U−0.08（往消除误差的方向调整刀补，一般应把尺寸往中差调整）。即将刀具补偿寄存器中的X值减小0.08。

第 9 章

项目二

1. 结合上述所学的项目知识，加工零件如图9-19所示，编写零件加工程序。

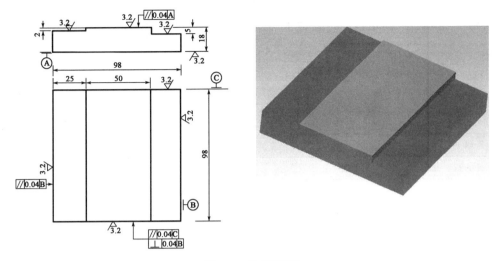

图 9-19　编程习题图

① φ80 面铣刀铣削大平面程序：

程 序 内 容	说 　明
O0001	程序名
G54 G17 G90 G94 G40 G21 G80 G49；	建立工件坐标系，绝对坐标编程，取消刀补，公制坐标，每分钟进给，选择 XY 平面，取消固定循环
M03 S600 T01；	主轴正转、转速 600r/min，T01 号刀具
G00 Z50. M08；	刀具从当前点快速移动到上方 50mm 处，冷却液开
X－50. Y－100. Z5.；	刀具快速定位到下刀点上方 5mm 处
G01 Z－1 F50；	以 G01 速度垂直下刀到深－1mm，进给速度 50 mm/min
G91；	增量坐标编程
Y100. F100；	以 G01 速度向 Y 正向加工 100mm，速度 100mm/min
X50.；	以 G01 速度向 X 正向加工 50mm，速度 100mm/min
Y－100.；	以 G01 速度向 Y 负向加工 100mm，速度 100mm/min
X50.；	以 G01 速度向 X 正向加工 50mm，速度 100mm/min
Y100.；	以 G01 速度向 Y 正向加工 100mm，速度 100mm/min
G90；	绝对坐标编程
G00 Z50. M09；	快速抬刀到 Z 坐标 50mm 处；冷却液关
M30；	程序结束

② φ20 立铣刀铣削大平面程序：

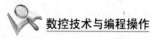
程 序 内 容	程 序 内 容
O0002	Y30. ；
G54 G17 G90 G95 G40 G21 G80 G49；	X30. ；
M03 S800 T02；	Y−30. ；
G00 Z50 M08；	X−10. ；
X−50. Y−80. Z5. ；	Y10. ；
G01 Z−1 F0. 1；	X10. ；
X50. F0. 2；	Y−20. ；
X50. ；	G00 Z50. M09；
Y−50. ；	M30；
X−30. ；	

③深 2mm 台阶面铣削程序：

程 序 内 容	程 序 内 容
O0003	G01 Z−2. F50；
G54 G17 G90 G94 G40 G21 G80 G49；	Y55. F100；
M03 S600 T03；	G00 Z5. ；
G00 Z50. M08；	X−30. Y−55. ；
X−50. Y−66. Z5. ；	G01 Z−2. F50
G01 Z−2. F50；	Y55. F100；
Y55. F100；	G00 Z50. M09；
G00 Z5. ；	M30；
X−40. Y−55. ；	

④深 5mm 台阶面铣削程序：

程 序 内 容	程 序 内 容
O0004	G00 Z50. S800；
G54 G17 G90 G94 G40 G21 G80 G49；	X50. Y−66. Z5. ；
M03 S600 T03；	G01 Z−5. F50
G00 Z50. M08；	Y55. F60；
X50. Y−66. Z5. ；	X40. ；
G01 Z−4. 5 F50；	Y−55. ；
Y55. F100；	X30. ；
X40. ；	Y55. ；
Y−55. ；	G00 Z50. M09；
X30. ；	M30；
Y55. ；	

项目三

1. 结合上述所学的项目知识,加工零件如图 9-29 所示,编写零件加工程序。

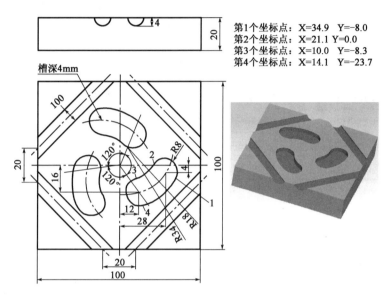

第1个坐标点:X=34.9　Y=-8.0
第2个坐标点:X=21.1　Y=0.0
第3个坐标点:X=10.0　Y=-8.3
第4个坐标点:X=14.1　Y=-23.7

图 9-29　编程习题图

①腰形主程序:

程 序 内 容	说　　明
O0005	程序名
G54 G17 G90 G94 G40 G21 G69;	建立工件坐标系,绝对坐标编程,取消刀补,公制坐标,每分钟进给,选择 XY 平面,取消坐标系旋转
M03 S1000 T01;	主轴正转、转速 1000r/min,T01 号 φ12 键槽铣刀
G00 Z50.;	刀具从当前点快速移动到上方 50mm 处
X0 Y0;	刀具快速定位到下刀点上方
Z10.;	快速定位到下刀点上方 10mm 处
M98 P0006;	调用子程序加工
G68 X0 Y0 R120;	坐标系统当前原点逆时针旋转 120°
M98 P0006;	调用子程序加工
G69;	取消坐标系旋转
G68 X0 Y0 R240;	坐标系统当前原点逆时针旋转 240°
M98 P0006;	调用子程序加工
G69;	取消坐标系旋转
G00 Z50.;	快速抬刀到 Z 坐标 50mm 处
M30;	程序结束

②腰形槽子程序：

程 序 内 容	说　　明
O0006	程序名
X28. Y−4. ；	刀具快速定位到下刀点上方
G01 Z−4. F100；	以 G01 速度下刀到切削深度，进给速度 100 mm/min
G41 X34.9 Y−8. D01；	建立刀具半径左补偿，进给速度 100 mm/min
G03 X21.1 Y0 R8. ；	圆弧逆时针插补加工
G02 X10 Y−8.3 R18；	圆弧顺时针插补加工
G03 X14.1 Y−23.7 R8；	圆弧逆时针插补加工
G03 X34.9 Y−8 R34；	圆弧逆时针插补加工
G03 X21.1 Y0 R8；	圆弧逆时针插补加工
G40 G01 X28. Y−4. ；	取消刀补，返回下刀点
G00 Z20. ；	快速抬刀到工件上方20mm处
M99；	子程序结束

③φ8 球头刀斜槽加工程序：

程 序 内 容	说　　明
O0007	程序名
G54 G17 G90 G94 G40 G21；	建立工件坐标系，绝对坐标编程，取消刀补，公制坐标，每分钟进给，选择 XY 平面
M03 S1000 T02；	主轴正转、转速 1000r/min，T02 号 φ8 球头铣刀
G00 Z50. ；	刀具从当前点快速移动到上方50mm处
X0 Y−60. ；	刀具快速定位到下刀点上方
Z5. ；	快速定位到下刀点上方 5mm 处
G01 Z−4. F100；	以 G01 速度下刀到切削深度，进给速度 100 mm/min
X60. Y0；	直线插补加工
X0 Y60. ；	直线插补加工
X−60. Y0；	直线插补加工
X0 Y−60. ；	直线插补加工
G00 Z50. ；	快速抬刀到 Z 坐标 50mm 处
M30；	程序结束

项目四

1. 结合上述所学的项目知识，加工零件如图 9-44 所示，编写零件加工程序。

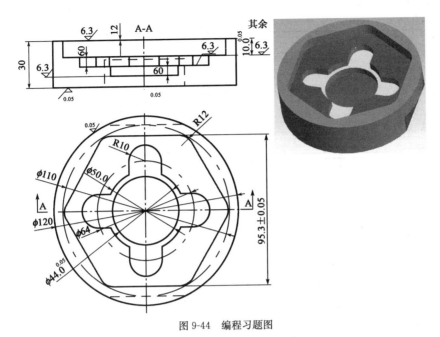

图 9-44　编程习题图

①型腔铣削工件加工主程序：

程 序 内 容	程 序 内 容
O0008	
G54 G17 G90 G94 G40 G21 G80 G49；	G01 Z－16. F100；
M06 T01；	G41 X25 D03；
G43 H1；	G03 X10. Y22. 9 R25 F60；
M03 S800；	G01 Y32. ；
G00 Z50. ；	G03 X－10. R10；
X－50. Y－100. ；	G01 Y22. 9；
Z5. ；	G03 X－22. 9 Y10. R25；
G01 Z－1. F100；	G01 X－32. ；
M98 P0009 L3；	G03 Y－10. R10；
G90 G00 Z50. ；	G01 X－22. 9；
M06 T02；	G03 X－10. Y－22. 9 R25；
G43 H2；	G01 Y－32. ；
M03 S800 G00 Z5. ；	G03 X10. R10；
X0 Y0；	G01 Y－22. 9；
G01 Z0 F100；	G03 X22. 9 Y－10. R25；
M98 P0010 L5；	G01 X32. ；
G00 Z50. ；	G03 Y10. R10；
M06 T03；	G01 X0；
G43 H3；	G40 Y0；

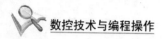

程 序 内 容	程 序 内 容
G00 Z50. ;	G01 Z—10. F100;
X0 Y0;	G41 X—10. Y—37.6 D03;
G01 Z0 F100;	G03 X0 Y—47.6 R10 F60;
M98 P0011 L4;	G01 X27.5,R12;
G01 Z0 F100;	X55. Y0,R12;
M98 P0012 L3;	X27.5 Y47.6,R12;
M03 S1200;	X—27.5,R12;
G00 X0 Y0;	X—55 Y0,R12;
Z5. ;	X—27.5 Y—47.6,R12;
G01 Z—22. F100;	X0;
G41 X—10. Y—10. D03;	G03 X10 Y—37.6,R10;
G03 X0 Y—22. R12 F60;	G40 G01 X0 Y0;
G03 I0 J22. ;	G00 Z50 ;
G03 X10. Y—10. R12;	M30;
G40 G01 X0 Y0;	

②平面铣削子程序：

程 序 内 容	程 序 内 容
O0009	Y—150. ;
G91 G01 Y150. F100;	X40. ;
X40. ;	M99;

③φ44 圆孔粗加工子程序：

程 序 内 容	程 序 内 容
O0010	G03 I0 J22. ;
G91 G01 Z—4.2 F100;	G03 X10. Y—10. R12;
G90 G41 X—10. Y—10. D01;	G40 G01 X0 Y0;
G03 X0 Y—22. R12;	M99;

④梅花十字槽粗加工子程序：

程 序 内 容	程 序 内 容
O0011	G01 X—22.9;
M03 S800;	G03 X—10. Y—22.9 R25;
G91 G01 Z—3.8 F100;	G01 Y—32. ;
G90 G41 X25. D02;	G03 X10. R10;
G03 X10. Y22.9 R25;	G01 Y—22.9;

程 序 内 容	程 序 内 容
G01 Y32. ;	G03 X22.9 Y−10. R25;
G03 X−10. R10;	G01 X32. ;
G01 Y22.9;	G03 Y10. R10;
G03 X−22.9 Y10. R25;	G01 X0;
G01 X−32. ;	G40 Y0;
G03 Y−10. R10;	G00 Z50. ;
	M30;

⑤六边形圆角槽粗加工子程序：

程 序 内 容	程 序 内 容
O0012	X−27.5,R12;
M03 S800;	X−55. Y0,R12;
G91 G01 Z−3. F100;	X−27.5 Y−47.6,R12;
G90 G41 X−10. Y−37.6 D02;	X0;
G03 X0 Y−47.6 R10;	G03 X10. Y−37.6 R10;
G01 X27.5,R12;	G40 G01 X0 Y0;
X55. Y0,R12;	G00 Z50. ;
X27.5 Y47.6,R12;	M30;

项目五

1. 结合上述所学的项目知识,加工零件如图 9-62 所示,编写零件加工程序。

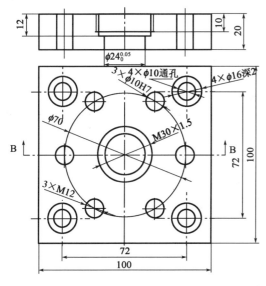

图 9-62　编程习题图

①钻中心孔程序:

程 序 内 容	程 序 内 容
O0013	X35. Y0
G54 G17 G90 G94 G40 G21 G80;	Y60. ;
M03 S1500;	Y120. ;
G00 Z30. ;	Y180. ;
G82 X0 Y0 Z−2. R5 F60;	Y−120. ;
X36. Y36. ;	X−60. ;
X−36. ;	G15;
Y−36. ;	G80;
X36. ;	G00 Z50. ;
G16;	M30;

②钻 4×ϕ10 通孔程序:

程 序 内 容	程 序 内 容
O0014	X−36. ;
G54 G17 G90 G94 G40 G21 G80;	Y−36. ;
M03 S1000;	X36. ;
G00 Z30. ;	G80;
G82 X36. Y36. Z−25. R5 F60;	G00 Z50. ;
	M30;

③钻 3×ϕ10H7 通孔程序:

程 序 内 容	程 序 内 容
O0015	Y180. ;
G54 G17 G90 G94 G40 G21 G80;	Y−60. ;
M03 S800;	G80;
G00 Z30. ;	G15;
G16;	G00 Z50. ;
G82 X35. Y60. Z−25. R10 F60;	M30;

④钻 3×M12 底孔程序:

程 序 内 容	程 序 内 容
O0016	X35. Y120. ;
G54 G17 G90 G94 G40 G21 G80 G49;	Y−120. ;
M03 S800;	G80;
G00 Z30. ;	G15;
G16;	G00 Z50. ;
G82 X35. Y0 Z−25. R10 F60;	M30;

⑤铰 3×φ10H7 通孔程序：

程 序 内 容	程 序 内 容
O0017	Y180. ；
G54 G17 G90 G94 G40 G21 G80 G49；	Y－60. ；
M03 S100；	G80；
G00 Z30. ；	G15；
G16；	G00 Z50. ；
G85 X35. Y60. Z－25. R3 F100；	M30；

⑥攻 3×M12 螺纹程序：

程 序 内 容	程 序 内 容
O0018	X35. Y120. ；
G54 G17 G90 G94 G40 G21 G80 G49；	Y－120. ；
M03 S100；	G80；
G00 Z30. ；	G15；
G16；	G00 Z50. ；
G84 X35. Y0 Z－25. R5 F150；	M30；

⑦扩 φ16 沉孔、中间通孔、M30 螺纹底孔程序：

程 序 内 容	程 序 内 容
O0019	X36. ；
G54 G17 G90 G94 G40 G21 G80 G49；	G01 Z－2. F100；
M03 S1000；	G41 Y44. D01；
G00 Z30. ；	G03 I0 J8. ；
X36. Y36. ；	G40 G01 X36. Y－36. ；
Z5. ；	G00 Z5. ；
G01 Z－2. F100；	X0 Y0；
G41 Y28. D01；	G01 Z－22. F100；
G03 I0 J8. ；	G41 X－10.5 Y－1. D01；
G40 G01 X36. Y36. ；	G03 X0 Y－11.5 R10.5；
G00 Z5. ；	G03 I0 J11.5；
X－36. ；	G03 X10.5 Y－1. R10.5；
G01 Z－2. F100；	G40 G01 X0 Y0；
G41 Y28. D01；	G00 Z5. ；

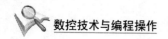

续上表

程 序 内 容	程 序 内 容
G03 I0 J8.；	G01 Z−12. F100；
G40 G01 X−36. Y36.；	G41 X−8.25 Y−4.25 D01；
G00 Z5.；	G03 X0 Y−14.25 R8；
Y−36.；	G03 I0 J14.25；
G01 Z−2. F100；	G03 X8.25 Y−4.25 R8；
G41 Y−44. D01；	G40 G01 X0 Y0；
G03 I0 J8.；	G00 Z50；
G40 G01 X−36. Y−36.；	M30；
G00 Z5.；	

⑧镗中间 ϕ24 孔程序：

程 序 内 容	程 序 内 容
O0020	G76 X0 Y0 Z−25. R5 Q500 F60；
G54 G17 G90 G94 G40 G21 G80 G49；	G80；
M03 S1200；	G00 Z50.；
G00 Z30.；	M30；

⑨铣削 M30 螺纹孔程序：

程 序 内 容		程 序 内 容	
	O0021		
N10	G54 G17 G90 G94 G40 G21 G80 G49；	N90	G41 Y−14.1 D01；
N20	M03 S1200；	N100	G03 I0 J14.1 Z［＃2］
N30	G00 Z50.；	N110	＃2＝＃2＋1.5；
N40	X0 Y0；	N120	IF［＃2LE3］GOTO100；
N50	＃1＝0；	N130	G40 G01 X0 Y0；
N60	G01 Z−10. F100；	N140	＃1＝＃1＋0.1；
N70	＃2＝［−10］；	N150	IF［＃1LE1.5］GOTO60；
N80	G10 L12 P1 R［10.5−＃1］；	N160	G00 Z50.；
		N170	M30；

项目六

1.加工零件如图 9-65 所示,编写零件加工程序并进行工艺分析。

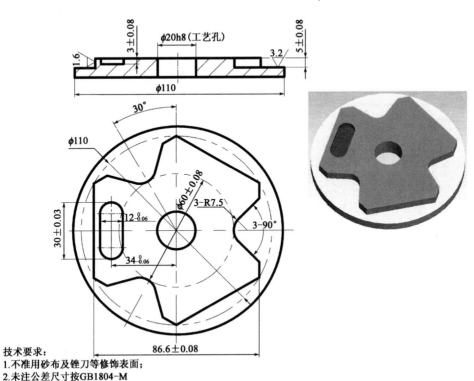

技术要求:
1. 不准用砂布及锉刀等修饰表面;
2. 未注公差尺寸按GB1804-M

图 9-65　编程习题图

① 钻中心 φ20 通孔程序:

程 序 内 容	程 序 内 容
O0022	Z10.;
G54 G17 G90 G94 G40 G21 G80;	G81 G99 Z−12. R5. F40;
M03 S1500;	G00 Z100.;
G00 Z100.;	M05;
X0 Y0;	M30;

② 扩 φ20h8 孔:

程 序 内 容	程 序 内 容
O0023	G1 Z0 F200;
G54 G17 G90 G94 G40 G21 G80 G69;	M98 P24 L5;
M03 S600;	G0 Z100.;
G0 Z100.;	M05;
X0 Y0;	M30;
Z10.;	

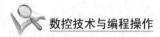

程 序 内 容	程 序 内 容
O0024	G3 I−10. ;
G91 G01 Z−2. F80；	G3 X2. Y8. R8. ；
G90 G41 G1 X2. Y−8. D01 F400；	G40 G1 X0 Y0；
G3 X10. Y0 R8. ；	M99；

③加工槽：

程 序 内 容	程 序 内 容
O0025	
G54 G17 G90 G94 G40 G21 G80 G69；	G3 X−28. R6. ；
M03 S1000；	G1 Y9. ；
G0 Z100. ；	G3 X40. R6. ；
X−34. Y0；	G1 Y0；
Z10. ；	G3 X−34. Y−6. R6. ；
G1 Z−3. F200；	G40 G1 Y0；
G41 G1 X−34. Y6. D01 F400；	G0 Z100. ；
G3 X−40. Y0 R6. ；	M05；
G1 Y−9. ；	M30；

④铣削外轮廓：

程 序 内 容	程 序 内 容
O0026	G1 Z1. F150；
G54 G17 G90 G94 G40 G21 G80 G69；	M98 P27 L3；
M03 S1200；	G0 Z100. ；
G0 Z100. ；	G69；
X60. Y0；	M05；
Z10. ；	M30；

程 序 内 容	程 序 内 容
O0027	M98 P28；
G91 G01 Z−2. F50；	G68 X0 Y0 R−240. ；
G68 X0 Y0 R0；	M98 P28；
M98 P28；	G69；
G68 X0 Y0 R−120,,；	M99；

程 序 内 容	程 序 内 容
O0028	
G90 G41 G1 X36. Y6. D01 F400;	X-7.442 Y-45.702;
G3 X30. Y0 R6.;	X-11.506 Y-30.535;
G3 X32.197 Y-5.303 R7.5;	G3 X-15. Y-25.981 R7.5;
G1 X43.3 Y-16.407;	G3 X-23.196 Y-28.177 R6.;
Y-25.002;	G40 G1 X-30. Y-51.962;
X0 Y-50.;	M99;

⑤加工外圆 ϕ110：

程 序 内 容	程 序 内 容
O0029	G1 Z0 F200;
G54 G17 G90 G94 G40 G21 G80 G69;	M98 P30 L5;
M03 S1500;	G0 Z100.;
G0 Z100.;	M05;
X65. Y0;	M30;
Z10.;	

程 序 内 容	程 序 内 容
O0030	G2 I-55.;
G91 G01 Z-2. F80;	G3 X65. Y-10. R10.;
G90 G41 G1 X65. Y10. D01 F400;	G40 G1 X65. Y0;
G3 X55. Y0 R10.;	M99;

第 10 章

项目一

1. 应用数控火焰切割套料编程系统,编制切割 6 个如图 10-13 所示板材的切割程序。

1) 用 AutoCAD 绘制零件图

(1) 用 AutoCAD 绘制如图 10-13 所示零件图。

(2) 修改为内轮廓与外轮廓。

(3) 保存图形。

保存图形文件,点击"数控"菜单中的"存盘套料图"。

2) 数控套料

(1) 点击"数控"菜单中的"画钢板(套料图的边框)",根据 AutoCAD 命令行提示输入钢板尺寸。

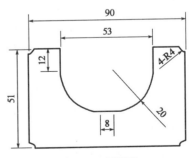

图 10-13 习题图

(2)插入零件图,按照下料数量进行套料。

点击"数控"菜单中的"插入切割的零件图",弹出"插入"对话框,选择文件图。

(3)排列零件成2行3列。

(4)确定切割点的位置及顺序。

点击"数控"菜单中的"定义切入点(附近点)",鼠标点击轮廓线上某点,作为切割点。

(5)存盘生成DXF文件。

点击"数控"菜单中的"存盘套料图",弹出"输入保存套料图文件名"对话框,将套料图保存在指定的目录下,扩展名为 ∗.dxf。

3)打开套料图

(1)在InteGNPS智能数控套料编程系统中点击【数控编程】控件,打开数控编程对话框。

(2)点击【打开套料图】🗁控件,弹出"打开"对话框,选择套料图打开套料图文件。

4)数控编程

(1)点击"文件"菜单中的"数控编程"或"编程"控件,弹出"数控编程参数"对话框。

(2)选择合适的编程参数。

(3)选择合适的编程参数后按"确定"按钮,系统生成历史编程参数文件(∗.PPF),然后进行自动编程,并自动生成数控程序代码文件(∗.MPG),是以图形方式显示数控程序。

(4)点击➡键可进行切割仿真。

(5)在仿真窗口中点击🖼键,数控程序可发送到U盘,数控切割机根据发送后生成的文件就可以进行切割了。

项目二

1. 简述割炬点火方法,如何调整好切割火焰?

打开加热氧阀和燃气阀,点燃喷出的混合气体,旋转热氧阀和燃气阀调整好合适的加热火焰。如果切割边缘开始熔化,有残余滴挂式形成一串熔化小球,则加热太强。切割时,加热焰太弱会噼啪地响,这样会引起切口损坏,甚至回火,如果加热焰调节合适,切割氧喷流就显得干净锋利。从火焰现象看,若氧气不足,火焰太长且不稳定;氧气过量,火焰短而微弱;氧气正确,火焰中有一束明亮的蓝色圆锥火焰。

2. 如何手动移动割炬至钢板左下角点,并注意哪些事项?

将机头平移的距离和速度参数在"参数设定"的"喷粉画线"内设定,如机头平移一: X 轴增量输入100, Y 轴增量输入0,按"确定"键。返回机床移动界面(按"机床移动"按钮),按"平移一"按钮,机头割枪沿 X 轴正向移动100mm。按"平移三"或"平移四",向 X 轴、 Y 轴负向平移机头至钢板左下角点。再选定 X 轴、 Y 轴转动手轮精确定位至钢板左下角点。

注意事项为:

先检查切割台上是否有其他堆放物或翘起的切割废料,如有必须清除这些异物后,才能移动割炬,如果用装上脏的或损坏的割炬来进行切割就失去安全性,在这种情况下,可能会发生火焰回逆到割炬头里的情况,应立即关闭燃气阀,接着关闭加热氧和切割氧阀。查明回火原因后方能重新点火,点火前要把管路和割炬中的烟灰吹除。

3. 若切割钢板厚度10mm,切割速度、乙炔压力、切割氧压力、割嘴和工件之间的距离、预热时间各应为何值?

切割速度:600 mm/min

乙炔压力:0.05 MPa

切割氧压力:0.8 MPa

割嘴和工件之间的距离:3mm

预热时间:5s

项目三

1.阐述调用系统内长 250mm、宽 150mm、厚 15mm 的矩形切割程序步骤方法,并设置切割参数。

在文件操作界面中按"图库"按钮对应的"F2"功能键,系统进入图形库图形显示选择界面。

图形选择及设置参数:

(1)按"上"、"下"、"左"、"右"方向键移动光条选择矩形,按"选择"按钮对应的"F2"功能键确定选择。

(2)系统进入"零件参数"输入界面,按"Tab"键可以切换输入参数,矩形长输入 250mm、宽 150mm;引入线长输入 10;引出线长输入 10;"引入类型"设置为"1";"零件类型"设置为"1"。参数输入完成后按"确定"键完成全部操作。

2.阐述将 U 盘中的切割零件程序读入硬盘,以及硬盘切割程序读入 U 盘步骤方法。

在文件操作界面中按"文件读入"按钮,再按"闪盘"进入 U 盘读入界面,U 盘读入界面右侧输入要读入零件库名称、零件名称、补偿量,按 TAB 键切换输入。

U 盘读入界面下方有"文件搜索"、"库搜索"两个按钮。

(1)"文件搜索":可以列表显示并选择 U 盘上的所有切割文件。

(2)"库搜索":列表显示并选择 U 盘上的所有用户零件库以便零件程序同步存入("用户零件库"是用户在硬盘上按需要建立的文件夹,用以存储某一类或某一工程项目的切割文件)。

按确定按钮,从 U 盘中读取用户选择的零件程序。

3.阐述对读入的零件程序排列成 4 行步骤方法。

(1)在文件操作界面中按"零件选项"按钮对应的"F7"功能键,进入零件选项界面。

(2)按"排列"按钮对应的"F5"功能键,进入排列界面,界面右侧为排列数据输入框。

①"横轴偏移"、"纵轴偏移":排列零件在横、纵轴方向上的间距,"横轴偏移"为零件相对于前一零件横轴方向的位置偏移。"纵轴偏移"为零件相对于前一零件纵轴方向的位置偏移。

②"横轴个数"、"纵轴个数":"横轴个数"输入 3、"纵轴个数"输入 1 即可。

如果用户进行横向的一维排列即把"横轴个数"参数数值设为实际要排列零件的个数减 1 即可,"纵轴个数"设置为"0"。进行纵向的一维排列则反之。按"确定"按钮,排列后的图形将显示在左侧的预览窗口内。

4.阐述建立名为"1122"零件库,将零件程序存储于该零件库中的方法。

在文件操作界面中按">"切换按钮,再按"建零件库"按钮,进入"建零件库"界面。界面右侧的"库名称"输入框内输入 1122,按确定按钮。

项目四

1.阐述采集建立不规则钢板并插入零件,移动零件至合适位置方法。

在钢板套料功能界面按"建立钢板"按钮对应的 F2 功能键,进入建立钢板功能界面。

在钢板套料功能界面,按"建立钢板",再按"采集建立"进入采集点建立钢板界面,在钢板数据输入框内输入钢板名称,按确定按钮,进入钢板角点测量界面。

(1)采集建立不规则钢板方法

①按方向键移动机头到钢板参考点,按确认按钮确认点。

②再移动机头到钢板下一个参考点,按确认按钮确认点,如此确认钢板多个参考点即确立了钢板形状。

③按确认键◇,钢板建立完成退出,左侧切割零件预览区显示所建立钢板的图框和数据。钢板建立后即可对其插入零件套料。

(2)插入零件

按"读入零件"按钮对应的 F3 功能键,进入插入零件界面,可以把刚调入的零件在钢板上移动位置和旋转,找到合适的位置后按左侧返回按钮退回到插入零件界面,选择下一个要插入的零件。

2.阐述输入建立钢板,将零件排列成 3 行 4 列方法。

在钢板套料功能界面,按"建立钢板",再按"输入建立",进入"输入建立"界面按 TAB 键切换输入"钢板长度"、"钢板宽度"、"钢板名称"。

在钢板套料功能界面按"排列零件"按钮,进入零件列表排列选择功能。

(1)"横轴偏移"输入 10;"纵轴偏移"输入 10,排列零件在横、纵轴方向上的间距 10mm。

(2)"横轴个数"输入 3;"纵轴个数" 输入 2。

(3)按"确定"按钮。

3.如何修改钢板内零件程序切割的先后顺序?

在钢板套料功能界面按"切割顺序"按钮,进入"切割顺序"界面,右侧为切割顺序显示框和列表零件选择框,切割顺序显示框内显示的切割顺序随着用户对零件的设置而增大,从零增大到最大零件顺序号后返回零,如此循环。用户选择了某个零件该零件即被设置成当前切割顺序显示框所显示的顺序号。

第 11 章

项目一

1.简述现代焊接自动化技术的特点。

(1)数控化

目前在焊接装备控制系统中,已普遍采用基于 PLC 可编程序控制器等微机的自动控制系统,对焊接设备进行数字化控制,也为焊接装备的网络化控制提供了条件。

焊接装备数控化的关键是合理应用计算机控制器、伺服电动机、焊接传感器,特别是视觉焊缝图像传感器等先进手段,将其组合成实用的自动焊接装备。

（2）智能化

通过各种专用的计算机软件可按工件和设备情况对焊接参数进行优化选择。自动编制焊接程序，以实现焊接过程的全自动化。

（3）专机化

为提高自动化焊接设备的焊接质量与生产效率，焊接装备按工艺要求已发展为各种专用自动焊接装备。

（4）精密化

（5）大型化

2.简述焊接自动化的关键技术。

（1）机械技术

机械技术就是关于焊接机械的机构以及利用这些机构传递运动的技术。

机械技术就是根据焊接工件结构特点、焊接工艺过程的要求，应用经典的机械理论与工艺，借助于计算机辅助技术，设计并制造出先进、合理的焊接机械装置，实现自动焊接过程中的机构运动。

（2）传感技术

传感器是焊接自动化系统的感受器官。焊接自动化中的传感技术就是要发展严酷环境下，能快速、精确地反映焊接过程特征信息的传感器。

（3）伺服传动技术

执行装置的控制技术称为伺服传动技术。伺服传动技术对系统的动态性能、控制质量和功能具有决定性的影响。

目前，直流电动机和交流电动机都能够实现高精度的控制。可实现高速高精度控制是电动机作为焊接自动化系统中执行装置的一个重要特点。

（4）自动控制技术

在焊接自动化系统中，控制器是系统的核心。目前，计算机、单片机、PLC构成的控制器越来越普遍，从而为先进的控制技术在焊接自动化中的应用创造了条件。

3.查阅相关资料分析造船行业焊接自动化现状。

（略）

项目二

1.简述薄板纵缝自动焊机、环缝自动焊机、型钢自动焊机、管道对接自动焊机的应用场合。

（1）薄板纵缝自动焊机应用场合

为实现薄板纵缝单面焊双而成形焊接工艺，要求采用压紧机构将待焊接缝均匀压在铜制的衬垫上。焊接不锈钢和钛合金时应在铜衬垫凹槽内钻制均布的小孔，以便背面通保护气体。为保证单面焊双面成形的焊接质量，接缝的装配间隙应严格控制在0～0.5mm范围内。

（2）环缝自动焊机应用场合

直径在10m以上的压力容器、锅炉筒体和大直径管道的环缝可以采用立柱横梁焊接操作机和相应的滚轮架或头尾架翻转机组合的焊接中心来完成自动焊。直径300～1000mm的气罐、储罐、气缸、空心球、管道法兰和车轮组件则利用车床式小型环缝自动焊机。对于管

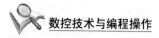

接头、轴套、法兰盘组件和齿轮组件等工件可以采用外形类似于立式台钻的小型环缝自动焊机。

(3)型钢自动焊机应用场合

可同时焊接翼板与腹板之间的两条角焊缝。对于薄壁工字型钢可采用 MAG 焊。立柱式或龙门式操作机及焊头调整机构具有较宽的调节范围,以适应不同规格工字型钢的生产。

(4)管道对接自动焊机应用场合

运用于各种壁厚与管径的天然气管道现场对口焊接。小直径薄壁管对接的全位置焊管机采用脉冲钨极氩弧焊,可焊最大壁厚为 3mm。焊接时,对接管件水平固定或垂直固定,焊头环绕管子外径旋转,完成全位置焊接或横焊。对于 3mm 以上厚壁管,则采用带送丝机构的开启式焊头,对接管端边缘需开 V 形坡口,采用填丝 TIG 全位置焊。

2.简述焊接机器人的结构特点。

焊接机器人的应用以工作站为单元,其外围设备包括变位机、输送装置以及机器人用焊接电源等,这些都是发挥机器人功效的关键技术。机器人工作站采用模块化技术的开放式控制系统,可按用户要求同步控制机器人群和外围设备,扩大,机器人的工作范围,以适应像汽车车身焊装线这种使用上百台机器人和大量系统装置的大型复杂工程。目前开发的 32 位计算机控制系统,可同步控制 12~16 轴的运动,利用 Windows 为开发平台的控制软件,可使操作和编程简单化。

3.船舶焊接自动化设备一般采用哪些结构形式?

(1)采用各种轻便型自动水平角焊机或门架式多关节机器人进行小合拢焊接。

(2)采用悬吊式门架伸缩轴或多台小型焊接机器人进行栅格内水平和立向自动角焊,立向自动角焊采用高效熔渣型 DW-100V 立角专用药芯焊丝。

(3)采用半门架四轴数控机器人进行曲面分段外板的拼接,典型的曲面外板单面焊接机器人。

(4)采用单丝或双丝单面 MAG 自动焊和可搬式有轨道或无轨道焊接机器人进行外作业(船坞、船台)大合拢工程的单面 MAG 对接焊。

项目三

1. Tandem 法双丝高速焊的主要特点有哪些?

Tandem 方法的主要特点:

(1)两根焊丝在双电弧中被熔化,形成一个熔池。

(2)采用协同控制器来控制两个电源的输出脉冲电流,使之波形相位差 180°,使双丝的两个电弧轮流交替燃烧,形成一个熔池但互不干扰。

Tandem 双丝焊的工艺特点:

(1)每根焊丝的规范参数可单独设定,材质、直径也可以不相同。

(2)采用数字化双脉冲电源,可连接 PC、打印机对焊接数据监控和管理。

(3)在熔敷效率增加时,保持较低的热输入。

(4)两根焊丝处于同一熔池,降低了气孔敏感性。

2.简述 TIME 高效熔敷焊基本原理、方法特点。

TIME焊方法的基本原理是由于改变了传统MAG焊的保护气体成分,可以实现稳定的旋转射流过渡,从而可以突破传统的MAG焊电流极限。

TIME焊方法特点:

(1)大幅度提高送丝速度(高达30～50m/min),从而大幅提高焊接速度及熔敷效率(超过10kg/h)。

(2)焊接变形小。

(3)焊接工艺性能好,电弧挺度好,受外界干扰小。

(4)改善焊接接头的质量。气孔率低,含氧量低,力学性能好,含氢量低,冷裂倾向小。

(5)尤其适合大厚板窄间隙焊。

3.激光—MIG复合焊方法原理及特点是什么?

激光—MIG复合焊方法原理:

激光与MIG电弧同时作用于焊接区,通过激光与电弧的相互影响,克服每一种方法自身的不足,进而产生良好的复合效应。激光—MIG焊电弧两热源相互作用的叠加效应还表现为在激光—MIG焊时,由于电弧加热,焊缝金属温度升高,降低了焊缝金属对激光的反射率,增加了其对光能的吸收。

激光—MIG焊的特点:

激光—MIG焊采用激光束和电弧共同工作,焊接速度高,焊接过程稳定,热效率高且允许更大的焊接装配间隙。激光—MIG焊的熔池比MIG焊要小,热输入低,热影响区小,工件变形小,大大减少了焊后纠正焊接变形的工作。

项目四

1.简述船舶焊接机器人研究的主要进展。

早在20世纪80年代,造船界就开始尝试采用焊接机器人,最初只用于小合拢部件上加强板的平角焊,后来逐步扩大至平行船体分段中纵、横构件间各种角焊缝的焊接,船坞上船体外板对接焊缝的焊接以及管子与管子和管子与法兰的焊接等。20世纪90年代后期,日本的几个大型造船厂已批量应用焊接机器人。

2.制定GDC-1轨道式焊接机器人工艺参数:母材为Q345C,壁厚20mm,焊缝长度1200mm,坡口形式为单面V形坡口加垫板。

药芯焊丝气体保护自动横焊工艺参数如下:母材为Q345C,壁厚20mm,焊缝长度1200mm,坡口形式为单面V形坡口加垫板,ϕ1.2mm药芯焊丝,纯CO_2气体保护,流量35L/min,横焊;焊接电流180～200A,焊接电压28～30V,焊接速度330～360mm/min;焊条电弧焊打底,填充及盖面均采用自动焊。

3.简述柔性轨道全位置焊接机器人焊接特点。

柔性轨道全位置焊接机器人,可选用直导轨、圆导轨、柔性轨道,实现各种复杂曲面的全位置焊接;具有在线焊缝轨迹示教记忆跟踪功能以及在线全位置焊接参数控制、离线焊接参数设置等智能控制程序;可适应不规则焊缝的轨迹跟踪,实现多层多道焊及全位置焊的自动化焊接,如内外球面的焊接、储罐的直缝焊接、"S"或"W"形的渐变复杂曲面的焊接。

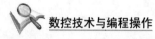

4. 简述无导轨全位置焊接机器人结构特点。

该系列焊接机器人采用 PLC 为主控制器,配有自主研制的 CCD 光电传感器、激光传感器或视频监控系统。具有手控盒输入/输出模块及液晶显示输入模块,焊接操作十分方便。同时还具有位置检测传感器及焊接参数存储控制模块,可存储并实时调用全位置焊接参数,适合大厚板的多层多道全位置焊接作业。该新型无导轨全位置焊接机器人行走机构采用行车式四磁轮柔性行走机构。焊接机器人可存储记忆各种全位置焊接参数,识别焊接位置,易于实现全位置自动焊接。

参 考 文 献

[1] 李冬茹.我国数控机床技术发展与展望[J].WMEM.2006,2

[2] 廖效果,朱启述.数字控制机床[M].武汉:华中科技大学出版社,2003

[3] 熊军.数控机床原理与结构[M].北京:人民邮电出版社,2007

[4] 李艳霞.数控机床及应用技术[M].北京:人民邮电出版社,2009.5

[5] 申晓龙.数控加工技术[M].北京:冶金工业出版社,2008.6

[6] 刘书华.数控机床与编程[M].北京:机械工业出版社,2001.8

[7] 王维.数控加工工艺及编程[M].北京:机械工业出版社,2001.6

[8] 马靖然.数控原理与应用[M].北京:冶金工业出版社,2008.6

[9] 陈蔚芳,王宏涛.机床数控技术及应用[M].北京:科学出版社,2008.9

[10] 陈洪涛.数控加工工艺与编程[M].北京:高等教育出版,2003.9

[11] 赵长明,刘万菊.数控加工工艺及设备[M].北京:高等教育出版社,2003.10

[12] 陆剑中,孙家宁.金属切削原理与刀具[M].北京:机械工业出版社,2005.07

[13] 韩加好.数控编程与操作技术[M].北京:冶金工业出版社,2008.6

[14] 广州数控设备有限公司.GSK 980TDb 车床 CNC 使用手册.2010.4

[15] 朱来发.数控机床编程与实训模块化教程[M].北京:北京出版社,2007

[16] 何平编.数控加工中心操作与编程实训教程[M].北京:国防工业出版社,2006

[17] 方沂.数控机床编程与操作[M].北京:国防工业出版社,1999

[18] 上海九天数字技术有限公司.数控切割机专用控制器操作手册.2005.7

[19] 蒋力培,薛龙,邹勇.焊接自动化实用技术[M].北京:机械工业出版社,2010.6

[20] (英)诺里斯,著.史清宇,陈志翔,王学东,译.先进焊接方法与技术[M].北京:机械工业出版社,2010.7